在中南海和大会堂讲法制（二）

（1999年6月—2002年4月）

王惠岩　杨景宇　郭寿康　江国青　夏　勇
应松年　高铭暄　王利明　胡康生　王保树
王卫国　周正庆　李昌麒　曹康泰
合　著

商　务　印　书　馆
2002年·北京

图书在版编目(CIP)数据

在中南海和大会堂讲法制(二):1999 年 6 月—2002 年 4 月/高铭暄等著. 北京:商务印书馆,2002
ISBN 7-100-03539-2

I. 在… II. 高… III. 社会主义法制-中国-学习参考资料 IV. K920.0

中国版本图书馆 CIP 数据核字(2002)第 050995 号

ZÀI ZHŌNGNÁNHǍI HÉ DÀHUÌTÁNG JIǍNG FǍZHÌ
在中南海和大会堂讲法制(二)
(1999 年 6 月—2002 年 4 月)
高铭暄等 合著

商 务 印 书 馆 出 版
(北京王府井大街 36 号 邮政编码 100710)
商 务 印 书 馆 发 行
北京中科印刷有限公司印刷
ISBN 7-100-03539-2 / D·303

2002 年 11 月第 1 版 开本 850×1168 1/32
2002 年 11 月北京第 1 次印刷 印张 11 3/4

定价: 20.00 元

出版说明

1999年12月商务印书馆出版了《在中南海和大会堂讲法制》第一集,社会反响好。随着法制讲座的如期举办,三年之后我们又编辑了该书的第二集。

《在中南海和大会堂讲法制》(二)一书收入了1999年6月至2002年4月,法学家定期在中共中央所在地——中南海和全国人民代表大会所在地——大会堂为国家最高决策层进行法制讲座的讲稿17篇。内容涉及:马克思主义政权理论;加入世界贸易组织与我国的法制建设;国际法与国际条约;西部大开发的法治保障;我国的行政法律制度;我国的刑法和刑事诉讼法律制度;物权法律制度;我国的婚姻家庭法律制度;我国的商事法律制度;现代企业制度;我国的证券法律制度以及农业法律制度等。在这些讲座中法学家既阐明了国家政治生活相关法律的基本原则,又提出了这些法律实践中的问题及其法律对策。

随着法学家法制专题讲座的继续举办,我馆将把这一出版工作继续下去。

商务印书馆编辑部

2002年4月

目　录

马克思主义国家政权理论的几个基本问题

王 惠 岩

马克思主义国家政权理论是马克思主义政治学说的基础与核心,马克思主义国家政权理论对于政治和国家等基本概念和范畴的科学理解,是区别马克思主义政治学说同历史上任何一种政治学说的根本标志。党的十五大将依法治国、建设社会主义法治国家确定为治理国家的基本方略,在政治学理论方面给我们提出一个十分艰巨和紧迫的任务,因为要实现这一目标,我们不仅要在坚持马克思主义立场的基础上,创建一种具有中国特色的法学理论体系,而且完成这一任务的前提,必须要有一种反映我国国情的政治学理论为依据。因为从政治与法在学理上的逻辑关系而言,法的根据和立法所贯彻的价值原则,都是从政治学说中引申出来的。大家知道,政治学理论是对社会政治现象的本质和规律的说明和总结。什么是政治现象呢?从一般的意义上来说,在剥削阶级占统治地位的社会中,凡是围绕着国家政权所进行的社会活动都是政治现象;在我国的社会主义阶段,凡是关系到国家政权与国家命运的全局性社会活动也都属于政治现象。这就是说,政治现象的核心就是政权,没有政权就没有政治现象。在社会主义初级阶段,国家政权问题尤为重要，不仅社会主义革命的根本问题是政权问题，社会主义现代化建设的根本问题仍然是政权问题。

国家政权是政治现象的核心，因而国家政权理论也就是政治学理论中最基本的理论。只有弄清马克思主义关于国家政权的基本理论，才能搞清楚其他的政治学说如政治价值原则、政治制度理论、政党理论以及民主与法治理论、政治体制改革理论，特别是对我国的人民代表大会制度理论和依法治国理论就会有更深入的理解和把握。作为全国人大常委会的组成人员和工作人员，深入地学习和完整地理解马克思主义关于国家政权的理论，更具有特殊的重要意义。

一、马克思主义关于国家政权的基本理论

马克思主义国家政权理论最基本的内容，就是关于国家的起源、本质和消亡的学说。马克思主义政治学和资产阶级政治学理论的根本分歧，也正在于此。

1. 两种生产决定社会制度——国家起源理论

马克思主义认为，国家不是从来就有的，而是人类社会生产发展到一定历史阶段的产物。这就是说，国家不是来自于社会外部的一种存在，而是社会内部活动自身运动所产生的一种矛盾的结果。众所周知，根据历史唯物主义的基本原理，推动人类社会历史前进的基本力量是人类生活的生产与再生产。这种生产又包括了两种内容：一种是生活和生产资料的生产和再生产；另一种是人类自身的生产和再生产。人类社会制度演变的规律，正是受着这两

种生产的制约。恩格斯曾经指出,社会生产力发展的水平越低下,人们的社会制度就在更大的程度上受着原始血缘关系的限制。[①]在社会生产力低下的原始社会,人与人之间组成社会的基本纽带是天然的血缘关系,在这种社会中,人们依靠基于血缘关系而形成的道德规范和习俗来调节人与人之间的社会关系,氏族社会内部的公共事务管理职能,由没有暴力为依托的议事会来承担。议事会不是一种脱离于社会之上的特殊的管理组织,而是由氏族社会全体成员参加的一种议事机构,在历史上,人们将这种社会制度称为原始民主制度,即恩格斯所说的氏族制度,并以此来表示这种组织和国家的根本区别。随着社会生产力的提高,特别是经过三次社会大分工之后,人与人之间的血缘关系开始逐渐被基于社会化生产而形成的新的生产关系所瓦解。同时,由剩余产品所引起的私有制的出现,导致了阶级和阶级矛盾的产生。这就是说,原来的氏族社会已经开始被由新的经济关系所组成的新的社会所取代,社会结构发生了深刻的变化。所谓社会结构,就是由某种生产力发展水平决定的生产关系所规定的社会群体在生产和分配关系中各种位置的总和,它是通过一定的社会纽带而进行排列组合的,表现这种纽带的形式就是社会制度。因此,有什么样的社会结构,就有什么样的社会制度,社会制度就是社会结构的表现形式。氏族制度的瓦解说明,社会结构的变化必然导致社会制度随之发生变化。在两种生产的作用下,原始社会必然是氏族制度而不可能是其他制度:生产力的发展决定社会结构的变化。当氏族制度不能适应这种变化时,必然要出现新的社会制度将其取代,这种新的社

---

① 《马克思恩格斯选集》第四卷,第2页。

会制度就是国家。

国家和氏族的区别是什么呢？从管理和统辖的对象来看，就是国家是按地域来划分居民，而氏族却是以血缘关系来划分居民。要理解国家与氏族组织的这一区别，必须要弄清楚划分这个概念的内涵。这里所谓的划分，是指对一定地域上的居民以什么为基础来进行管理。氏族组织以血缘关系划分居民，说明它对居民的管理以血缘亲属关系为基础，以一定的家族群体为单位，而国家按地域划分居民，说明它对居民的管理以居住地域的生产关系为基础，以居住地区为单位。具体地说，这两种划分居民的方式产生了三个方面的不同后果：首先，人们的社会关系发生了重大的变化。以前按血缘关系划分的居民之间是亲属关系，而按地域划分的居民之间是阶级关系，从而使居民之间打破了血缘纽带关系而按着地域重新进行组合。其次，居民之间的地位发生了变化。在氏族内部，氏族成员之间的地位是完全平等的。国家按着地域划分居民后，在一定地域内不同阶级的人们根据财产状况享有不同的权利和义务，因而出现了以国家形式确认的人们之间的不平等。最后，调整人们之间相互关系的行为规范发生了变化。在氏族组织内，调整人们之间相互关系的行为规范是反映氏族成员共同利益的，从而也是他们所自觉遵守的道德和习俗，而现在人们被迫遵守的是新的行为规范，是统治阶级强加给被统治阶级的意志，也即法律。

在马克思主义的国家学说中，关于两种生产决定社会制度的结论不是形而上学式的逻辑推演，而是建立在对于人类历史的客观考察基础之上的科学归纳和总结。从根本上说，它的意义在于它从对国家起源的考察开始，真正说明了国家产生的真实原因和这种原因本身与人类社会经济活动之间的内在逻辑关系，从而为我们认识国家的本质和发展规律提供了一个正确的方法论依据。

我国目前正处于一个由计划经济体制向社会主义市场经济体制转轨的重要时期，随着社会主义生产力的发展，经济主体的多元化和利益主体的多元化，必然要引起社会结构的变化。对此，我们必须要有一个清醒的认识。我们实行社会主义市场经济必须要坚持社会主义制度，这要求我们必须要正确地把握社会结构变化的“度”的问题，这个“度”，就是坚持公有制的主体地位。改变了这一点，社会结构就会发生质的变化，社会制度的性质也就会偏离社会主义方向。

2. 把冲突控制在“秩序”的范围内——国家的本质和作用理论

恩格斯曾经指出：“国家是社会发展到一定阶段的产物；国家是表示：这个社会陷入了不可解决的自我矛盾，分裂为不可调和的对立面而又无力摆脱这些对立面。而为了使这些对立面，这些经济利益互相冲突的阶级，不致在无谓的斗争中把自己和社会消灭，就需要有一种表面上凌驾于社会之上的力量，这种力量应当缓和冲突，把冲突保持在‘秩序’的范围以内；这种从社会中产生但又自居于社会之上并且日益同社会脱离的力量，就是国家。”① 恩格斯的这段话最深刻地说明了国家的本质和作用，为了更好地理解这段话，可作以下几点解释：

第一，国家是表示社会分裂为不可调和的对立面而又无力摆脱这些对立面，这说明国家产生的前提是阶级矛盾不可调和。认

---

① 《马克思恩格斯选集》第四卷，第166页。

为私有制出现、阶级产生就产生国家的观点是不正确的，只有阶级矛盾不可调和的时候才产生国家。

第二，为了摆脱对立面的冲突，不致在无谓的斗争中把自己和社会消灭，就需要有一种表面上凌驾于社会之上的力量。表面上就不是真的凌驾于社会之上的力量，它是有偏向的，“照例是最强大的、在经济上占统治地位的阶级的国家”。这表明国家的本质。

第三，国家是缓和冲突的，而缓和冲突的方法是多种多样的，采取什么方法缓和冲突是领导艺术。

第四，缓和冲突的目的，是把冲突控制在“秩序”的范围内。所谓“秩序”，是指一定生产关系所决定的社会秩序，把冲突控制在“秩序”的范围内，实际上就是维护了有利于统治阶级的生产关系，维护了在生产关系中占统治地位的阶级的根本利益。这表明，缓和冲突有一个“度”的问题，一个国家无论采取什么缓和冲突的方式，都不能超越“秩序”，更不能改变“秩序”。如果一种类型的国家所采取缓和冲突的方法不是为了把社会控制在“秩序”范围内，而是超越或者改变了这种“秩序”，就必然导致国家政权性质的改变。对此，我们在现实中应该把握两个问题：

第一，“秩序”是指人们之间的社会关系按一定的规则的有序的社会活动，其表现就是社会稳定，因此必须处理好改革、发展和稳定的关系。在一个健康的社会里，稳定是动态的而不是静态的，是社会有序地发展变化。总体上讲，改革、发展和稳定之间存在不可分割的内在联系：发展是硬道理，没有发展解决不了任何问题；改革是发展的强大动力，没有改革就不会有发展，但是没有稳定的社会政治环境，改革和发展都谈不上。在这个意义上，稳定是前提，是基础，这不只是说没有社会稳定什么事情都做不成，更重要的是稳定表明社会处于“秩序”的状态，维护的是统治阶级的根本利益，在社会主义国家维护的是人民的根本利益，这是国家本质的内在要求。

第二，把冲突控制在“秩序”范围内的实质是维护统治阶级的根本利益，这个“秩序”既不允许被统治阶级破坏，也不允许统治阶级内部成员破坏，因为破坏“秩序”就违反了统治阶级的根本利益。敌对势力企图推翻现政权的行为和政府官员严重腐败危害政权的行为都是破坏“秩序”的行为，其性质都是一样的，都是危害统治阶级的根本利益，都是不允许的，因此，现代法治国家必然要求法律面前人人平等，不允许任何人有凌驾于法律之上、超越于法律之外的特权，不允许任何人随意破坏法律所规定的社会秩序。恩格斯的这段论述，无疑可以为党的十五大提出依法治国、建设社会主义法治国家的基本方略提供马克思主义的理论依据。

这里必须认识到，法治的核心是在法律面前人人平等的原则，因为平等的对立面是凌驾于法律之上、超越于法律之外的特权，有特权存在，就做不到有法可依，有法必依，执法必严，违法必究。因此，这一原则的具体体现不仅意味着公民必须遵守法律，而且掌握公共权力的国家公务人员也必须，或者说首先要遵守法律。为了实现这一原则，就需要建立一种保证人民真正管理国家的民主制度。人民代表大会制度就是根据我国国情建立起来的这样一种民主制度。

3. 特殊集团与公共权力——国家消亡理论

氏族组织与国家组织的一个主要区别，就是公共权力的出现。什么是公共权力？马克思主义经典作家曾经指出：“国家就是从人类社会中分化出来的管理机构。当专门从事管理并因此而需要一个强迫他人意志服从暴力的特殊强制机构(即监狱、特殊队伍及军队等等)的特殊集团出现时,国家也就出现了。"[①] 可见,公共权力是由专门从事管理的特殊集团组成的国家机构所行使的权力。当专门从事管理的特殊集团出现时,就意味着公共权力出现了,国家就产生了;当社会发展到不需要专门从事管理的特殊集团,而以新的社会组织管理社会时,国家也就消亡了。这里,必须把握这样几个问题:

第一,国家组织与氏族组织和将来的共产主义社会的区别,不在于是否存在管理、是否存在社会管理组织,而在于是否存在专门从事管理的特殊集团。无论是氏族组织、国家组织,还是将来的共产主义社会,都无疑存在着管理现象和管理组织,但氏族组织和将来的共产主义社会没有专门从事管理的特殊集团存在。人类社会从没有特殊集团从事的管理发展到有特殊集团从事的管理,再从有特殊集团从事的管理发展到没有特殊集团从事的管理,正好是国家产生、发展和消亡的过程。这表明,国家的消亡并不是管理现象和管理组织的消亡,而是专门从事管理的特殊集团的消亡,即公共权力的消亡。

与此相关联,国家与氏族和将来的共产主义社会的区别也不在于是否存在社会规范,而在于社会规范的性质。法律是由国家制定并由国家强制力保证实施的社会规范,没有国家就没有法律,因此氏族组织中没有法律,将来的共产主义社会也没有法律。但是,任何社会都是人们的群体结构,人与人之间、个人与组织之间、

---

① 《列宁选集》第四卷,第45页。

组织与组织之间都存在着密切的相互关系,这种关系不是杂乱无章的,而是有一定规则的。在国家产生以前的氏族社会,调整人们之间关系的社会规范主要是习惯,国家消亡以后,法律虽然不存在了,但社会规范仍然存在,只不过这种社会规范是人们自觉遵守的,不需要国家强制力来保证实施,不以法律的形式表现出来。

第二,特殊集团不是被废除的,而是随着社会化大生产的发展而逐步消亡的。只有公共权力彻底消失了,国家才能消亡,而公共权力的消失意味着专门从事管理的特殊集团的消失。随着国家历史类型的更替,从事专门管理的特殊集团与社会居民的关系也会发生变化,从官吏变成人民公仆。根据马克思主义的观点,无论是官吏还是公仆,都属于特殊集团的范畴,都是公共权力的组成部分,只不过官吏是剥削者类型国家公共权力的组成部分,公仆是社会主义国家公共权力的组成部分。把官吏变成公仆意味着社会主义国家取代剥削者类型的国家,只是国家消亡的第一步。只有随着社会化大生产的发展,国家机关的职能越来越简化,管理工作人人都可以承担,社会没有主人和公仆之分,特殊集团才会最终消失,“那时,国家政权对社会关系的干预将先后在各个领域成为多余的事情而自行停止下来。……因此,国家不是‘被废除’的,它是自行消亡的。”①

二、马克思主义关于国家形式的理论

马克思主义认为:“国家是维护一个阶级对另一个阶级的统治

① 《马克思恩格斯选集》第三卷,第 320 页。

的机器”。[①] 这就是说,国家是一个由许多部件所组成的互相联系的有机整体,是一个系统。这个系统从横向上看是政权组织形式问题,主要是中央政府(广义的政府)由哪些机关构成及其相互关系;从纵向上看是结构形式问题,主要是中央与地方关系的问题。

1. 国家政权组织形式——根本政治制度

任何国家都是国体和政体的统一。所谓国体是指国家的阶级性质,即哪个阶级掌握政治权力;所谓政体是指国家政权的组织形式,即掌握政治权力的阶级用什么方式来行使政治权力。国体决定政体,政体是为国体服务的,一个国家采取和选择何种政体,主要是由这个国家的统治阶级决定的。另一方面,一定的国体都要通过一定的政体形式来表现,如果没有适当的政体,统治阶级就无法组织和巩固自己的国家机器。因此,政体理论也是马克思主义国家政权理论的一个重要组成部分。

任何类型国家的政治权力都包括立法权、行政权、司法权,不同的是三种权力之间的关系不同。三种权力的关系称为权力结构,也称政权组织原则。政体就是政权组织原则的表现形式。在人类政治发展史上,大体上有三种政权组织原则,每种政权组织原则都有其特定的表现形式:

第一种权力结构是,行政权高于立法、司法两权,或者把立法权、司法权融于行政权之中,这就是所谓的专制权力结构。它是奴隶制社会、封建制社会广泛采用的一种权力结构形式,它的特点是权力高度集中:从形式上讲,三种权力集中于一个人或几个人手

---

① 《列宁选集》第四卷,第 48 页。

中;从功能上讲,三种权力集中于行政权,立法权、司法权极度弱化,服从于行政权。由于行政权是一种垂直性、等级性、强制性很强的权力,所以这种权力结构必然表现为专制。专制的权力结构的代表形式是君主专制,君主独揽大权,国家权力完全属于君主,宫廷是国家政治生活的中心,君主的意志就是法律,所有臣民都必须服从,君主行使权力不受法律限制,也不受其他机关监督。法西斯专制也属于这种权力结构。

这里必须区别一下专制与专政。专制是一种权力结构,指的是政体,是就国家形式而言的。它的特点是权力高度集中在极少数人的手中,滥用暴力,专横不法,不民主,所以专制经常和独裁连在一起。专政指的是国体,即国家的阶级性质。国家的形式有民主和专制之分,但任何国家的实质都是统治阶级的专政。国家是哪个阶级的,就是哪个阶级的专政,只不过不同历史类型的国家阶级专政的性质不一样。专政作为政治统治,它必须拥有强制力,但专政并非仅仅使用暴力,依靠镇压。在社会主义国家,主要就不是强制和镇压。无产阶级组织经济文化建设的任务主要不能靠强制力,而是靠思想教育和组织工作,靠发挥人民群众的积极性、创造性来实现的。即使在剥削阶级专政的国家,也不是完全靠强制、镇压,它在管理社会公共事务时也只是以强制力为后盾而已。

第二种权力结构是,立法权、行政权、司法权三种权力平行制衡的三权分立的权力结构,其表现形式是资产阶级的民主制。资产阶级国家由于具体国情不同,在具体的统治形式上也不完全一样,大体上可以分为两大类:一类是立宪君主制。所谓立宪君主制,是指君主的权力按宪法规定受不同程度限制的政权组织形式。当今世界实行立宪君主制的只有少数几个国家,其实质内容已经和共和制没有多大的区别。另一类是共和制。所谓共和制，就是国家最高权力机关和国家元首由选举产生并有一定任期的政权组织形式。从总统、议会、政府三者的关系上看，可以把资产阶级的共和制分为议会制和总统制两种形式，两者的区别在于政府（内阁）对谁负责：凡是政府（内阁）由拥有议会多数席位的政党或政党联盟组成并对议会负责的政权组织形式称为议会制；凡是由总统直接领导政府，政府对总统负责而不对议会负责的政权组织形式称为总统制。此外，还有一种不太普遍的委员会制，即国家的最高行政权由委员会集体行使的政权组织形式。

第三种权力结构是，代表民意的立法权高于行政权和司法权，则形成民主集中制权力结构，我国的人民代表大会制度就是这种权力结构。这种民主集中制的权力结构是马克思在总结巴黎公社政权组织原则的基础上提出来的，其涵义是制定国家意志和执行国家意志的一致性。也就是说，制定国家意志的立法权和执行国家意志的行政权是一致的，行政权必须服从立法权，不能与立法权相抗衡，至于行使立法权和行政权的两种机关是合一还是分开，只是形式问题。

我们衡量政治制度优越与否的根本标准是它的权力结构，即政权组织原则。上述三种权力结构反映了人类政治文明水平逐步提高的演化过程：

从政治权力结构的发展规律来看，行政权高于立法、司法两权或把立法、司法两权融于行政权的权力结构是专制的政治制度，它是适合落后的自然经济需要的统治形式，其本质表现在个人意志即君主意志凌驾于整个社会的意志之上，君主通过行政权直接对社会实施专制统治。

立法权、行政权、司法权平行制衡的三权分立的权力结构形式是对封建专制统治的否定,是对个人专断和专制制度的否定,有一定的历史进步性。但是,这种权力结构形式本质上反映了资产阶级内部利益集团之间又合作又斗争的关系,是资产阶级对广大劳动人民的专政。随着资本主义的发展,权力中心逐渐由议会转移到政府,因此在这种权力结构下,民主发展必然有其局限性。邓小平同志批判"三权分立"的制度"使他们每个国家力量不能完全集中起来,很大一部分力量互相牵制和抵消。"①

立法权高于行政权、司法权的民主集中制的权力结构实质上是社会主义民主政治制度,它是以公有制为主体的社会主义经济基础的要求,比资产阶级民主政治制度要优越得多,是民主发展的最高阶段:它不仅体现了社会主义社会中人民的最高政治地位、人民意志的统一性和人民民主的广泛性,而且体现了广大劳动人民的利益要求,具有高效、迅速、直接的特点。邓小平同志在讲到我国人民代表大会制度的优越性时指出:"我们的制度是人民代表大会制度,共产党领导下的人民民主制度,不能搞西方那一套。社会主义国家有个最大的优越性,就是干一件事情,一下决心,一做出决议,就立即执行,不受牵扯。我们说搞经济体制改革全国就能立即执行,我们决定建立经济特区就可以立即执行,没有那么多互相牵扯,议而不决,决而不行。就这个范围来说,我们的效率是高的,我讲的是总的效率。这方面是我们的优势,我们要保持这个优势,保证社会主义的优越性。"②

---

① 《邓小平文选》第二卷,第 267 页。

② 《邓小平文选》第三卷,第 240 页。

从社会发展形态来看,从奴隶社会、封建社会到资本主义社会和社会主义社会的发展,呈现的是人类社会由低级到高级的发展过程,这是人类社会发展的总的规律。与人类社会形态发展相适应,也就出现了专制权力结构、三权分立的权力结构和民主集中制的权力结构,三种权力结构的发展也呈现出由低级向高级发展的过程。一种权力结构取代另一种权力结构的过程,实际上就是政治文明从低级形态向高级形态运动和发展的历史过程,这一过程的内在规律表现为民主政治的发展和完善,即由政治专制到资产阶级民主,由资产阶级民主到社会主义民主的发展过程。这是政治权力结构形态发展的客观规律,是任何人也无法阻挡的。

人民代表大会制度是民主集中制权力结构的具体表现形式,是我国的根本政治制度。它的权力结构代表了人类政治发展的必然趋势,是民主政治发展的最高阶段,我们必须坚持这一制度。同时,我们也必须认识到,一个政治制度从建立到逐渐完善需要相当长的历史过程,我国建立人民代表大会制度只有几十年,这对一种政治制度来说是短暂的时间,因此它的优越性、高度民主性还没有充分显示出来,我们必须在政治体制改革中不断完善人民代表大会制度。

总体来看,我国人民代表大会制度不完善主要体现在人民代表大会的地位和作用没有达到应有的水平,这是多种因素影响的结果。完善人民代表大会制度需要做的工作很多,但首先必须明确,人民代表大会制度是一种权力结构形式,这说明并不是有人民代表大会这个机构就是人民代表大会制度。从权力结构的角度看,只有人民代表大会处于权力机关的地位,行政机关、司法机关由它产生、受它监督并对它负责,这样的制度才是体现民主集中制原则的人民代表大会制度。我们说人民代表大会制度比三权分立的政治制度优越，是就权力结构即三种权力之间的相互关系而言的。在这个意义上，完善人民代表大会制度，提高人民代表大会的地位，不是单纯地加强立法工作，而是保证人民代表大会及其常委会能够行使国家权力机关的职能，国家行政机关、司法机关一定要在观念上、行动上接受国家权力机关的监督，决不能同国家权力机关抗衡。

随着社会主义市场经济的发展，特别是全国统一市场的形成，人民代表大会制度就会更加完善，并将日益充分体现出民主集中制的权力结构的优越性。

2. **国家结构形式——中央与地方关系**

国家结构形式是指国家整体与局部之间、中央政府与地方政府之间的关系，也就是一个国家的各个地区如何组成的问题。

当今世界的国家结构形式基本上可以分为两大类：单一制和联邦制。所谓单一制，是由若干行政区域构成的单一主权的国家结构形式；所谓联邦制，是由若干具有相对独立性的地区作为成员单位联盟而成的国家结构形式。两者的区别主要在于：第一，在单一制国家，地方政府是由中央政府设立的，在联邦制国家，联邦政府是由各成员单位协议建立的，各成员单位往往先于联邦政府而存在；第二，在单一制国家，地方政府的权力是中央政府授予的，中央政府可以单方面规定地方政府的权限，地方政府必须服从中央政府所代表的最高国家权力，在联邦制国家，联邦政府与联邦成员政府的权力划分由联邦宪法作出了明确的规定，双方都不能单方面任意变更，对宪法的修改必须经过双方的同意和批准；第三，在单一制国家，中央政府可以变更地方政府的疆界，在联邦制国家，联邦政府不能任意改变各成员单位的疆界。

此外，还有一种不太普遍的国家结构形式，即邦联制。所谓邦联制，是若干个各自保留独立主权的国家建立的国家联盟。联邦制和邦联制都属于复合制，两者的主要区别在于：第一，联邦制国家的成员单位没有独立的主权，不具有国家的地位；而邦联的成员单位仍是独立的主权国家。第二，在联邦制下，联邦宪法和法律是全国性的最高法，联邦中央政府拥有最高国家权力，可以直接对各成员单位的人民直接行使权力；在邦联制下，虽然也设有各成员国派出的代表组成的中央机关，根据各成员国的明确委托行使某些权力，但它的决定是协商式的，只有经所有成员国政府认可后才具有约束力。第三，邦联各成员国人民没有共同的国籍；联邦制国家中各成员单位的人民具有统一的国籍。第四，邦联不是国际法的主体；而联邦是国际法的主体。

马克思主义原则上主张社会主义国家采用单一制，反对联邦制。在马克思主义看来，单一制的国家结构形式适应社会化大生产的需要，有利于社会经济的发展。在资本主义时期，单一制有利于工人阶级联合起来同资产阶级进行斗争；在社会主义时期，单一制有利于工人阶级和广大劳动群众的团结，有利于各民族平等地联合，有利于国家的独立和统一。但是，马克思主义并没有一概地、绝对地否定联邦制，而是主张在特殊情况下也可以实行联邦制，这种特殊情况主要是民族和民族问题的存在。民族问题是社会政治总问题的一部分，民族问题解决的好坏，是直接关系到国家独立、统一和安危的大问题。

虽然马克思主义认为作为解决民族问题的一种例外可以实行

联邦制，但还是主张国家结构形式最终还是要实行单一制。在多民族的国家里采取单一制的国家结构形式，就需要采用民族区域自治制度来解决民族问题。民族区域自治，就是在国家统一领导下，少数民族聚居的地方，实行区域自治，设立自治机关，行使自治权利。民族区域自治是我国解决民族问题的基本政策，也是国家的一项重要政治制度。我国之所以采取单一制的国家结构形式，是由我国长期形成的历史情况和各民族之间的特殊关系所决定的。具体表现在这样几个方面：

第一，近代以来，我国各族人民为了抵御外来势力，摆脱帝国主义的压迫，实现国家的独立，在共同反对帝国主义的斗争中结成了中国共产党领导下的革命统一战线，各个民族基本上同时获得解放，从而奠定了全国统一的基础。

第二，进入社会主义时期以后，各族人民只有走社会主义道路才能彻底摆脱受压迫、受剥削的地位，保证各民族在经济和文化上的繁荣发展。

第三，绝大多数民族在聚居的同时，又与其他民族主要是汉族相互杂居，形成了“大杂居、小聚居”的局面，各民族在长期的密切交往中建立了相互帮助、相互依存、不可分离的关系。而我国各民族之间在社会发展、生产技术、文化教育、自然资源等方面各有自己的优势和劣势，各民族需要互相学习、互相支持、互相帮助，建立共同的家园，实现共同繁荣和共同进步，较快地改变少数民族事实上的不平等，为各民族的融合创造前提。

第四，我国各族人民还面临各种外来势力颠覆和分裂的威胁，为了防止和抵御外来干涉和侵略，维护我国的独立与安全，需要各族人民紧密团结，密切合作。

我国的民族区域自治制度，既维护了国家大政方针的统一性，又具有照顾少数民族特点的高度灵活性，是一项具有中国特色的社会主义民主政治制度。坚持和完善民族区域自治制度，我们必须遵循这样一些原则：

首先，确保国家统一和单一制的国家结构。民族区域自治是在中华人民共和国领土范围内，在国家统一领导下各少数民族聚居的地方实行区域自治，各民族自治地方都是中华人民共和国不可分离的部分，民族自治地方的自治机关必须维护国家的统一，保证宪法和法律在本地区的遵守和执行，保证中央人民政府的统一领导和国家总的方针、政策的贯彻执行，任何妄图把某个少数民族地区分裂出去，或者主张建立联邦制，都有悖于民族区域自治制度的基本原则，必须坚决防止。

其次，必须保障民族自治地方的自治机关充分行使自治权。民族自治地方的自治机关除行使一般地方国家机关的职权以外，还依照宪法、民族区域自治法和其他法律规定的权限行使自治权，如有权制定自治条例和单行条例；经批准后有权变动执行或停止执行上级国家机关的决议、决定、命令和指示；在执行职务的时候有权使用当地通用的一种或几种语言文字；有权管理地方财政等。

再次，加快少数民族和民族地区的发展。这不仅是一个重大的经济问题，也是一个重大的政治问题。民族地区的经济发展了，社会进步了，各民族共同富裕了，就会进一步巩固我国的社会主义制度，增强中华民族的凝聚力。中央提出和实施西部大开发战略，具有重大的现实意义和深远的历史意义。

最后，要加强对少数民族干部的培养工作。各级党委和政府应满腔热情地关心少数民族干部的成长，积极选拔优秀的少数民族干部进入各级领导班子;要努力改善少数民族干部队伍的结构,培养更多的适应民族地区建设需要的科技和经济管理人才。

在我国社会主义现代化建设的历史进程中,国家的独立和统一,各民族的大团结是我国各民族巩固和发展平等、团结、互助的社会主义民族关系,并最终实现各民族共同繁荣的必要前提。在目前复杂的国际条件下,我们一定要坚决地捍卫国家的统一,坚持和完善民族区域自治制度,不断巩固民族团结,充分发挥各民族地方的积极性,推动改革开放和社会主义现代化建设不断发展。

(作者为吉林大学教授)

加入世贸组织与我国的法制建设

杨 景 宇

经过15年的艰苦谈判，在履行加入世贸组织全部法律程序后，2001年12月11日我国正式成为世贸组织第143个成员。这是我国改革开放进程中具有历史意义的一件大事。

加入世贸组织，既为我们提供了实现更大发展的机遇，又使我们面临着必须认真对待的挑战，许多新的问题要求我们深入思考、认真研究。从各方面积极做好加入世贸组织后的应对工作，核心的问题是在激烈的国际竞争中掌握主动权。

下面，我仅就从法律上制度上积极做好应对加入世贸组织后的新形势、新问题讲几点意见，与同志们共同探讨。

一、从法律上制度上积极做好应对工作，必须深刻理解、全面把握世贸组织规则的本质特征

加入世贸组织标志着我国对外开放进入了一个新阶段，我们将在更大范围内和更深程度上参与经济全球化。

面对加入世贸组织后的新形势，我们必须认真学习、深刻领会、全面贯彻江泽民总书记“七一”重要讲话，以邓小平理论为指导，按照“三个代表”的要求，以更加积极的姿态走向世界，投身全

球范围的经济合作与竞争，继续推进全方位、多层次、宽领域的对外开放。

世贸组织是经济全球化发展的产物，已经成为当今世界上最大的国际经济组织，至今共有144个成员，其贸易量占世界贸易总量的95%。世贸组织又是以强制性的规则为基础的政府间国际组织。因此，我们在加入世贸组织后，抓住机遇，迎接挑战，开拓进取，发展自己，首先要求我们研究、熟悉并学会运用世贸组织规则，从法律上制度上积极搞好应对。

世贸组织的法律文件包括23个协议、协定（其中2个已经失效）和28个部长决定、宣言，其内容涵盖货物贸易、服务贸易、与贸易有关的知识产权保护以及与贸易有关的投资措施，是相当广泛的。此外，对于我国来说，具有法律约束力的文件还有中国加入议定书及其若干附件和中国加入工作组报告书。这些法律文件确立了世贸组织一套规则，通过规定成员的权利和义务、活动规范和行为准则，并且通过建立一套机制（主要是贸易政策审议机制和争端解决机制），监督成员有关贸易的法律、法规、规章和政策措施的制定与实施，力求为世界提供一个开放、公平、统一的多边贸易体制框架，推进全球贸易自由化。总体来看，世贸组织规则有以下几个特点：

一是规范和约束各成员的政府行为，是管政府的，旨在限制或者消除各成员政府对跨国（境）贸易的干预。因此，国外有的学者把世贸组织规则称为“国际行政法典”，这是有一定道理的。世贸组织协定确定的非歧视（主要体现为最惠国待遇与国民待遇）、市场开放（主要体现在关税减让、取消数量限制和透明度）、公平竞争（允许各成员将关税作为贸易保护的正当手段，但不允许采取倾销、补贴等不公正的贸易手段进行竞争)三大基本原则,成为规范货物贸易、服务贸易、与贸易有关的知识产权保护、与贸易有关的投资措施的一系列具体规则的指导原则。世贸组织全部法律文件的主要内容都是依据这些基本原则,围绕限制或者消除各成员政府对跨国(境)贸易的干预而展开的。

二是在要求各成员一体遵守共同规则的前提下,又适应不同成员的不同情况,为其履行世贸组织框架下的义务留下一定的灵活性。为了在实现全球贸易自由化这一全局、长远目标的过程中,兼顾不同成员在不同方面的局部利益,使世贸组织法律文件有关促进贸易自由化的条款在实践中能够行得通,它们确定的原则和为各成员规定的义务都不是绝对的,而是设立了若干例外,并为发展中成员作了一些过渡性的灵活安排。因此,世贸组织规则在一定程度上可以说是协调世界贸易自由与各成员正当利益、协调法定规则与各成员贸易政策的杠杆。

三是具有权威性、强制性。为了保证世贸组织规则的实施,确保这些规则能够有效地调整成员间错综复杂的利益关系,迅速、有效地解决成员间的贸易争端,世贸组织建立了贸易政策审议机制和争端解决机制("司法"机制)。因此,世贸组织被称为带"牙齿"的国际组织,又被称为维护国际经济贸易秩序的"看护者"。

对世贸组织规则,可以作出两点评价:

第一点:世贸组织规则是发展中国家和地区与发达国家经过斗争、相互妥协的产物,也就是求同存异的产物。从形成过程看,世贸组织规则主要是以西方经济理论中的"比较优势论"和"博弈论"为理论基础的。但是,实际情况比理论所设想的情况要复杂得多。因此,明确作为世贸组织规则并能为多数成员接受的"同",大多是理论性、原则性的;“异”则更多的留在规则之外,即使写进条款,不少条款的表述也比较含糊或者附带一些例外规定、过渡安排、宽松条件。从内容看,世贸组织规则总结了世界多边贸易的经验教训,肯定了世界多边贸易实践中的通行做法即所谓“国际惯例”,在不少问题上也考虑了多数成员包括发展中国家和地区的主张。更为重要的是,世贸组织规则为国际经济交往中由靠强权办事情转变为按规则办事情提供了可能,并在一定程度上对国际经济强权构成了一定的制约。同时,又要看到,世贸组织多数现行规则是发达国家主导制定的,并不完全公平、合理。国际竞争,任何时代都是实力的竞争。世贸组织规则作为强制性的国际法律规范,在形式上虽然对所有成员都是一视同仁的,但由于发展中国家和地区迫使发达国家履行义务的实力、手段都远不及发达国家,实际上这种强制性对发展中国家和地区是现实的,对发达国家则往往要打折扣。因此,在世贸组织框架下完善开放、公平、合理、统一的世界贸易规则,还是一项长期、艰巨、复杂的任务。加入世贸组织后,我们不仅要重视世贸组织规则的执行,还要重视、研究世贸组织规则的不断完善。

第二点:世贸组织规则广泛介入各成员的经济、政治、社会生活,其影响是全面、深刻、长远的。世贸组织既然是以强制性的规则为基础的政府间国际组织,参加这个国际组织就意味着政府行为(无论是决策,还是决策的执行)要受世贸组织规则的规范和约束,并通过贸易政策审议机制和争端解决机制接受世贸组织及其成员的监督。因此,要讲世贸组织规则对各成员的影响,首先就是对其行政管理制度的影响。还要看到,世贸组织多边贸易体制不仅把货物贸易领域的法律规则具体化了,还把其管辖范围扩大到服务贸易和知识产权保护、投资活动等广泛领域。世贸组织规则实际上把触角延伸到了传统上属于联合国专门机构如世界知识产权组织(WIPO)甚至属于成员国内法调整范围的诸多领域。因此,加入世贸组织后,我们在遵守世贸组织协定、履行我国政府承诺的同时,必须正确处理对外开放、发展国际经济合作与维护国家利益、国家安全的关系,高度重视并切实维护国家利益、国家安全,高度重视并切实维护我国的政治制度、社会制度。

总之,世贸组织规则作为一部庞大的"法典",涉及经济、政治、社会生活的诸多方面,其主要内容同我们所熟悉的东西有着很大差异。总体上看,我们至今对这套规则的认识、理解、研究还是很不够的,知之不多,知之不深。我国加入世贸组织后,既要严格履行世贸组织框架下的义务,又要善于利用世贸组织规则保护自己、发展自己,难度是不小的,必须认真对待。

二、从法律上制度上积极做好应对工作,必须继续深化行政管理体制改革

我们之所以以积极的态度争取加入世贸组织,根本原因正如江泽民总书记指出的:历史告诉我们,中国要发展、要进步、要富强,就必须对外开放,加强与世界各国的经济、科技、文化的交流与合作,吸收和借鉴一切先进的东西。封闭就要落后,落后就要挨打。能否不断地了解世界,能否不断地学习世界上一切先进的东西,能否不断地跟上世界发展的潮流,是关系一个国家、一个民族兴衰成败的大问题。加入世贸组织,有利于我们按照国际通行规则办事,改善我国经济发展的外部环境,直接参与国际经济规则的制定,维护我国权益;有利于我国根据国际市场竞争的要求,加快

经济结构调整和科技进步,提高产业和产品的竞争力,提高国民经济的整体素质和竞争力;有利于我们建立、完善适应国际通行做法的涉外经济贸易法律制度,促进在经济工作中依法办事,促进社会主义市场经济的发展;有利于我们在更大的范围、更广的领域、更高的层次上参与国际经济技术合作,改善我国的贸易、投资环境,增加贸易机会,增强对外资的吸引力,更有效地利用国内外两种资源、两个市场,发挥比较优势,把我国对外开放提高到一个新水平。因此,加入世贸组织,总体上符合我国的根本利益和长远利益,同我国改革开放总的方向是一致的。同时,又要看到,加入世贸组织也使我们面临严峻的考验,政府管理经济的方式、企业经营机制、经济运行规则和环境等都需要进行深刻的变革,某些行业和企业在一段时间里也会受到不小的冲击。机遇与挑战并存,而且是可以互相转化的,关键在于我们的工作。

加入世贸组织,对我国的经济生活乃至政治生活、社会生活都将产生深刻的影响,首先是对我国行政管理制度的影响,我们比较熟悉、比较习惯的行政管理观念、体制、方式都需要进行深刻的变革。

按照党的十五届五中全会、六中全会和中央经济工作会议的要求,为了保持经济持续、快速、健康发展,必须解放思想,更新观念,实事求是,与时俱进,进一步改革开放,把体制创新摆在突出位置,突破影响生产力发展的体制性障碍,使生产关系适应生产力、上层建筑适应经济基础的要求,进一步解放和发展生产力。深化改革、突破影响生产力发展的体制性障碍是多方面的,其中一个很重要的方面是继续推进行政管理体制改革。这些年来,随着改革的深化、开放的扩大和市场经济体制的建立、发展,我国的行政管理体制不断在进行着相应的改革，并且已经取得了明显的成效：以经济手段和法律手段为主的宏观调控体系初步建立；实行政企分开，政府不再直接管理企业，企业自主经营、自负盈亏；整顿和规范市场秩序，加强对市场的监管；稳步推进社会保障体系的建设；符合国际惯例的外贸、外汇和涉外经济管理体制初步形成；改革政府机构，精简工作人员，行政效率得到提高。但是，实事求是地说，现行的行政管理体制也还存在着不能完全适应市场经济内在要求的这样那样的问题。解决这些问题，我们需要以加入世贸组织为契机，变压力为动力，加快步伐，加大力度，从外延上和内涵上继续推进行政管理体制改革，按照市场经济发展的客观规律，进一步转变政府职能，实现政企分开，不断完善社会主义市场经济体制，加快形成有利于对外开放的体制和环境。政府要集中精力搞好宏观调控和创造良好的市场环境，减少对微观经济活动的直接干预，减少对经济事务的行政性审批，建立廉洁高效、运转协调、行为规范的行政管理体制。据此，政府机关行使职权，应该力求做到：一不越位，决不要再把那些政府机关不该管、管不了、实际上也管不好的事情揽在手里；二不缺位，该由政府机关管的事情就要把它管住、管好；三不错位，政府机关不能既当“裁判员”又当“运动员”；四不扰民，该由政府机关管的事情，只要能把它管住、管好，办事手续越简便、越透明越好。基于这样的考虑，在今后的立法工作和执法活动中，需要认真研究、正确处理以下几个关系：

一是政府与市场的关系。我国经济体制改革的目标是建立社会主义市场经济体制。实践已经证明，充分发挥市场机制配置资源的基础性作用，实行公开、公平、公正竞争，经济活动才能富有活力，提高效率，更快地创造更多的社会财富，提高综合国力。同时，又要看到，市场并不是万能的，市场本身就存在着自发性、滞后性、盲目性。改善宏观经济环境、合理利用公共资源、维护社会公共利益等方面的问题，就难以靠市场来解决。因此，实行市场经济体制，并不意味着减少政府的责任和作用。我国是发展中的大国，又处在经济体制转轨、产业结构调整和经济快速发展的时期，尤其需要政府担当起应负的责任，把职能真正转变到经济调节、市场监管、社会管理、公共服务上来，并且转变工作方式、工作作风，切实解决市场解决不了也解决不好的问题，为经济活动创造良好的宏观环境。

二是“公权”与“私权”的关系。转变政府职能，在立法活动中，不可避免地会涉及行政权力同自然人、法人和其他组织权利的关系。按照传统法学概念，行政权力属于“公权”，自然人、法人和其他组织的权利属于“私权”。在权力与权利的关系问题上，原则上讲，权利是本源，权力是由其派生的。我国宪法规定：“中华人民共和国的一切权力属于人民。”行政权力是人民通过法定程序授予的。但是，政府机关一旦取得行政权力并对管理相对人（公民、法人或者其他组织）行使这种权力，它就居于“强者”地位。因此，正确处理权力与权利的关系，主要的方面应该是对权力加以规范、制约、监督。从这个意义上说，实行依法治国、依法行政，先要依法治“官”、依法治权，确保一切政府机关依照法定的权限和程序正确行使权力，防止滥用权力。在一般情况下，“公权”不宜介入、干预“私权”的行使。当然，“私权”的行使也是有条件、有规范的。如果行使“私权”损害国家的、社会的、集体的利益和他人的合法权益，“公权”就应该介入、干预，实施监督，予以处理。对政府机关来说，权力与责任应该统一；对自然人、法人或者其他组织来说，权利与义务应该统一。在立法工作中,在赋予有关政府机关必要权力的同时,必须规定其相应的责任,规范、制约、监督行政权力的行使;在规定自然人、法人和其他组织应当履行的义务的同时,应该明确规定其应当享有的权利,并为保证其权利的实现规定相应的政策和措施。

三是效率与公平的关系。发展是硬道理。我国是发展中国家,经济、文化、社会发展水平还比较低,必须大力发展社会生产力。加入世贸组织后,我们在货物贸易、服务贸易、与贸易有关的知识产权保护、与贸易有关的投资活动等领域中享有的权利与应尽的义务,最终承载的主体是企业。提高我们国家在国际市场上的整体竞争力,最终取决于企业竞争力的不断提高。在市场经济条件下,为了提高企业的竞争力,必须强化企业的市场主体地位,从法律上制度上不断扩大并保障企业享有经营自主权,为各种所有制经济实体平等地参与市场竞争创造条件,激发活力,提高效率。同时,我国又是社会主义国家。邓小平同志说过,贫穷不是社会主义,两极分化也不是社会主义。为了实现社会公平,需要通过立法,对市场主体的活动规范、行为准则作出明确规定,引导其追求自我利益最大化同增加社会效益结合起来。因此,在立法活动中,应当着眼于调动各方面的积极性、创造性,遵循“效率优先,兼顾公平”的原则,运用法律手段调整社会利益关系,包括:中央与地方的利益关系,国家、企业、个人的利益关系,全局利益与局部利益的关系,长远利益与眼前利益的关系,等等。以收入分配为例,立法工作应当体现分配制度创新精神,初次分配注重效率,发挥市场机制在分配中的基础性作用,通过确立劳动、资本、技术、管理等生产要素参与分配的原则,完善以按劳分配为主体、多种分配方式并存的分配制度,调动人们的积极性、创造性,鼓励一部分人通过诚实劳动、合法经营先富起来;再分配注重公平,强化政府主要通过税制对分配的调节职能,在效率的基础上实现社会公平,最终达到共同富裕。社会主义市场经济体制自身发展的价值取向就应该是实现效率与公平的统一。

四是事前监督管理与事后监督管理的关系。为了创造全国统一、规范有序、公平竞争的良好市场环境,政府机关对市场主体依法实施必要的监督管理是不可缺少的,其手段通常分为事前监督管理和事后监督管理。行政许可即行政性审批属于事前监督管理方式。为了维护国家安全和公共利益、保护公民生命财产安全、合理配置公共资源,设定行政许可、进行事前监督管理是必要的。但是,事前监督管理方式难免有一定的主观性,并且成本高、效益低,需要慎用。从行政管理的成本与效益看,一般来说,对那些通过事后补救难以消除影响或者需要付出更大代价的问题,需要采取事前监督管理手段;而对其他一般性的问题,采取事后监督管理手段则更合理、更有效。即使必须审批的,也要依法设定,规范操作,简化程序,公开透明,明确责任,加强监督。因此,国务院近年来一直在抓紧进行行政审批制度改革,总的思路是按照合法、合理、效率、责任、监督的原则,尽可能地减少政府机关对经济事务的行政性审批;确定政府机关对经济事务的管理方式时,在明确管理标准、管理规则的前提下,要更重视发挥政府对经济事务的事后监督管理职能,并以保持公共利益与企业权益之间的平衡为原则。

邓小平同志说过,改革也是革命。行政管理体制改革实际上是以转变政府职能为核心内容的一项政治体制改革,是上层建筑领域的一场革命。既然是革命,那就势必涉及利益关系的调整,涉及特定人群的既得利益，难免会有阻力。为了排除阻力，切实推进行政管理体制改革，以适应发展社会主义市场经济的需要和加入世贸组织后的新形势，并从源头上、制度上预防和解决腐败问题，必须坚定不移地实行权力与责任紧密挂钩、权力与利益彻底脱钩的原则，决不允许争权而不负责，更不允许利用权力“寻租”谋利。

三、从法律上制度上积极做好应对工作，必须全面推进依法行政

依法行政作为依法治国基本方略的重要组成部分，反映了政府运作方式的基本特征，是从全局上、长远上统管各级政府和政府各部门的各项工作的。依法行政的基本要求是各级行政机关必须依照法定的权限和程序履行职责，既不失职，又不越权，做到有权必有责、用权受监督、侵权要赔偿；其实质是对行政权力加以规范和约束。加入世贸组织，对依法行政提出了更高要求，一切政府机关都要树立规则意识，严格按规则办事情、按程序办事情，切实做到依法行政。

（一）完善制度。根据世贸组织的有关规定，我们不仅要保证我国有关法律制度与世贸组织协定和我国政府承诺相一致，还要不断提高立法工作质量，增强法律制度的透明度。

一是适应加入世贸组织的需要，切实做好法律、法规、规章和其他政策措施的立、改、废工作。世贸组织协定在我国不具有国内法上的效力，是不能直接适用于国内的。因此，我们就需要修改和完善国内法，使其与世贸组织协定和我国政府承诺相一致。按照国务院的部署和要求，国务院法制办和国务院各部门已经对有关的法律、行政法规和国务院部门规章进行了多次清理，制定了立、

改、废工作计划，确定了完成这项工作的期限。根据清理的结果，涉及世贸组织协定或者我国政府承诺，在加入世贸组织前后需要抓紧制定或者修改的法律、行政法规共40件（法律10件、行政法规30件），已经完成35件（法律9件、行政法规26件），并且已经公布；需要废止的行政法规12件已经宣布废止；需要停止执行的国务院文件34件已经公布停止执行；需要制定修改或者废止的部门规章有1000多件，国务院各有关部门一直在抓紧工作，也已大体完成，已经或者即将陆续公布。

根据我国政府在中国加入议定书中作出的承诺，我国中央政府有义务确保地方性法规、地方政府规章和地方制定的其他政策措施符合世贸组织协定和我国政府承诺。为此，中央办公厅、国务院办公厅于去年9月发出通知，对地方性法规、地方政府规章和地方制定的其他政策措施的清理作了部署。根据通知的要求，凡是有关法律、行政法规为适应加入世贸组织的需要已经作出修改或者废止的，有关的地方性法规、地方政府规章和地方制定的其他政策措施应当作出相应修改或者废止；凡是违反最惠国待遇原则、国民待遇原则或者阻碍全国统一市场形成的地方规定，应当修改或者废止。目前，各地方正在抓紧进行这项清理工作。修改后的地方性法规、地方政府规章和地方制定的其他政策措施以及以前没有公开但仍需执行的政策措施，都要及时在地方官方刊物上公布。

二是无论中央制定新的法律、行政法规、部门规章和其他政策措施，还是地方制定新的地方性法规、地方政府规章和其他政策措施，都要符合世贸组织协定和我国政府承诺，并确保质量。按照世贸组织的规定，在各成员关税领土内，中央、地方在制定有关政策措施方面的权限划分，由各成员依据其国内法自主确定。根据我国宪法、立法法和其他有关法律、行政法规的规定，只能由中央规定的事项，如外汇、进出口、关税、海关估价、贸易救济措施等，地方不得作出规定。凡是按照世贸组织协定不能作出限制性规定的事项，如对进口产品征收高于国内同类产品的税、费，要求外商投资企业优先购买国内原材料、产品全部或者大部出口、实现外汇平衡等，谁都不得作出规定。根据我国有关法律、行政法规的规定，地方可以结合当地实际情况作出规定的事项，也应当符合世贸组织协定和我国政府承诺。这些要求同样适用于特殊经济区（包括经济特区、沿海开放城市、经济技术开发区、高新技术产业开发区、保税区等）。

三是增强法律制度的透明度。按照世贸组织规则的要求，我国加入世贸组织后，凡涉及货物贸易、服务贸易、与贸易有关的知识产权保护以及与贸易有关的投资措施的法律、法规、规章和其他政策措施，都要集中在官方刊物上公开刊登。这些法律、法规、规章和其他政策措施的公布时间与施行时间之间，一般都要间隔一个月以上，不再一公布就施行。在制定、修改法律、法规、规章和其他政策措施的过程中，要发扬民主，充分征求各方面尤其是管理相对人的意见。有关的法律、法规、规章和其他政策措施制定后施行前，如果世贸组织成员提出要求，我们有义务向其提供文本。同时，我国加入世贸组织后，中央政府还要设立或者指定咨询点作为对外的“窗口”，为国内外企业提供有关的法律信息服务，并对世贸组织成员提出的有关咨询问题按时提供权威性的答复。这里需要说明，咨询点只能是“提供”而无权“作出”权威性的答复。按照我国法律规定，法律解释应由全国人大常委会作出，行政法规解释应由国务院作出，司法解释应由最高人民法院、最高人民检察院作出，部门规章解释应由制定机关作出。

（二）统一实施。按照世贸组织协定和我国政府承诺，我国中央政府负有保证有关世贸组织的法律制度在全国范围内统一实施的责任。为了确保不同层次法律规范的一致性，我国加入世贸组织后，需要建立保证有关法律制度统一实施的机制。任何企业、个人都可以就不统一实施贸易制度（包括不统一实施我国根据世贸组织协定和中国加入议定书承担的义务）的情况，向中央政府反映。中央政府有关部门要迅速将反映的情况移送有关主管机关，并且在不统一实施的情况得到证实后，有关主管机关即应按照我国法律的规定，并考虑我国的国际义务和提供适当救济的需要，迅速予以处理。有关主管机关作出的决定和采取的措施都要迅速书面告知有关企业、个人。这就要求我们采取切实有效的措施，避免发生影响世贸组织协定和我国政府承诺统一实施的情况。

按照世贸组织规则的要求，政府机关必须以统一、公正、合理的方式执行所有有关的法律、法规、规章和其他政策措施，有法不依、执法不严、违法不究，乱执法、滥执法，实行地方封锁和行业垄断，以及不依照统一程序执法等行为，都是不允许的。

（三）加强监督。全面推进依法行政，确保法律、法规、规章和其他政策措施得到统一、公正、合理的实施，必须进一步加强对立法工作和行政执法的监督。

一是切实加强对法规、规章和其他政策措施的备案审查。国务院将加强对地方性法规、地方政府规章和国务院部门规章的备案审查，对违反法律、行政法规规定的，该撤销的依法予以撤销；该修改的，依法责成制定机关及时修改。各地方也要加强对有关政策措施的备案审查，加强监督，对违法的政策措施，及时依法作出处理。这是避免因地方性法规、地方政府规章和地方制定的其他政策措施违反世贸组织协定和我国政府承诺而引发国际争端、损害我国政府形象的重要措施。

二是切实加强对行政执法活动的监督。为了防止因行政机关违法的或者不当的执法行为引发国际争端，需要切实加强对行政执法活动的监督。虽然世贸组织争端解决机制所要解决的是针对成员的有关法律、法规、规章和其他政策措施与世贸组织规则不一致而引发的争端，但违法的或者不当的行政执法行为如果反复、频繁发生，也会引起世贸组织成员要求对这些行政执法行为所依据的法律、法规、规章和其他政策措施进行审查，从而可能引发国际争端。因此，强化行政复议制度、行政诉讼制度对行政执法活动的监督作用是必要的，可以促进统一、公正、合理地执法，避免或者减少违反世贸组织规则现象的发生。目前，有些地方、部门对行政复议制度、行政诉讼制度的监督作用重视不够，甚至认为行政复议、行政诉讼是揭行政机关的"短"，不利于维护"政府形象"。因此，在实践中，有的要求法制工作机构对行政复议申请能不受理的就不受理，不得不受理的也要尽可能维护"政府威信"，实际上是"官官相护"；有的在发生行政诉讼后不是积极依法应诉，而是想方设法影响司法机关对案件的审理。这些现象必须切实加以纠正。

（作者为国务院法制办公室主任）

加入世界贸易组织与我国立法的有关问题[①]

郭 寿 康

1986年7月10日中国政府正式提出“恢复在关税与贸易总协定中的缔约国地位”的申请。世界贸易组织成立后，从1995年11月起中国的“复关”谈判改为“入世”谈判。经过14年漫长而曲折的谈判，我国“入世”已进入了最后阶段，可望于不久的将来实现。我国“入世”后，将享有世界贸易组织成员应当享有的权利，同时也将承担世界贸易组织成员应当承担的义务。这一权利义务也体现在立法方面，一方面我国负有按照世界贸易组织有关规定使我国法律法规与世贸规则衔接的义务，同时也享有在世贸规则允许的范围内制定、修改有关法律法规以维护我国利益的权利。

我准备从三个方面谈一下有关世贸规则及“入世”后我国立法的因应措施问题。

---

① 我国已于2001年12月11日成为世界贸易组织的正式成员。文中协议现大多情况下称为协定。

一、世贸规则的调整范围和约束力

(一)世贸组织、世贸协议和世贸规则

世界贸易组织(WTO),按照其秘书处的权威性解释,是世界上唯一处理国家(单独关税区)与国家(单独关税区)之间贸易规则的国际组织,其核心是《WTO 协议》(以下简称世贸协议)。它为国际商业活动提供了基本的法律规则。世贸协议是经成员签订生效的国际法律文件,构成了国际贸易制度和秩序的基本法律框架和世贸组织法律体系的主要内容,其实质是规范成员相互权利义务的世贸规则。世贸组织也被人们称作是一个致力于公开、公平和无扭曲竞争的规则体制。

(二)世贸规则的调整范围

世贸规则的框架,包括《建立世贸组织协定》和四个附件。有关世贸规则的实质性规定都体现在四个附件中。这四个附件中,前三个附件构成了《建立世贸组织协定》的组成部分,对所有的成员有约束力;第四个附件只对接受的成员有约束力,对未接受的成员不产生任何权利和义务。第四个附件只有少数成员参加,我们基本上可以暂时不予考虑。

(1)附件 1。

附件 1A:货物贸易多边协议。其中包括 GATT1994;农产品协议;实施动植物卫生检疫措施协议;纺织品与服装协议;技术性贸易壁垒协议;与贸易有关的投资措施协议;反倾销协议;海关估

价协议;装船前检验协议;原产地协议;进口许可程序协议;补贴和反补贴协议;保障措施协议。

附件1B:服务贸易总协定。

附件1C:与贸易有关的知识产权协定。

(2)附件2:关于争端解决规则与程序的谅解。

(3)附件3:贸易政策审查机制。

(4)附件4:复边协议,共包括四个具体协议:民用航空器协议;政府采购协议;国际奶制品协议;国际牛肉协议。

附件1、附件2和附件3中的协议构成了多边贸易协议。当《建立世界贸易组织协定》的规定与多边贸易协议的规定发生冲突时,应以前者为准。当GATT1994的规定与附件1A中其他的货物贸易协议的规定冲突时,后者优先适用。①

与原关税与贸易总协定相比,世贸协议调整的范围要宽得多,不仅包括原关贸总协定调整的货物贸易,还扩大到服务贸易和与贸易有关的知识产权。同时,世贸协议还确立了适用于货物贸易、服务贸易和与贸易有关的知识产权的贸易政策评审机制和争端解决机制。

(三)世贸规则的约束力度

世贸规则的规范约束力度比原关税与贸易总协定也大大增加了。这可以从几个方面来加以说明。

世贸规则对成员规定的义务主要是通过成员的国内立法来实

---

① 建立世界贸易组织协定第16条第3款;多边货物贸易协议对附件1A的一般解释性注释。

施的，要求国内法律、法规、行政决定、司法裁决与世贸规则的要求相一致，这一要求与原关税与贸易总协定的要求是不同的，其要求的标准、约束的力度远非原关税与贸易总协定可比。《建立世贸组织协定》第16条第四款明确规定："各成员应保证其法律、规章与行政程序符合附件各项协议规定的义务。"这表明世贸组织成员有义务使其国（域）内立法与世贸协议相一致。《关于1994年关税与贸易总协定第24条的解释谅解》在原第24条规定的基础上也增加了"成员应对遵守1994年关税与贸易总协定全面负责"的规定，如果地方政府没有遵守有关规定，成员应采取合理措施来保证遵守有关规定或提供赔偿。

基于上述情况，我国学者曾主张世贸组织是一个超国家的经济主体和司法机构。世贸组织的规范高于成员国国家的法律规范，任何国家的经济立法与世贸规则相抵触，就可能被裁定违背世贸规则和受到制裁。[①]

而原关贸总协定是临时适用的政府间协定，没有经过立法机关批准，不要求国内立法与其接轨，而是"在不违背现行立法的最大限度内临时适用关税与贸易总协定的第二部分"（即所谓的祖父条款，grandfather clause）。[②] "伯卡特·范德伍公司诉美国案"就是"祖父条款"适用的案例。

世贸组织与原关贸总协定的法律地位有很大区别。世贸组织协定是经各成员立法机构依宪法程序正式批准的国际条约，立法机构在批准这一协定时也承担了使国内立法同世贸规则接轨的义

① 见《中国"入世"的研究报告：进入WTO的中国产业》，社会科学文献出版社2000版，序，第1页。

② 临时适用议定书第1条(b)。

务。同原关贸总协定包含的祖父条款相比,世贸规则的规范力度不但大大加强,而且有质的飞越,在国际经贸法制规则的发展史上是前所未有的新事物。

人们常常把国际法称为“软法”,就是因为它不像国内法那样具有强制实施的保障和有力措施。世贸规则在这方面前进了一大步。这在国际法的历史发展中也将产生重要影响。

二、世贸规则的实施保障机制

经验证明,国际经贸规则无论制定得如何完备,如果缺乏保障实施的切实有效的措施,最终就会变成形同虚设,不起作用。在总结历史经验的基础上,世贸规则不但规定了广泛的规范标准,而且也规定了保障规范实施的切实有效的措施,一改国际法的“软法”特性。

以下准备就下面几个问题逐一说明:法律法规的透明度、通知和评审以及争端解决机制。它们都是涉及世贸规则实施的保障机制。

(一)世贸组织规则的透明度要求

世贸组织要求成员的法律、法规、终局判决、行政程序等必须与世贸协议规则接轨。这不仅是原则要求,而且有一系列措施来切实保障其实现。“透明度”原则就是提供这种切实保障的一项重要内容。

这一要求通常称为透明原则或阳光原则,旨在使各成员及贸易者对其他成员的法律、法规、司法判决、行政决定及相关的其他国际协议有充分、及时的了解和熟悉，为贸易机会提供可靠性和预期性。是否符合世贸协议的要求、履行没履行接轨的义务，都置于阳光之下，照得一清二楚。这就为成员法律法规等与世贸协议接轨奠定了基础。

透明度要求主要规定在 1994 年关税与贸易总协定第 10 条、服务贸易总协定第 3 条、与贸易有关的知识产权协定第 63 条。根据以上要求，各成员应迅速公布有关法律、法规等。无法公布时，必须提供公众可以获得的条件。

透明度要求具有多方面的重要意义，它有助于促进成员的法律法规与世贸规则的一致性，同时又为判断、监督成员的法律法规是否与世贸规则一致提供了一个初步的、坚实的基础。通过这一要求，任何成员或贸易者都可对某一成员的法律状况一目了然。在现有的贸易争端案件中，许多案件都含有没有满足透明度要求的争议，争端解决机构也做出了一些要求履行透明度义务的裁决。

（二）通知要求

透明度要求是对成员公布法律法规的要求，可以理解为在自己国内的媒体上用本国语言公布法律法规等，而通知要求则是要求成员用世贸组织的一种正式语言（英文、法文或西班牙文）向世贸组织的有关机构通知其法律法规的情况。通知要求进一步促进了成员法律法规的透明度和一致性。

需要通知的事项既包括现有的规定，也包括对现行法律规章的修改以及新颁布的规定，还包括对有关协议的适用措施。多边贸易协议的许多协议都规定了通知要求。例如，《补贴与反补贴协议》要求各成员向世贸组织通知有关的法律、提供的补贴以及对外国产品采取反补贴措施。世贸组织的全部协议中包含有200多项有关通知的要求。从世贸组织成立到1996年2月才一年多的时间,即收到成员依据有关协议所提供的1500多份通知。

在乌拉圭回合谈判中,部长会议通过了一项《关于通知程序的决定》,规定了需要通知的措施清单,涉及到货物贸易、服务贸易、与贸易有关的知识产权以及与贸易有关的投资措施。该决定还规定在世贸组织秘书处内设立一个通知登记中心。

(三)贸易政策评审制度

作为世贸协定附件3的《贸易政策评审机制》是世贸协议的重要组成部分之一,也是乌拉圭回合中达成的新协议,确立的新制度。贸易政策评审机构每隔一定的时间对成员的贸易政策进行审查,审查的频率依据成员的贸易量确定。对美国、日本、欧共体和加拿大(约占世界贸易总量70%)每两年一次,贸易量占第五位至第20位的16个成员,每四年一次,第20位以后的成员每六年评审一次,对最不发达成员,评审周期更长。至2000年9月总共进行了15次审查,其中欧共体被评审过三次,美国和日本被评审过两次,香港被评审一次,韩国和泰国被评审过两次。

被评审的成员要提交其贸易政策与做法的报告,世贸组织秘书处单独提交一份报告,其他成员也可以提出有关被评审成员的贸易政策和做法的报告。在评审会上,任何与受评审成员有利害关系的成员都可以提出质询、批评或表扬,受评审方对提出的质询和批评要做出回答或答辩。评审结束后,秘书处将受评审成员的报告、秘书处报告、评审纪录概要和贸易政策审查机构主席的结论四份文件合订公布,并提交部长会议记录在案。

除《贸易政策评审机制》规定的审查外,许多具体协议也规定了各自的审查制度。例如,《与贸易有关的知识产权协定》第63条规定成员应将其现行法律和细则、终审司法判决和具有普遍适用的行政决定,通知给知识产权理事会,以有助于理事会审查本协议的执行。理事会据此做出了《依第63条第2款通知和普遍登记国内立法与条例的程序》的决定,规定一般成员应在适用TRIPS协议30天内(需要翻译时在60天内)将相应的法律和细则通知理事会。1999年10月21日,理事会进一步规定,对1999年底过渡期满的约70个发展中国家和地区分两批在2000年6月和11月进行审议。其余42个成员将在2001年分三批进行审议。事前可以向被审议成员提出问题,会上被审议成员先做简短发言并且回答提出的书面问题,接着口头提问和回答。会上不能立即回答的问题应在会后八个星期内提出答复。

据TRIPS理事会负责人、WTO知识产权部主任Adrian Otten介绍,我国入世后法律评审程序分四段:(1)入世后30天内将国内法律等通知理事会;(2)其后约两个月时间由各成员提出问题;(3)其后的两个月时间由我国政府答辩;(4)最后,用一个月的时间召开评审会议。这里需要注意的是,新加入的成员没有过渡期,几乎立即启动评审程序。

贸易政策评审制度是确保透明度和一致性的重要环节和组成部分。虽然评审结果和提出的建议对被评审方没有约束力,但该制度提出了一个监督和反馈的机会,对其他成员认为与世贸规则不一致的法律,被评审方如果不作出改进,很可能被其他成员利用争端解决程序提出指控。

(四)争端解决制度

世贸组织的争端解决制度是保证成员的国内法律法规与世贸组织规则要求一致的最有力的措施和制度,该制度继承并发展了原关税与贸易总协定的争端解决制度。

1.统一的多边的争端解决制度

乌拉圭回合谈判达成的《关于争端解决规则和程序的谅解》建立了统一的贸易争端解决机制。该谅解的调整范围不仅仅限于一般的货物贸易,而是扩大到了 WTO 协定涉及的包括服务贸易、与贸易有关的知识产权、与贸易有关的投资措施以及原来游离于 CATT 之外的农产品和纺织品等方面所发生的争端。专家组和上诉机构负责审查争端、做出裁决和建议。争端解决机构(DSB)实际上就是世贸组织的总理事会。但争端解决机构有自己的主席、议事规则和程序以及专家组、上诉机构的人员。上诉机构是常设机构,而专家组则是不时根据申诉方的请求而设立的,专家组的组成人员从秘书处的符合任职资格的人员名单中确定。

争端解决制度将成员间的贸易争端解决置于多边制度的约束之下。成员在寻求解决违反义务和利益损害时,应诉诸并遵守争端解决体制的规则和程序。成员不得单边做出确定发生违反义务和利益受到损害的裁定;成员应遵循有关程序确定实施建议和裁定的合理期限,确定中止减让或其他义务的程度,并在中止前按程序获得争端解决机构的授权。这一原则具体规定于《关于争端解决规则和程序的谅解》第 23 条,在多个案件中都强调了这一原则。最能说明这一原则的案件是对美国 301 条款的审理。而欧共体香蕉体制案则充分体现了确定实施的合理期限、中止减让的范围的多边性。

2. 争端解决制度的主要程序

争端解决机制强调争端成员间磋商的重要性，鼓励争端方通过磋商达成相互接受的解决方案。被要求磋商的成员有义务与提出磋商要求的成员进行磋商，如果没有提出磋商要求就不能向争端解决机构提出设立专家组的申请，进行下面的专家组程序以及上诉程序。如果磋商没有达成相互接受的解决方案，申诉方即可以提出设立专家组的申请，进行专家组程序，由专家组对争端的事实、法律的适用进行审查，做出裁定和建议。如果其中一方对专家组报告中的法律问题或专家组所作的法律解释有异议，可以向上诉机构提出上诉。上诉机构只审理法律问题，不再对争端的事实进行审查。最后由争端解决机构通过专家组、上诉机构的报告，做出裁决、提出建议。

对争端解决机构的裁决和建议，有关成员应予执行，并提出报告。如有关成员未在合理期限内执行裁决和建议，申诉方则可请求赔偿或要求争端解决机构授权中止对有关成员的减让或其他义务。申诉方中止减让或其他义务，也就是通常所说的"报复"。该报复首先限于受到损害的同一部门，在同一部门的报复不足以补偿受到的损害时，即不可行或没有效时，可以在同一协议的其他部门(跨部门)或另一协议下的部门(跨协议)进行报复，即所谓的交叉报复。如在欧共体香蕉体制案中，厄瓜多尔获得授权对欧共体进行报复，授权报复量为每年 201 百万美元，但争端涉及的消费品部门没有这么大的数量，于是厄瓜多尔要求对 TRIPS 协议下表演者、录音制作者和广播组织方面中止减让。

3. 争端解决程序的两大特点

争端解决制度规定了严格的程序上的时间限制。在提起磋商要求的30天内应进行磋商;磋商60天未达成相互接受的解决方案,申诉方可提出设立专家组的申请;专家组审查一般不超过6个月,最长不超过9个月;争端方提起上诉后,上诉程序一般不超过60天,最长不超过90天。从专家组设立到争端解决机构通过报告,如果没有上诉,一般期限为9个月;如果提起上诉,一般期限为12个月。实施裁决和建议的合理期限由争端方协商决定,在争端方不能就合理期限达成一致而经由仲裁时,该期限为通过报告时起的15个月。如果争端方就中止减让的范围有异议而提交仲裁,仲裁应在合理期限届满后60天内完成。在仲裁过程中不应中止减让或其他义务。

争端解决机制在程序上的另一特点是实质上的自动程序。设立专家组是自动的,争端解决报告的通过是自动的,这从根本上改变了原来关税与贸易总协定争端解决制度下被诉方阻挠程序进行的缺陷。尤其是争端解决机构通过专家组报告或上诉机构报告的程序,与原关税与贸易总协定相比,有了重大的突破。原关税与贸易总协定框架下,专家组的设立和通过专家组报告,都要求全体一致同意,一票不赞成就不能设立或通过,这称之为顺向一致或肯定性协商一致。这一制度运行的结果是被诉方会阻挠程序的进行,或阻挠通过专家组做出的报告,使得专家组的裁决得不到执行。而在世贸组织争端解决机制下,则采取了相反的做法,只有全体不赞成时才能予以否决,即反向一致或否定性协商一致。其运行的结果是实质上的自动通过程序。美国国会在通过乌拉圭回合协议时曾对这一规定进行了激烈的辩论,有人提出这是对美国主权的限制或侵犯,但经过总体考虑国会最终还是通过了实施乌拉圭回合协议的法案。

由于上述争端解决机制的特点以及实际运作的结果,该机制获得的信任越来越大,通过该机制解决争端的案件大增。自世贸组织成立到2000年9月底,受理了多达205件争端,① 而原关税与贸易总协定存在近半个世纪受案数仅为238个。世贸组织处理的第一个案件是对美国提起的有关汽油规则的案件,该案件经由专家组程序、上诉程序做出裁决和建议,美国宣布实施这一裁决和建议。这一案件为争端解决机制开了个好头。

原则上,世贸组织成员享有的权利和承担的义务是平衡的,争端解决机制也是如此。一方面成员不得违反世贸规则规定的义务,如果被裁决违反义务或对其他成员造成利益的损害,则应取消违反义务的措施或给予赔偿,否则即可能受到其他成员的报复;另一方面,申诉方不能自己单方面决定其他成员违反了有关义务、造成损害,不能自己决定报复措施,被诉方享有受该机制保护的权利,在执行裁决和建议的合理期限内以及中止减让的范围没有确定之前,申诉方不得采取报复措施。

需要说明的是,任何成员的立法与世贸规则相抵触,就可能被认定为违背世贸规则而最终受到相应的制裁。这并不违反国家主权原则,因为是否参加世贸组织是主权国家(以及单独关税区)自主选择决定的。

---

① 据统计,截至2002年7月31日止,世贸组织共受理262件争端。见世贸组织2002年8月9日WT/DS/OV/8号文件。

三、“入世”与我国立法的因应措施

(一)与世贸规则衔接同我国法制建设的目标是一致的

我国“入世”后,既要享有应有的权利,也要履行应承担的义务,体现权利义务的平衡与统一。入世对我国的立法工作提出了新要求。我们首先面临的就是我国法律法规如何与世贸规则靠拢,或者说是衔接的问题。

改革开放以来,我国法制建设取得了巨大的成就。这是有目共睹的客观事实,凡是不抱偏见的公正人士都会承认的。20年来,我国制定了大量的法律、法规,逐步适应了建设社会主义市场经济的需要。但是,由于从计划经济向社会主义市场经济逐步过渡时期的种种历史的和现实的原因,现行法律法规与世贸规则之间还有某些差距也是客观事实。“入世”就要全面研究范围广泛的世贸规则,结合我国做出的承诺,对国内法律法规采取相应的措施,履行我们承担的遵守世贸规则、国内法律法规与世贸规则衔接的义务。①

实际上,根据世贸规则采取相应的立法措施,是与建立和完善我国的适应社会主义市场经济的法制目标一致的。市场经济是法制经济。建设社会主义市场经济需要我国法律制度的进一步调整和完善。“入世”后世贸规则对我国法律建设将起到促进的作用。

---

① 朱镕基在2002年9月出访非洲时讲,我国清理法律法规工作已经完成。见China Daily,2002年9月6日第一版。

即使不入世，我国社会主义市场经济的法制建设也要借鉴世贸规则，不断发展和完善。

(二)我国立法工作需要采取的措施

考虑到世贸规则对成员的要求，考虑到我国法律的现状，我国加入世贸组织需要在立法方面采取相应的措施。具体说来，“入世”前后我国法律法规将会经历立、改、废三种情况。

“立”，就是制定一些世贸规则所要求或允许的、符合市场经济运作的新的法律法规。世贸规则要求制定的法律必须制定。无论是透明度、通知、还是与规则的一致，都需要首先存在相应的国内立法。印度由于没有及时制定保护知识产权的立法，被争端解决机构裁定违反了有关义务。实事求是地说，对于世贸规则调整的事项，在许多方面我国都没有相应的立法，自然也谈不到权益的保护。服务贸易方面的立法、保障措施法、电信法等等，都需要考虑提上全国人大的立法日程。①

“改”，即修改现行法律法规中不符合世贸规则的一些内容，或者补充规定不充分的内容。这部分数量很大，涉及许多部门。需要在全国人大和国务院领导下，各有关部门分工合作进行修订。既要慎重研究，又要抓紧时间。也可以考虑采取先易后难的方法。对于明显违反世贸规则的，一律修改。例如，涉及到进口数量限制(限额和许可证)、贸易平衡要求、外汇平衡要求、当地成份要求、优先购买国产品等，都要适当修订。关税法、商标法、著作权法、外商

① 入世前后，我国保障措施条例，集成电路布线图设计保护条例等都已颁布实施。

投资立法等等，都要参照世贸规则、结合我国承诺加以修订。[①] 印度尼西亚对汽车工业采取的措施涉及到当地成份要求，就曾被裁决与有关规则不符。

“废”，就是废除那些不符合世贸规则的规定。首先，“内部文件”要废除，不能作为法律依据。过去清理过内部文件，但还有许多各式各样的内部文件有待清理。一些因时过境迁而不再适用的法规也要明令废止。

应该看到，中国的立法修订工作是艰巨的，除了上述的工作量大、范围广外，由于中国的经济实力和政治因素，某些成员对我国实施世贸规则的态度、决心和力度持怀疑态度。有些对我“入世”后的政策、法律及实践，很可能挖空心思，伺机找碴，不排除通过评审和争端解决机制寻衅。因此，我们应尽可能地做好充分的准备，无论是在法律方面，还是思想方面。

（三）法律的修改、制定应尽可能维护我国利益

世贸规则在要求成员制定相关立法的同时，也给予成员相应的权利和立法空间。我国“入世”要行使应有的权利，运用于我有利的立法空间。除了利用例外条款外，还可以制定、实施世贸规则允许成员保护国内产业的措施。例如，人们常常谈到的最惠国待遇就有利于我国建立多边的长期稳定的对外经贸关系。世贸规则中的“保障条款”的规定和《保障措施协议》是我国“入世”后的“安全阀”，对于保障我们的经济安全，将非常重要，应该制定相应的法律法规以便能够具体实施。在补贴问题上，一方面我们可以根据

① 中外合资企业法、中外合作企业法、外资企业法、著作权法、商标法等以修订。

有关规则对国内产业提供补贴，另一方面又可以对外国向我国出口的受补贴产品采取反补贴措施。面对外国产品的低价倾销，我们可以采取反倾销措施。这些都是我们可以依据世贸规则采取的救济措施。反垄断法也应该是需要考虑的问题。《服务贸易总协定》第8条明确提到了垄断和专营服务提供者的问题。一个企业在市场上占有垄断地位会严重妨碍竞争，几家企业瓜分市场或约定限价(price fixing)控制市场也属于反垄断法的范围。目前我国的《反不正当竞争法》还不能调整类似的问题。

总之，承担的义务和承诺要履行，享有的权利要用足，于我有利的立法空间要及时填充和使用。

(四)其他相关问题

中国入世提出了一个非常重要、需要深入研究加以解决的问题，就是入世后世贸规则是否能够在我国法院等执法机构直接适用？当世贸规则与我国法律法规有抵触时优先适用哪一个？这涉及到国际条约在我国的法律地位问题。我国在这一方面一直不明确。许多国家都在宪法中对这一问题加以规定。争端解决机构认为，即使在宪法规定国际法优先于国内法的国家，该适用的主体也仅限于法院。(阿根廷对鞋类及服装品采取措施案。)在我国，全国人大需要考虑这一问题。就现在来看，一些发达国家都没有采取世贸规则优先国内法适用的做法，如美国的乌拉圭回合协议法。这也需要制定相应的国内法。入世谈判中，一个西方大国要求我国直接适用世贸协定，被我方拒绝。应该说，我国采取将世贸协定转化为国内法的做法是适宜的，也符合国际上通行的做法。

有些问题很复杂，要深入研究。如国民待遇义务问题，在不同的协议中其义务的性质是不同的,《服务贸易总协定》将国民待遇作为成员经谈判而承担的义务,而不是必须遵守的一般义务;同时即使是一般义务的情况下,也允许国民待遇的例外。《1994年关税与贸易总协定》、《与贸易有关的知识产权协定》、《服务贸易总协定》和《与贸易有关的投资措施协议》规定了义务(包括国民待遇义务)的一般例外。我们应深入研究分析这些复杂情况,适当运用于我国法律法规中以维护我国的权益。

最后,还需要提到,运用世贸规则实施条款也是"入世"后我国的权利。通过透明度和通知机制,我们有权了解其他成员的政策、法律以及其运作实践。我们也有权参加对其他成员的评审,启动争端解决机制解决经贸纠纷。对某些成员对我国采取歧视待遇或其他违反世贸规则的做法,世贸组织制度提供了比较客观公正的解决途径。与主要依据实力进行双边谈判的渠道相比,世贸组织的多边制度对维护我国合法权益显然更为有利。

另外,我国"入世"后享有参与制定世贸新规则的权利,而不是单纯地被动地遵守他人制定的规则。世贸组织新千年回合谈判可能不久即将开始,会涉及到贸易与环境、贸易与劳工等诸多新问题。① 这些问题对我国的经济发展有着密切的关系。我国"入世"后以成员的资格参与谈判,会有利于达成比较公正合理的世贸新规则。这也是世贸组织的广大成员特别是发展中国家的成员所欢迎和支持的。中国在这方面将发挥重要的作用。

(作者为中国人民大学法学院教授)

---

① 现在,多哈回合谈判正在进行。

国际法与国际条约的几个问题

江 国 青

一、国际法的概念与当今的发展

(一)国际法的概念与特征

国际法(International Law),原称“万国法”(Law of Nations),是指国家之间的法律,是国家在其相互交往中形成的,主要用来调整国家之间关系的有法律约束力的原则,规则和制度的总称。国际法有时也称为国际公法。这是作为与国际私法相区别的一个名称。因为国际法所调整的主要是一种国家与国家之间的“官方”关系,管的都是“公家”的事,所以被称为国际公法。而国际私法主要是调整不同国家的自然人或法人之间的民事法律关系,是一种私人之间的关系,如涉外合同与婚姻的法律适用问题。这与国际公法的性质是不同的。但国际私法在调整具有涉外因素的民事法律关系中也应适用国际法的一些基本原则,有时国际上还就某些国际私法规则签订国际公约。在这种意义上,国际私法也成为广义的国际法的一个部门。但一般意义上的国际法,包括我们今天所讲的国际法,都是指国际公法。国际法与国际私法有各自不同的内容体系。

国际法的内容体系是由国际关系的内容体系所决定的。从国际关系的内容来看,包括政治、经济、外交、军事、法律等各个不同领域。国家之间在这些不同领域的交往过程中,都会逐渐产生和形成一些具有法律拘束力的原则、规则和制度。有些领域的原则、规则和制度日趋完备,于是形成一些较为系统的部门法。例如,海洋法、空间法、外交关系法、领事关系法、国际经济法、国际人权法、战争法等。这些不同的部门法律,包括条约法,都是国际法的组成部分。

国际法是法律的一个部门,但又是一个性质比较特殊的部门。它不是一国的法,而是国家间的法。因此,与国内法相比较,它有一些不同于国内法的特征。主要有以下三点:

首先,国际法的主体与国内法的主体不同。在国内法中,法律的主体,也就是法律关系的参加者和由此而产生的权利和义务的享有和承担者,除了国家外,还有自然人和法人,而且主要是自然人和法人。但是,国际法的主体主要是国家,个人一般不是国际法主体。这就是说,在国际上主要是国家才是国际法律关系的参加者,而自然人或法人则不能作为国际法律关系的平等一方直接参与国际关系,承担国际权利与义务。

第二,国际法的制定或产生过程不同于国内法。从法律的制定过程来看,国内法是国家的立法机关根据需要,按照一定的程序来制定的。但是,国际法就不同了。由于各国都具有独立主权,都是平等的,因此,在国际上没有也不应该有超越于国家之上的国际立法机关来制定国际法。国际法只能在国家之间平等协商的基础上以协议的方式制定，也就是以缔结条约的方式制定。此外，国际法中还有一部分国际习惯法，是由各国在国际实践中反复适用，为各国承认为法律而确立的。这就是说，国际法的制定必须征得国际法主体本身的同意或认可，否则是没有法律效力的。

第三，国际法的强制实施方式与国内法不同。强制力是法律的一个本质因素。国内法的强制力很明显，它是依靠有组织的国家强制机关，如军队、警察、法庭等来加以维护和保证实施的。但国际上没有也不应该有这样的有组织的超越于国家之上的强制执行机关。国际上虽说也有某种形式的国际法院和国际制裁，如联合国甚至还可以派出维持和平部队等，但无论从性质上和执行程序上，它们基本上都没有国家机关的那种强制力。因此，国际法的强制实施，一般是依靠有关国家本身的行动。例如，当国家的权利遭到侵害时，受害国可以采取某种相适应的办法来制止这种侵权行为，包括在国家遭到武装侵略时可以采取单独的或集体的武装自卫。可见，国际法主要是采取一种“自助式”的制裁方式。

由于国际法具有以上一些特点，对于国际法的法律性质，国际上一直存在着一些不同的观点和看法。有一种观点过于夸大国际法与国内法之间的区别，认为国际法并不是一种真正的法律。根据这种所谓现实主义观点，所有真正的法律都必须来自于法律主体之上的权威立法机构。而在现实的国际社会中，各国都有自己的主权，都不承认在它们之上有更高的权威，它们在相互关系中也都只按照自己的利益行事，因而在国际社会就根本没有什么国际法。这实际上是一种国际法的虚无主义，其后果往往会导致国际关系中的强权政治。

另一种观点则无视国际社会与国家社会的区别，主张一种所谓“世界政府”或“世界法”的理论。这是一种所谓理想主义的观点。这种观点完全用国内法的标准来套用国际法。如有人建议，应把国际公约的制定变成“国际立法”，或者主张国际法院必须拥有强制管辖权；有人甚至主张应建立常设的国际部队等。这些观点和主张，实质上都否定了国家主权的存在，不但在理论上讲不通，在实际中也是做不到的。因为在现实世界上，是不可能在各主权国家之上建立一个世界政府的。如果有了一个世界政府，整个世界就变成一个国家了，国际法也就不需要了。这是从另一个方面否定了国际法。

应当认为，国际法与国内法相比较虽然有些不同的地方，但它们都是实在的法律。国际法作为国家之间的行为规范，是各国在国际合作与斗争中各种不同利益冲突与妥协的结果，它体现了一种各国意志间的协调。因此，国际法的法律约束力是各国所公认的。实际上，各国在其相互交往中，也是遵守国际法的。国际法有时也遭到违反。即使如此，有关国家也并不否认国际法的存在，而是设法证明其行为的合法性。至于国际法的强制力没有国内法那么强，这是由各主权国家所组成的国际社会的性质所决定的。在这种国际社会的前提下，国际法基本上是一种以主权者“平等协作”为条件的法律体系，因此它不能像国内法那样具有超于当事者之上的权威立法机关和强制执法。这是国际法的一个特点，而不是缺陷，更不能以此作为否定国际法存在的理由。

(二)当代国际法的发展

根据马克思主义的法学理论，法律是随着国家的产生而产生的。国际法也不例外，国家是国际法产生的前提。有了国家，国家之间就必然有来往关系,也就必然在不同程度上形成一些有法律拘束力的行为规范,从而产生了国际法。因此,确切地说,国际法是国际关系发展的产物。而且,国家之间的交往越多,国际关系越发达,国际法也就越发达。

一般认为,在古代和中世纪的国际社会,国家之间就形成了一些原始的国际习惯规范,如尊重使节,信守约定,优待俘虏等。但由于当时国家之间的来往不多,科学技术落后,交通不便,古代的国际法并不发达,还没有形成一个独立的法律体系。

作为具有独立体系的近代国际法始于17世纪初的欧洲社会,它是以1648年欧洲三十年战争结束后所签订的《威斯特伐利亚和约》为标志的。这个公约的订立彻底摧毁了中世纪神圣罗马帝国的一统天下,使欧洲社会出现了许多具有平等地位的独立主权国家,从而为近代国际法的发展提供了土壤和条件。17世纪初,一些欧洲法学家也开始发表一些有关国际法的著作和文章,其中最突出的是荷兰的格老秀斯。他于1625年发表了著名的《战争与和平法》。这部著作以战争为重点,系统论述了当时国际法的主要内容,为近代国际法成为一个独立的法律体系奠定了基础,对后来国际法学的发展产生了很深远的影响。

近代国际法从17世纪初开始形成直到第一次世界大战结束,持续了近300年时间,其间形成了一些重要国际法原则,如18世纪末法国大革命期间提出的国家基本权利与义务的概念,国家主权原则,民族自决原则,不干涉内政原则等。但总的来看,近代国际法基本上仅局限于欧洲的范围,主要只在所谓欧洲基督教"文明国家"之间适用,具有浓厚的殖民主义色彩。

进入20世纪后,国际法出现了一个强烈变革的时代。首先是

1917年俄国十月革命胜利和苏维埃国家的建立，使国际法的发展进入了一个新的阶段。苏维埃政府提出了“不割地、不赔款”的原则，宣布侵略战争为反人类罪行和废除不平等条约等。这些原则逐步为各国所接受，成为调整现代国际关系的新原则。

第二次世界大战后，整个国际社会和国际关系进一步发生一系列深刻变化。其中特别是科学技术的突飞猛进，广大新独立国家的兴起，经济一体化和全球化，以及国际组织的大量出现等，对战后整个国际关系和国际法的发展都产生了极大的影响。在很多方面，第二次世界大战后50多年来国际法的发展和变化比过去三四百年的发展和变化还要快得多。

当代国际法的发展和变化主要反映在以下几个方面：

1. 国际法调整的对象和范围扩大

第二次世界大战后，国际关系一个最主要特征是广大新独立国家的兴起。在当今世界近200个国家中，战后新独立的国家约140个（联合国成立时是51个会员国，加上原轴心国的一些国家，当时约60个国家）。这些新独立国家特别是包括中国在内的广大亚、非、拉国家过去长期被排除在适用国际法的国际社会之外，现在都成为国际社会的平等成员，参与国际法的制定，接受国际法的调整。国际社会这种结构的变化不但使国际法的主体有了大量的增加，实际上也使国际法的适用范围全球化。当代国际法不再仅仅是欧洲国家间的法律，而是世界范围的国际法，国际法的普遍性是当代国际法的一个主要特征。

2. 国际法内容的更新与丰富

包括废除了一些具有浓厚殖民主义色彩的旧原则和旧制度，如帝国主义强加给原殖民地国家的“领事裁判权”、“保护地”、“租借地”、“共管地”等制度；确立了一系列指导当代国际关系的基本原则，如第二次世界大战后签订的《联合国宪章》所规定的七项原则，以及在 50 年代，中华人民共和国与印度，缅甸共同倡导的和平共处五项原则等。同时，也在传统国际法的基础上产生了许多新的分支和部门。例如，由于科学技术的影响，当代国际法中出现了国际海底开发制度、外层空间的法律地位、国际环境保护、核武器的使用和威胁是否合法、国际互联网络对国家主权的冲击等一系列崭新的内容和课题；又如，由于本世纪国际经济关系的变化，过去主要以调整国家间政治、外交关系为基本任务的国际法，迅速向经济领域发展，产生了许多调整国际经济关系的法律原则和制度，并形成了一些相对独立的法律部门，如国际贸易法，国际货币法，国际投资法，世界贸易组织法等。可以说，当代国际法的内容是相当丰富和广泛的，已构成一个庞大的体系。

3. 国际法的系统化和法典化

从国际法的渊源或表现形式来看，传统国际法主要是一种不成文的习惯法。20 世纪以来，国际上开始进行有组织的国际法编纂工作，使国际法的表现形式日趋系统化和条文化。有关这一发展的具体情况，我们在第二部分的内容中还会谈到。

总而言之，当代国际法在许多方面都取得了很大的发展和成就。这些发展和成就，从整体上反映了国际社会各方面的协调意志和利益，是有利于维护世界和平，促进经济发展的。但是，由于受形成条件和整个国际社会力量对比关系的影响，目前的国际法体系也包含一些不合理的成份，还有强权政治的影响，有时甚至还很明显，因此，也需要进一步加以改进和完善。

二、国际条约是当代国际法的最主要渊源

(一)国际法渊源从国际习惯向条约的演变

刚才我们提到当代国际法的主要发展动向之一是国际法的系统化和法典化,即国际法渊源的变化。什么是国际法的渊源呢?一般认为,国际法的渊源是指国际法规则由于其产生或出现的方式不同所具有的各种不同的表现形式。在国内法上也有法的渊源的概念,如在我国,法律的渊源有宪法、法律、行政法规和地方性法规等,它们都是成文法。有些国家法的渊源除了成文法以外还包括一些不成文法,如习惯法和司法判例等。国际法的渊源则有国际条约,国际习惯和一般法律原则等几种形式。

在传统的国际法中,国际法的渊源主要是国际习惯。国际习惯是指国家在其交往实践中形成的一些被接受为法律的惯例。

作为一种不成文法,国际习惯的形成是一个缓慢的过程。它要求各国对于某项惯例予以"反复"和"前后一致"的采用,并在心理上将其确认为法律后才具有普遍的约束力。此外,国际习惯在适用上也有些不确定因素。为了证明某项惯例已经确立为国际习惯法,必须查找充分的证据,这在实践中往往出现困难和争议。例如,最近国际上出现的有关智利前总统皮诺切特的豁免权一案就涉及这个问题。有关国家的司法豁免包括国家元首的司法豁免问题,国际上一直没有缔结一项统一的公约,有关问题主要由国际习惯法调整。但由于各国对于国家司法豁免的内容理解不一致,因此皮诺切特一案在有关国家之间出现了严重分歧。

由于国际习惯形成过程缓慢和在适用上的不确定性，特别是当代国际社会有很多复杂的经济和技术细节问题也是不可能用习惯法予以调整的，因此，国际社会自20世纪初期以来特别是在第二次世界大战后，开始致力于有组织的国际法编纂工作，逐渐地将一些国际习惯法以条约的形式制定或表现出来，并取得了显著成效。另一方面，在当代的国际交往与合作过程中，各国也是越来越多地直接利用条约的法律形式来确定彼此间的权利义务关系。现在，仅从在联合国登记的条约的数目来看，已有35000多项；《联合国条约集》已出版近2000卷。但条约的实际数目比这还要多得多。目前，我国每年在国际上缔结和参加的各种类型的条约有二三百个。总共缔结和参加的多边条约有200多项，双边条约有10000多项。国际条约在国际法渊源中的比重越来越大，实际上已成为当代国际法的最主要渊源。

(二)条约的概念

关于条约的定义，1969年《维也纳条约法公约》和1986年《关于国家和国际组织间或国际组织相互间条约法的维也纳公约》根据各自的适用对象分别作了规定。根据以上两项条约的规定，条约是指国际法主体之间按照国际法所缔结的确定其相互间权利和义务关系的书面协议。该定义可从以下几个方面予以理解：(1)条约是国际法主体间缔结的协议。这就是说，缔结条约的各方必须是国际法主体(如国家或国际组织)，不具有国际法主体资格的个人或实体，不能成为条约的主体，这是条约区别于契约的重要特征；(2)条约应以国际法为准，即条约的缔结应符合国际法。这是区分合法条约与非法条约，平等条约与不平等条约，有效条约和无效条约的标志;(3)条约为缔约国创设权利与义务,这是缔结条约的目的;(4)条约通常是书面形式的协议。一般认为,条约法是一种成文法,应采取书面形式,对此1969年和1986年两个条约法公约都有明确规定。此外,《联合国宪章》也规定凡合法缔结的条约,应在联合国进行登记。这也要求条约必须是书面形式。国际实践中虽然也曾有所谓"口头协议",但这是很少见的。

(三)条约的种类和名称

1.条约的种类

关于条约的种类,国际上并没有一个公认的分类标准,各国的理论和实践中通常有如下几种分类方法:(1)按照缔约国的数目分类,条约可分为双边条约和多边条约。两国间签订的条约为双边条约;缔约当事方超过两个的条约称为多边条约。(2)按照条约的法律性质分类,可分为造法性条约和契约性条约。造法性条约是指缔约各方为创立新的行为规则或确认、改变现有行为规则而签订的条约。这类条约通常是多边的、开放性条约,如《维也纳条约法公约》、《联合国海洋法公约》;契约性条约是指缔约国之间为在某一具体事项上确立一种权利义务关系而缔结的条约,如有关边界、通商条约等。但在实践中,这两类条约往往是很难严格区分的。(3)按条约的内容分类,条约可分为政治、经济、文化、科技、法律、边界等类别。我国外交部编印的《中华人民共和国条约集》是按条约的内容来分类的;《中华人民共和国多边条约集》则是按照我国缔结或参加这些条约的时间先后顺序排列的。

此外,条约还可以依其他标准划分,如依条约的政治性质来划分,可分为平等条约与不平等条约;依缔约国的地理范围划分,可分为区域性和全球性条约；按条约的有效期划分，可分为有期限条约和无期限条约等。

2. 条约的名称

条约一词有广义和狭义两种含义。广义的条约是指符合条约定义的以各种名称出现的国际协议的总称。广义上的条约的名称通常有公约、条约、协定、议定书、宪章、盟约、规约、换文、宣言、最后议定书、附加议定书等。此外，国际实践中还有联合公报、联合声明、合作计划等。狭义的条约是指国际协议中以条约为名称的那种协议，这是广义的条约中最正式的一种，如《全面禁止核试验条约》。一般说，各种不同名称的国际协议只要在实质上符合条约的定义，对当事各方具有法律约束力，它们都是国际条约。至于在某一具体情况下，条约的含义是广义的还是狭义的，则需要根据其特定背景和含义予以认识。

我国宪法和有关法律中所涉及的条约名称也存在广义和狭义的理解问题，总体上还不太规范。1990 年的《中华人民共和国缔结条约程序法》中所使用的"条约"或"国际条约"一词，是指广义的条约。而我国宪法第 67 条(14)项中规定的"全国人大常委会决定同外国缔结的条约和重要协定的批准和废除"，这里的条约应该是狭义的条约，因为如果不是指狭义的条约，后面加上一个重要协定就不好理解。而且协定也有广义的和狭义的，广义的协定也有各种名称。我国宪法中的协定一词应该理解为广义的。否则，宪法的规定就难以理解。至于其他一些部门法律或法规中所使用的"条约"或"国际条约"一词，是指广义的还是狭义的条约，则不太明确。

(四)条约法公约体系

条约法是关于缔结条约的原则,规则和制度的总称。长期以来,关于缔结条约的规则和制度,国际上没有成文法可循,主要是依据国际习惯法和各国国内法的实践。第二次世界大战以后,联合国国际法委员会将条约法的编纂作为优先考虑的项目之一,经过近20年的努力,终于在1969年5月23日召开的维也纳外交大会上通过了《维也纳条约法公约》。该公约已于1980年1月27日生效。我国于1997年9月3日加入该公约。《维也纳条约法公约》共八篇85条,还有一个附件。主要内容包括条约的缔结与生效,条约的遵守、适用及解释,条约的修正与修改,条约的失效与终止,条约的保管与登记等,是各国在条约的法律与实践中所应遵循的一个最基本的国际法文件。在某种意义上说,它也是一项"法中法"。

除《维也纳条约法公约》外,国际上有关条约方面的国际公约还有1978年8月23日通过的《关于国家在条约方面的继承的维也纳公约》和1986年3月21日通过的《关于国家和国际组织间或国际组织相互间条约法的维也纳公约》,从而形成了一个比较完整的条约法公约体系。但后两个公约目前尚未生效。

三、条约的缔结程序

(一)缔约能力

关于条约的缔结,有两个概念应加以区别,即缔约能力和缔约权。缔约能力是国家和其他国际法主体根据国际法所享有的缔结条约的能力,而缔约权则是指国家和其他国际法主体内部某个机关或个人代表国家行使缔结条约的权限。前者由国际法决定,而后者主要由国家或其他国际法主体的内部法律决定。

《维也纳条约法公约》第 6 条规定,每个国家都有缔约能力。国家的缔约能力是国家主权的体现。由于主权不可分割,国家的缔约权通常只能由国家的中央政权机构统一行使,一国的地方政权机构,一般都无权与外国缔结条约。至于在一国内部哪些政权机关可以行使缔约权,各国的规定或做法往往有所不同。例如,美国宪法规定,美国总统有权缔结条约,但要经参议院三分之二议员的同意条约才能生效。日本的缔约权由内阁(政府)行使,但应根据情况事先或事后取得国会的承认,日本天皇则根据内阁的意见认证批准书和公布条约。有些联邦制国家中的邦或州在涉及到本邦或本州的问题上也享有一定的缔约权,如在瑞士、德国和加拿大,有些区域性的条约必须由联邦政府和有关邦或州的政府同时参加才可缔结。

中国是一个单一制国家。就我国的缔约能力和缔约权而言,有以下几点应予以说明:

1. 在缔约能力问题上坚持一个中国原则,不承认台湾当局盗用中国名义缔结的条约。因为根据国际法,世界上只有一个中国,在同一个中国的领土上是不可能同时出现两个具有缔约能力的国际法主体的。因此,对于 1949 年 10 月 1 日中华人民共和国成立以后,台湾地方当局签订的双边条约或多边条约,我国政府一概不予承认。中国政府曾多次严正声明,任何外国政府同台湾当局签订的条约以及台湾当局盗用中国名义参加多边条约时所作的签署、批准或加入行为都是非法的,无效的。对于这类多边条约,我国政府将予以研究,然后根据情况,决定是否加入。在缔约能力问题上坚持一个中国原则是我国一贯的原则立场。

2. 我国的缔约权由全国人大常委会、国家主席和国务院共同行使。根据我国宪法规定,全国人大常委会"决定同外国缔结的条约和重要协定的批准或废除";国家主席根据人大常委会的决定"批准或废除同外国缔结的条约和重要协定";国务院"管理对外事务,同外国缔结条约和协定"。这表明我国全国人民代表大会常务委员会,国家主席和国务院在不同程度上都具有缔结条约的职权。

3. 香港和澳门特别行政区的缔约权问题。根据我国宪法和《香港特别行政区基本法》和《澳门特别行政区基本法》的有关规定,这两个特别行政区可分别以"中国香港"和"中国澳门"的名义单独地同世界各国、各地区或国际组织缔结经济、贸易、金融、航运、通讯、旅游、文化、体育等方面的协定。这种有限的缔约权是国家通过立法赋予的,不能超越法律所规定的范围。这与国家本身的缔约能力和缔约权是不能相提并论的。

(二)缔约程序

在国际实践中,由于条约的种类和性质不同,缔约程序也不尽一致。但一般包括谈判、签署、批准和交换批准书几种程序。下面我主要谈谈条约的签署与批准问题。

1. 关于条约的签署

缔结条约的第一个步骤是谈判。这是缔约各方的外交代表为使条约的内容达成一致的协议而进行的交涉过程。通过谈判拟定条约文本后,即进入签署的法律程序。

从形式上讲,签署通常有草签和完全签署两种。草签仅表示参加谈判的全权代表对条约文本已初步认证,它不具有法律效力,需待本国政府核准;本国政府若对约文有异议,可以要求重新谈判,不受草签约束。草签时,中国人只需签姓,外国人签姓名的第一个字母。

一般意义上的签署是指完全签署,即全权代表把全名签于条约约文的下面。这种签署只有在约文已经确定而不再变更的情况下才能进行。签署可能产生三种不同的法律效果:(1)仅表示认证约文,即条约文本已经确定,不再更改;(2)除认证条约文本外,还表示该方已确定同意缔结该条约,接受其约束;(3)除认证条约文本外,表示该方已初步同意缔结该条约,但只有经过批准才能接受其约束。在某一个特定场合,签署代表哪种意义,应当依当事方的意思表示确定。《维也纳条约法公约》第12条原则上规定了几种签署后即可生效的条约的情况。但在一般情况下,特别是对于一些重大条约,条约在签署后还要经过批准和互换批准书的程序才能生效。

2.关于条约的批准

所谓批准,一般是指国家有权机关对其全权代表签署的条约的确认,同意接受条约约束的一种法律行为。批准条约的机关由各国国内法规定,各国法律规定也有所不同:有的规定由国家元首批准(如法国);有的规定由立法机关批准(如瑞士);有的规定由国家元首根据立法机关的同意予以批准(如美国)。同一国家根据条约的性质或内容的不同,往往还有不同的做法。如有的把条约分为重要条约和一般条约,前者由国家元首或立法机关批准,后者由政府核准。我国基本上属于后一种情况。

从条约批准的角度而言，我国缔结或参加的条约可分为三类：一类是需要经过国家主席根据全国人大常委会的批准决定予以批准的条约与重要协定；第二类是应由国务院核准的具有条约性质的国际协议；第三类是不需要经过批准或核准，签署后即可生效的其他国际协议，但签字后应由主管部门报国务院备案。《维也纳条约法公约》第14条规定了几种必须经过批准的条约类型。从缔约实践来看，绝大多数条约都会明文规定该条约是否需要批准。如果条约没有明文规定，通常的观点是条约原则上须经缔约方的批准。而且，有的国家国内法规定，某些特定的条约必须经过批准。

例如，根据我国1990年《缔结条约程序法》第7条规定，应由国家主席根据全国人大常委会的决定予以批准的条约和重要协定有以下6项：(1)友好合作条约、和平条约等政治性条约；(2)有关领土和划定边界的条约；(3)有关司法协助、引渡的条约协定；(4)同中华人民共和国法律有不同规定的条约、协定；(5)缔约各方议定须经批准的条约、协定；(6)其他须经批准的条约和协定。这里面，前5项的内容都是相对确定的。至于第6项的内容，哪些属于“其他须经批准的条约和协定”呢？则应由全国人大常委会具体决定。如果全国人大常委会认为国务院签订的某一协定有必要由全国人大常委会决定批准，那么国务院就必须提请决定批准，因而它也就是重要的。可见我国需经批准的条约的内容是相当广泛的。除了条约和重要协定要经过批准，其他哪些条约应该由国务院核准或只需主管部门报国务院备案，一般应由国务院依法规定。

一国对其全权代表已签署的条约，可以批准，也可以不批准，也可以附保留的批准，这都是一国的主权。一国对于已签署的条约没有批准的义务，也无需向有关国家陈述拒绝批准的理由。

一国对于已签字的条约,通常是给予批准的,但在实践中,也有拒绝批准的实例,或迟迟不作出批准的决定。在这方面,美国是比较典型的。如1919年美国总统威尔逊签署了《凡尔赛和约》,但由于参议院的反对而未能批准。美国实行三权分立,国会有时被称为"风暴中心"(storm centre),什么问题都可以搅出来。在《凡尔赛和约》的批准问题上,美国参议院曾专门进行两天的听证会,由当时参加了《凡尔赛和约》的一个副国务卿介绍情况,议员们劈头盖脑提了很多问题。最后,主要是因为参议院认为《凡尔赛和约》中有关建立国际联盟特别是要设立一个国际常设法院的规定会有损于美国的主权而拒绝批准。

最近的一个例子是1999年10月13日,美国参议院又以51票对48票否决了美国总统克林顿提交表决的《全面禁止核试验条约》。这个条约自1996年在联合国通过开放签署以来,已有包括美国在内的154个国家在条约上签字。根据规定,必须由44个具有核能力和核潜力的国家批准后才能生效。现已有20多个国家批准。美国作为世界上最大的核国家,理应早日批准。但这次美国参议院却认为该条约"有致命的缺陷",不符合美国的国家利益,而予以否决。

就我国的情况而言,我国是社会主义国家,实行在中国共产党领导下的民主集中制原则,一般不会发生国务院签署的条约,全国人大常委会决定不批准的情况。但从另一方面也应认识到,根据我国宪法规定的人民代表大会制度的政权结构形式,全国人民代表大会及其常委会是国家的最高权力机构。因此,无论从国际法还是从国内法上而言,都不能排除全国人大常委会对于我国政府签署的某项条约作出不予批准决定的可能性。事实上,有些条约的缔结之所以有批准程序，主要也是为了让缔约国的政权机关有时间对已经签署的条约作进一步的全面审查，从而避免某些在谈判或签署过程中可能出现的失误。如果说签署后就一定要批准，或马上就要批准，那么批准程序也就没有必要了。

(三)条约的保留问题

条约的保留也是与条约的缔结程序有关的一项重要制度。《维也纳条约法公约》第2条规定，条约的保留是指一国在签署、批准、接受、核准或加入条约时所作的单方声明，其目的在于排除或改变该条约的某些条款在对该国适用上的法律效果。

根据以上的定义可以看出，一国对条约提出保留的目的是为了免除该国的某项条约义务或变更某项条约义务。保留主要发生于多边条约，双边条约一般不发生保留问题。因为双边条约的任何一方提出保留，则表明双方对条约内容尚未达成协议。在这种情况下，双方可以重开谈判，以达成协议。多边条约则不同，由于这类条约涉及国家多，各国利益往往又相互矛盾，要使所有缔约国对条约全部条款都完全同意，有时不易做到或经常做不到。在这种情况下，为了保证条约的广泛适用性，不至于因为一些个别的分歧而将某些国家排除在条约范围之外，所以发生条约的保留问题。这实际上是一种求大同，存小异的作法。

国家对条约提出保留的权利是基于国家主权原则。一般地说，只要有关条约没有明文禁止保留或所提的保留与条约的目的与宗旨不相抵触，任何国家都有权对任何条约提出保留。

保留必须在条约签署时或签署以后其他任何表示接受条约约束行为时提出。如果一国在签署须经批准、接受的条约时提出保留,该项保留还须在批准、接受时正式确认。缔约国在签署时未提出保留,并不排除其在批准、接受条约时再作出保留。条约一旦对本国生效,则不能再作出保留。

实践中,各国在缔结条约时提出保留是很普遍的。有的国家对于某项条约还可能既在签字时保留,又在批准时保留。如 1976 年英国在批准《公民权利与政治权利国际公约》时,又在 1968 年签署时提出保留的基础上增加了一些新的保留内容。主要针对该公约第 12 条有关迁徙自由的规定,英国认为只适用于英国领土,并保留有继续适用其移民法的权利。

保留制度的运用增加了条约适用范围的普遍性,但从另一个角度而言,如果对于某项条约提出的保留太多,又可能损害其内容的完整性,从而出现在同一个条约范围内,缔约国间的权利与义务也很不一致的情况。针对这一问题,国际上现趋于采取一种"协商一致"或"一揽子交易"的缔约方式。在这种缔约过程中,将所有协议内容作为一个整体来审议,特别是在一些意见分歧和利益冲突的问题上,缔约各方尽量在相互妥协的基础上进行综合平衡。最后形成的公约内容不允许保留。如 1982 年的《联合国海洋法公约》和 1994 年《乌拉圭回合多边协议》都属于这种类型。

遗憾的是,即使在这种情况下,也有些国家对条约的内容还会出现不满意。例如,1982 年《联合国海洋法公约》达成后,一些发达的海洋大国对于公约第十一部分所规定的国际海底开发制度还是有意见,但公约又不允许在该问题上提出保留,结果这些国家拒绝在该公约上签字,并在公约之外另搞一套。为了解决公约的普遍参加问题并使公约第十一部分得以有效执行,经联合国秘书长主持,有关国家对这一问题又进行了多次协商。由于广大发展中国家的让步，于1994年7月28日达成了一项《关于执行〈联合国海洋法公约〉第十一部分的协定》，实际上是对公约该部分的内容又进行了重大修改。这样，海洋法公约才于1994年11月16日正式生效。由此可见，如何利用保留制度，更好地解决条约内容的完整性与参加的普遍性之间的矛盾，还是一个需要进一步研究的课题。

四、条约的遵守与适用

（一）条约必须遵守原则

条约依法缔结生效后，即对当事各方具有拘束力，必须由当事各方善意履行。对此，国际法上有一项"条约必须遵守"的基本原则，即缔结条约以后，各方必须按照条约规定，行使自己的权利，履行自己的义务，不得违反。

条约必须遵守作为国际法的基本原则之一是由国际法本身的特点所决定的。国际法是各主权国家之间在自愿承担义务的基础上达成的协议。由于国际社会并没有国内社会那种具有强制管辖权的司法机关来保证国际法的遵守与执行，因此，国际法的有效性和国际法律秩序的稳定性在很大程度上取决于各国能否善意履行其所承担的国际义务。如果一国缔结条约以后可以任意破坏，条约也就没有什么意义了，国际法的整个体系就将濒临崩溃，正常的国际关系就不可能维持和发展。正因为如此，长期以来的国际法理论与实践都非常强调条约必须遵守原则的重要性，该原则的基本精神也在一系列国际法案例如文件中反复得到确认和重申。如

《联合国宪章》第 2 条规定,“各会员国应一秉善意,履行其依宪章所担负之义务。”《维也纳条约法公约》第 26 条也明确规定:“凡有效之条约对各当事国有拘束力,必须由各当事国善意履行。”

条约必须遵守固然是国际法上一项不可缺少的重要原则,但对该原则的理解与适用也不能绝对化。历史上有各种不同性质的条约,有平等的和合法的,也有不平等的和非法的。不平等条约主要是一国以武力或武力威胁等非法手段迫使他国缔结的权利义务不平等的条约。这类条约由于在缔结时就违反了国际法,因此是根本无效的。如果不区分条约的性质而一律强迫遵守,则同样不利于国际关系和国际法的发展,也不利于对世界和平与正义事业的维护。例如,19 世纪帝国主义对外侵略扩张的时候,曾以武力和武力威胁把一些奴役性的不平等条约强加给一些弱小国家,然后利用条约必须遵守原则,迫使这些国家履行,这是对条约必须遵守原则的歪曲。帝国主义强加给弱小国家的奴役性的不平等条约是非法的,对于这类条约,不但不应遵守,而且必须坚决反对和废除。

中国是一个具有悠久历史文明的国家,自古就有礼、信、敬、义的治国方略。孔子特别强调“守信”。所谓守信,就是指信守诺言,约定必须遵守。这是中华民族宝贵的文化遗产。正如邓小平同志在谈及中国政府一定会履行中英关于香港问题的联合声明时所指出,中国人在国际上说话是算数的,讲信义是我国的民族传统。

但应该指出的是,中华民族从 19 世纪中叶至 20 世纪 40 年代末,一直处在帝国主义和封建势力的压迫之下。在这 100 多年间,帝国主义列强迫使衰弱、腐败的旧中国政府先后签订了许多不平等条约,包括 1842 年 8 月 29 日签订的中英《南京条约》,这是中国近代史上第一个不平等条约。帝国主义国家通过这一系列不平等条约在我国掠取了大量侵略性权益,内容涉及割占领土,勒索赔款,强迫开放通商口岸,公使干政与领事裁判权,甚至控制中国海关等等。对于这些不平等条约,1949年中华人民共和国成立后根据其非法性质而坚决予以废除,这是完全合法的。实际上,新中国对于一切不平等条约所采取的否定态度,也就是对侵略战争的否定,是对强权政治的否定,从而伸张了国际正义。这不但没有违反条约必须遵守原则,而且是有利于国际法和国际关系的健康发展的。

除了废除不平等条约和解除任何非法条约,条约必须遵守原则的另一个例外是情势根本变迁。情势根本变迁是指签订条约时有一个假定,即假定情势不变,一旦情势根本改变,可以修改或解除条约。这一原则在国际上也是一个长期有争议的问题。《维也纳条约法公约》第62条对此作了专门规定,采取了一种有条件的承认态度,总的精神是不能滥用这一例外规则。

(二)条约在时间和空间上的适用范围

1.条约适用的时间范围

条约一般自生效之日起开始适用。原则上,条约没有溯及力,条约对当事国在条约生效之日以前发生的任何行为或事实均不发生效力。但是条约不溯既往也并不是一项绝对的原则。条约是否有溯及力,以及溯及既往到什么程度,最终是取决于缔约的各方的共同意见。例如,如果条约另有规定或缔约国之间以其他方式达成协议,条约也可以在正式生效前暂时适用或临时适用。此外,条约在签署以后正式生效以前,各国一般负有义务不采取足以妨碍条约目的和宗旨的一切行为。而且即使条约本身没有溯及力，如果条约规定中包含了一些传统国际习惯法规范，那么这些规则在当时也应该是有效的。

条约适用的有效期一般都在条约中有明文规定。大多数双边条约一般都是有期限的，如 1 年、10 年、30 年不等；有期限的条约也可以在条约期满以前或以后经协议延长。普遍性国际公约和国际组织的宪章一般不规定有效期，也就是无限期地适用，如《联合国宪章》、《维也纳条约法公约》等。

2. 条约适用的空间范围

条约适用的空间范围通常是条约当事方的全部领土，除非条约另有规定或当事方另有协议。但国际上也存在一些限制领土适用范围的条约。例如，在一些联邦制国家，联邦各州(邦)可以在联邦政府的同意下或以联邦政府名义同外国缔结一些仅适用于本州(邦)的条约或协定。

就我国的情况而言，我国是单一制国家，条约适用的空间范围当然包括我国全部领土。但是，依据 1984 年《中英联合声明》和 1990 年《中华人民共和国香港特别行政区基本法》的有关规定，中华人民共和国缔结的国际协议，中央人民政府可根据香港特别行政区的情况和需要，在征询香港特别行政区政府的意见后，决定是否适用于香港特别行政区。这样，中国缔结的条约，不一定都适用于香港特别行政区，甚至也有一种情况是仅适用于香港特别行政区的。澳门的情况也是如此。

关于台湾问题。由于台湾是中华人民共和国的一部分，我国缔结和参加的国际条约，除另有协议外，也应当适用于台湾。事实上，我缔结的双边条约和多边公约均从未明确将台湾排除在外。

至于目前海峡两岸仍处于分离状态,形成了我缔结的条约适用于台湾的实际困难,这是由于历史原因所造成的。有关问题也完全是可以"一国两制"的模式加以解决的。

(三)条约在国内的执行

条约的执行也就是条约的适用。条约缔结生效后,一方面可以由有关国际机关予以适用,如国际法院可以适用条约解决有关当事国之间的争端;另一方面,条约当事国国内的立法、司法和行政机关也都有适用条约的职能。国际上适用条约的机关是很有限的,条约主要是在各缔约国国内适用。

1.条约在国内适用的一般理论

有关条约在国内的适用问题实际上是一个国内法与国际法的关系问题。对此国际上通常有所谓一元论和二元论的两种理论,而一元论中又有所谓国内法优先说和国际法优先说的不同。

国内法优先说是主张国内法的效力比国际法高,一切要服从国内法。这种说法实际上是否定了国际法的效力。国际法优先说是主张国际法的效力高于国内法,所有的国内法都要服从国际法。这个说法也不对,因为这么一来就等于否定国家的主权,从而使得一个国家可以借口国际法干涉别的国家的内政。可见,一元论的两种说法都是片面的。二元论属于一种平行说,认为国际法和国内法的关系不是一种从属关系,而是一种平行关系。它们基础不同,性质不同,各有自己的适用范围,分别形成两种独立的法律体系。国际法若要在国内适用,必须通过某种国家行为将其接受为国内法。这是一种比较符合实际的观点。

2.条约在国内适用的国际法规则

国际法从一般原则上规定了国际法与国内法的关系。一方面,条约必须遵守,国家不能以国内法改变国际法。对此《维也纳条约法公约》第27条明文规定,“各国不得援引国内法规定为理由而不履行条约”。另一方面,内政不能干涉,这也是当代国际法的一项基本原则。国际法不能干涉国家依主权原则而制定的国内法。凡未承担国际义务的事项,均属国内管辖,由国内法调整,不在国际法效力范围之内。

应当认为,国际法和国内法虽然是两个不同的法律体系,但二者是有着密切联系的。由于国家既是国内法的制定者又是国际法的参与制定者,因此,国家在制定国内法时应考虑国际法的要求,在参与制定国际法时也要顾及国内法的规定。这样使二者相互渗透,相互补充,一般是不会发生冲突的,或即使发生冲突,一般也是可以调整的。至于具体以何种方式来保证条约在国内的适用或调整条约与国内法的关系,这属于各国国内法予以规定的事项范围。

3. 条约在国内适用的方式

各国有关条约在国内适用的法律规定和作法不尽相同。一般来看,有以下三种比较典型的方式:

(1)转化式

有些国家为了使条约在国内适用,要求必须通过国内立法机关的立法行为将条约内容制定为国内法,即必须将条约制定为国内法后,才能在国内适用。这在国际法上称为转化(transformation)。如在英国,凡条约必须先获得议会承认,由议会通过一项与条约相一致的法令后,该条约才能在英国具有法律效力,并由英国法院适用。这种制度主要是强调立法机关对立法行为的垄断权。因为在英国,条约的缔结与批准都是国王(行政机关)的权限,如果承认条约可以直接适用,等于承认行政机关可以不经议会就立法。采取转化式的国家除了英国外,也包括其他一些英联邦成员国和意大利。

(2)并入式

有些国家通过宪法和法律的统一规定,将条约一般地纳入国内法,在国内直接适用,而无须将其转变为国内法的形式。这种制度在国际法上称为并入(adoption)。采取这种方式的主要有法国、瑞士、荷兰等欧洲大陆国家,日本也属于这一类型。如瑞士宪法第85条规定,条约不需经过立法行为,而只要在联邦政府的法令公报上颁布之后,即具有联邦法律的效力,约束本国人民和法院。

上述国家采取这种制度并不是规避立法机关的权威。通常的情况是,条约在缔结过程中,就已经得到了各该国家国会的同意或准许。

(3)混合式

是一种同时采取并入和转化两种形式的适用条约的方式。有些国家根据条约的性质或内容的不同,要求有些条约以并入的方式在国内直接适用,有些则需要采取一定的立法措施将其转化为国内法后才能适用。美国是一个最典型的采取混合式制度的国家。例如,美国宪法第6条第2款规定,本宪法与依宪法所制定的合众国法律,及以合众国的权力所缔结的条约,均为全国的最高法律,即使与任何州宪法或法律相抵触,各州法官均应遵守。这里,美国宪法虽然原则上将条约置于与联邦法律相同的地位,但它们并不都能在美国直接适用。美国的司法实践将条约区分为“自执行”(self-executing)条约和“非自执行”(non self-executing)条约两种类型。只有自执行条约才能在美国直接适用,而非自执行条约则要通过某种立法行为——通常是通过一个履行条约的立法后才能在国内执行。

至于自执行条约与非自执行条约的区别，一般认为前者是指那些本身规定已经十分明确，可直接由国内法院或行政机关予以适用的条约，后者是指那些只规定一般性义务，尚无法在国内直接适用的条约。但实践中有关国家对二者的区分和认定是有很大任意性的。如1992年美国在批准《公民权利与政治权利国际公约》时专门作出一项声明，宣布该公约第1—27条的规定为非自执行条款。另外，根据美国的立法体制，凡涉及预算拨款，关税贸易等法律都是要经过众议院的，因此，有关此类问题的条约也都属于非自执行条约，需要国会两院通过立法后才能执行。

4. 中国的法律与实践

有关条约在我国国内法上的效力问题，我国宪法没有明确规定。但我国制定的很多部门法都规定了优先适用国际条约的条款。根据现有的立法和司法实践，条约在我国的适用方式大体有以下两种：

(1)在国内法中直接适用国际条约，即将国际条约并入国内法。如《中华人民共和国民法通则》第142条第2款规定："中华人民共和国缔结的或者参加的国际条约同中华人民共和国的民事法律有不同规定的，适用国际条约的规定，但中华人民共和国声明保留的除外。"这是一种不需要将条约内容转换为国内法而原则上可以直接适用的方式。《民法通则》的这一规定在我国的法律实践中具有一定的普遍意义。我国其他许多部门法律和行政法规中也都有类似规定。

(2)既允许直接适用有关国际条约，同时又将有关国际条约的内容在国内法中予以明确规定。这是一种直接适用与转化适用相结合的方式。一般也有两种情况:一种是对于有些国际公约,一方面允许直接适用,另一方面又将其内容制定成国内法予以实施。如中国于1975年和1979年分别加入了《维也纳外交关系公约》和《维也纳领事关系公约》,但后来又分别于1986年和1990年制定了《外交特权与豁免条例》和《领事特权与豁免条例》。这种将国际法规则转化为国内法规定的方式,优点是更加清楚、明确,更有利于条约在国内的执行。另一种情况是根据中国缔结或参加的国际条约的规定,及时对国内法作出相应修改和补充。根据中华人民共和国缔结条约程序法,凡缔结同我国法律有不同规定的条约须经全国人大常委会决定批准。作为立法机关,全国人大常委会决定批准同国内法规定不一致的条约时需要对有关内容进行调整。如果没有对条约内容提出保留,就应该对国内法律中与条约内容不一致的地方予以修改或补充,从而使二者相衔接。这种修改或补充,也就是将条约的内容转化为国内法。

总的来看,我国在适用国际条约方面是采取一种直接并入适用与转化适用相结合的方式。但这与美国所实行的混合制却有很大的不同。我国的法律和司法实践中都没有自执行条约与非自执行条约的概念。国际条约在我国基本上是以直接适用为主,即使在需要进行转换的情况下,也并不排斥直接适用。而美国的非自执行条约从根本上就是不允许条约的直接适用的。从法理上讲,我国采取这种以直接适用为主的混合方式,也是由我国本身的立法和缔结条约的体制所决定的。根据我国宪法,缔约权和立法权在很大程度上是一致的,两者主要都由全国人民代表大会及其常委会行使。缔约权与立法权的基本一致,为国际条约在我国的直接适用创造了条件。从国际法上来看,这也表明了我国一贯恪守条约必须遵守原则,忠实履行依条约所承担的各项国际义务的诚意和决心。这既有利于维护我国的良好信誉和越来越多的对外交往与合作,也有利于推动整个国际法朝着一个更加公平合理和不断完善的方向发展。

(作者为外交学院教授)

论西部大开发的法治保障

夏　勇

内容提要:作为现代意义的区域开发,西部大开发为当代中国法律发展及其研究提出了许多新的问题,也注入了新的活力。无论是中国自古以来开发西部的历史经验教训,还是中国当前面临的诸多现实问题,都要求西部大开发必须树立法治观念,遵循法治原则,并借鉴国外区域开发的法治机制。为此,要建立法治化的开发机制;健全西部市场经济法律机制,实现宏观调控与市场机制的有机结合;依法调整各方利益关系,形成统一领导、协同发展的良好局面;依法保护和建设生态环境,实现可持续发展;依法实施科教兴国战略,培育西部地区自我发展的良性机制。同时,要建立西部开发的基本法律规范,并逐步改革相关的立法体制、司法体制和法律服务机制。

本文为中国社会科学院"西部大开发法律问题研究"课题组的一项集体成果,由作者在2000年9月中南海法制讲座的讲稿的基础上修改而成。课题组主要成员有王家福、刘海年、刘瀚、马骧聪、张庆福、信春鹰、李林、胡云腾、陈苏、孙宪忠、王晓晔、张志铭、吴玉章、刘作翔、赵九燕等专家、学者。中国社会科学院李铁映院长、王洛林副院长、李慎明副院长和科研局的领导同志、司法部刘飏副部长和其他领导同志以及国务院西部开发办的领导同志等对课题组工作曾给予诸多关怀和支持,在此特致谢忱。

我国幅员辽阔，人口众多，民族成分多样，资源分布不均，西部和东部在自然和人文，经济和社会方面一直有着较大的差异。由这些差异所导致的失衡、失和与冲突，既是制约中华民族兴盛强大的重要因素，也是促使中华文明生生不息的强大动力。在中国历史上，虽然地理意义上的西部概念多有变动，[①] 但西部的稳定和发展一向直接关系到国家的繁荣富强、长治久安，关系到各族人民的幸福安宁、和睦亲善。也因此，西部开发从来就不仅仅是一个经济发展问题，它更多地涉及到国家治理问题。

在世纪之交，党和政府作出了实施西部大开发、加快中西部地区发展的战略决策。这一决策不仅具有丰富的经济内涵，而且被赋予了重要的社会政治内涵。[②] 不过，从治理的角度看，在许

---

① 古时的“西部”非今日之西部，今日之“西部”恰恰是古时的文明中心。大约自唐代中期，文明中心才逐渐往东、往南转移，但始终都有一个“西部”概念。1986 年制定“七五”规划时，“按照经济技术发展水平和地理位置相结合的原则”，把全国划为东、中、西三个地带，西部包括 10 个省、市、自治区（新疆、西藏、青海、甘肃、宁夏、云南、四川、陕西、贵州以及 1997 年从四川省分出来的重庆市），占全国总面积 56.9%，总人口 23.1%（参见《西部大开发战略决策若干问题》，中央文献出版社 2000 年版，第 61 页）。2000 年又把广西和内蒙古两个省区划属西部。

② 1999 年 6 月 9 日，江泽民主席在中央扶贫工作会议上提出，“现在，加快中西部地区发展步伐的条件已经具备，时机已经成熟。在继续加快东部沿海地区发展的同时，必须不失时机地加快中西部地区的发展。从现在起，这要作为党和国家一项重大的战略任务，摆到更加突出的位置。”（《人民日报》1999 年 6 月 10 日）。1999 年 6 月 17 日，江泽民在西北五省区国有企业改革与发展座谈会上强调，“加快开发西部地区，对于推进全国的改革和建设，对于保证党和国家的长治久安，是一个全局性的发展战略，不仅具有重大的经济意义，而且具有重大的政治和社会意义。”（《人民日报》1999 年 6 月 19 日）。1999 年 10 月，朱镕基总理指出：“在世纪之交，我国现代化建设即将全面实现第二步战略目标，并向第三步战略目标迈进的时候，提出加快西部地区大开发，是党中央高瞻远瞩，统揽全局，审时度势作出的战略决策，这不仅在经济上，更重要的在政治上，都具有重大的现实意义和深远的历史意义”（《人民日报》1999 年 11 月 1 日）。

多人的眼里，西部开发至今还主要是一个经济问题，即便与法律相关，也不过是借助法律的强制力来推行政府的西部开发政策和规划，或者，借助法律和公安、检察、法院来打击犯罪，维持治安。我们应该从更深、更广的层面上来理解西部开发的法律问题，这些问题涉及到由谁开发、由谁受益，什么可以开发、什么不可以开发，怎样通过法律规划开发活动、调整各类关系，开发活动应该奉行什么样的法律原则、有什么样的法律根据、需要什么样的司法保障，以及怎样建立我国西部开发与法律发展的良性互动机制等一些基本问题。这些问题的研究和解决涉及到对我国整个现代化发展战略、社会政治体制改革以及实施依法治国方略等重大问题的深度思考和探索，既有助于进一步推进依法治国、建设社会主义法治国家，也是中国的法律与经济社会发展研究必须面对的一个新课题。

一、法治在西部大开发中的地位和作用

讲西部开发的法律问题，最关键、最核心的一点，就是要讲法治。西部开发的法治问题，也就是一个如何按照法治原则、运用法治机制开发和治理大半个中国的问题。

(一)加强法治，是我国西部开发的一条重要的历史经验。

在中华民族的区域发展史上，西部的开发与治理绵延不绝，成为中华文明史的重要部分。纵观历史，无论是周秦发迹，汉代开拓，或是唐朝辉煌，明清强盛，国家的统一，民族的兴旺，无不与成功开发与治理西部密切相关。历代王朝，或移民屯垦，或和亲通

好，或金戈铁马，有不少彪炳史册的辉煌建树，在法律原则和制度方面也积累了丰富的经验。首先是经济开发与政治稳定、国家统一相互结合、相互促进。远的如秦国辟地西戎，经略巴蜀，修都江堰、郑国渠、灵渠，近的如清政府在西部移民实边、屯田垦荒、兴修水利、建筑道路、沟通贸易，并完成和巩固了对蒙、新、藏、青以及川、滇、桂、黔的统一。其次，确立保护环境资源，讲求人与自然和谐的原则。如，在资源的开发和利用方面，很早就提出了适度开发、避免"伐其本、竭其源"的思想。[①] 汉代遵循儒家思想，屡屡颁布法律，"劝民种树"，令"吏民毋得伐山林"，同时，还针对黄河灾害，"定水令以广溉田"。这类原则对后世的法律都有很大影响。其三，实行优惠政策，鼓励开发西部。如，汉代颁布法令，由官府为赴边疆垦殖的移民提供房屋、农具和食物，让"民乐其处而有长居之心"。[②]汉文帝时为缓解边疆粮食短缺，规定给运转粮食到边疆的人授予官爵，汉景帝时又"复修卖爵令，而贱其价招民"。[③]又如，为鼓励汉族农民从陕西、四川、甘肃西迁，清政府给移民每户拨地40亩，即为私产，并规定免纳赋税六年。[④] 其四，在中央与少数民族地方的关系方面，建立了一套羁縻与贡赐的制度体系，自秦汉相沿至明清。同时，对西部少数民族实行"因其俗以治之"[⑤] 的政策，尊重民族地方习惯。有些朝代还专门整理和编纂少数民族习

---

① 如《周礼》："令万民时斩材，有时日"；《论语》："伐一树，杀一兽，不以其时，非孝也"；《荀子》："夫义者，内节于人而外节于万物者也"。

② 《汉书·晁错传》

③ 《史记·平准书》

④ 参见《朱批屯垦》乾隆四十二年。

⑤ 《清朝通典》卷二十六。

惯法，并纳入国家的正式法律。

不过，在整个古代，西部的稳定和发展问题并没有获致根本的解决。这既有自然的因素，也有人为的因素。其中最重要的人为因素，就在于西部的开发和治理是人治，而不是法治。一方面，由于古代政治朝令夕改，治乱无常，国家政权本身的稳定无法保障，不仅不可能有大规模的、持续性的对西部的开发与援助，再好的西部政策也缺乏应有的持续性、稳定性和权威性；另一方面，古代政治的专制主义特征和剥削阶级本质把天下大事变为一家一姓的私事，决定了中央与西部地方的关系只能是讨价还价的关系，不可能形成稳定的法律权利义务机制，也因此，西部的开发与治理最终不过归结为以守备为本、以武治为主的安定边疆的问题，中央政权对西部只能实行“乱则声讨、治则抚绥”的治理方式。正因此，西部的开发和治理如同整个古代政治一样，总是跳不出一兴一衰、一治一乱的历史周期率。

在晚清和民国时期，始于洋务运动的现代科学技术的引入及随后的民族资本的成长和外国资本的进入，尤其是抗战期间东部现代工业和科学文化设施大量西迁，使西部开发进入了一个新的阶段。不少志士仁人，从龚自珍、林则徐、左宗棠到梁启超、孙中山，都对西部开发作过认真的探讨并努力付诸实践。[①] 但是，由于半殖民地半封建的、分裂的中国内忧外患交织，政权朝不保夕，人治的体制和土壤并没有多少改变，不可能有由法律保障的有计划、

---

① 例如，林则徐遣戍新疆，不辞辛劳，“但期绣陇成千顷，敢单轻车历八城”，在兴修水利工程方面颇有建树。左宗棠在西安、兰州、云南和成都设立机器局，创办西部最早的机器军事工业。孙中山在《建国方略》之“实业计划”里对开发西北提出了许多宏伟构想（参见《孙中山全集》第6卷，中华书局1985年版）。

有规模的西部开发和治理。[1] 新中国成立后，西部的开发和治理取得了巨大的成就，并积累了许多宝贵的经验。其中最为重要的成就和经验，一是充分发挥社会主义制度的优越性，形成和保持全国各族人民团结一致、相互支援的局面。二是有计划、分步骤地推进西部开发，并将经济建设与国防建设有机结合起来，从而极大地改变了西部长期荒凉贫穷的状况，尤其是"三线"建设为西部许多省区奠定了初级工业化基础。三是通过宪法和法律确认和发展民族区域自治体系和民族区域政策体系，维护了民族团结、国家安全和社会稳定。四是初步形成了一套旨在鼓励支援西部建设的经济政策和干部人事制度。后来，西部的经济发展、民族政策、生态保护和社会稳定曾一度遭受挫折，则是与缺乏法治保障密切相关的。近20年来，西部的改革开放为西部大开发奠定了较好的经济基础、政治基础和法律基础。强调法治保障，意味着西部开发与治理方式的一个历史性的进步。

(二)加强法治，是保证西部大开发战略顺利实施的迫切要求。

当前我国的西部大开发，既不同于60—70年代的"三线建设"，也有别于80年代在深圳、海南等特区摸索市场经济及其法律规则，更不是像当年美国西部开发那样在蛮荒之地的拓殖。一是社会主义市场经济体制已经初步确立，经济全球化趋势明显加快，

① 洋务运动期间创办的机器军工在全国有19个局，西部仅4个，民用工矿交通企业在全国有20多个，西部仅3个；据1937年国民党政府实业部统计，新式工厂在全国有3935家，西部仅有53家，占6%。不仅如此，西部的机器生产力的布局也缺乏宏观调控，一般是布局在西部的东部即内地，而且，西南多于西北，西南又多在四川，四川则多在重庆，青、藏、康、宁、新等省区微乎其微，许多地方还处在刀耕火种的时代。参见钟兴瑜、莫杨：《半殖民地半封建中国的西部生产力——中国西部生产力的历史考察之一》，《理论导刊》1999年第10期，第30—32页。

西部开发面临着一个遵循和维护国际国内的统一市场秩序的问题。二是依法治国方略已经确立为宪法原则，法律体系也初具规模，西部开发面临着一个遵守和维护现有法律秩序的问题；三是我国人口、资源、环境的压力日益增大，尤其是西部的生态恶化已经危及全国的生态安全，西部开发还面临着一个健全和保护国家生态秩序的问题；四是西部地域辽阔，边境漫长，民族宗教问题也远比东部复杂，开发措施稍有不慎，便会给社会稳定和国家安全带来严重后果，因而，西部开发又面临着一个维护社会秩序的问题。可见，西部开发不仅要解决好开发活动与既有秩序的协调问题，而且要解决好经济秩序、生态秩序、社会秩序的协调问题，以及各种利益和愿望的协调问题。这些背景和问题的特殊性，使当前我国西部开发的内涵在很大程度上超出了通常意义上的“开发”(exploration)和“区域发展”。因此，西部开发要有新思路。所谓新思路，从制度保障的角度讲，就是要从开发伊始，就十分重视树立法治观念，运用法治方法，建立法治机制。

秩序是法律的首要价值。只有充分发挥法律的规范、预测、引导和保障作用，才能确保西部开发的有序性和协调性。不能边发展、边规范，也不能先发展，后规范，更不能允许不顾法律规则、无视客观规律、为了一时的经济和政治功利而不负责任、不顾后果的开发和发展。[①] 运用法治智慧，创立有序、协调发展的制度机制，有利于通过法定的权利与义务使各种利益关系明晰化、合理化，有利于通过法律机制使化解矛盾的工作规范化、便捷化，更重要的

---

① 这类现象已经出现。例如，中央电视台曾报道了陕西某县违法开采国有石油资源的事件。该县的一位负责人在被问到是否知道国家法律的有关规定时，反倒说：“发展是硬道理”。有些地方为招商引资而出台的优惠政策令人咋舌。参见后文。

是,有利于保护好公民,尤其是当地居民的基本权利和自由,从而有效地防止大开发演变为所谓大污染、大破坏、大浪费、大腐败,并引发黄、赌、毒、黑的泛滥。

让人们能够依循明确、一致、普遍的规则,怀着合理的预期来制定计划,安排生活,是法治的首要价值。[①] 在现代工业化社会里,随着政府职能的增强和扩大,政府行为的影响越来越大。因此,依法约束政府行为,限制政府的裁量权,就成为实行法治的一个关键。我们知道,西部大开发是根据邓小平关于我国现代化建设要服从"两个大局"的思想[②] 作出的一项具有宏观性、综合性和长期性的决策,是一种主要由政府主导和推动的现代意义上的区域开发。因此,顺利实施这一战略,一方面,要继续保持和强化国家经济职能和宏观调控能力,另一方面,则要保证市场经济条件下国家宏观调控的规范化、科学化。如果说 80 年代在东南沿海地区的经济建设主要是在计划经济体制下划出几块特区来探索市场经济及其基本规则,那么,现在的西部开发就是在市场经济体制初步确立的情况下做一件具有高度计划性的事情,因此,要特别防止在制定和实施发展计划过程中容易出现、也经常出现的任意性、主观性和长官意志。只有通过厉行法治,才能充分保证大政方针符合客观规律,充分反映民意,并具有权威性、稳定性和规范性;才能有效规范政府行为,提高政府效率,防止权力滥用。

---

① 参见夏勇《法治是什么——渊源、规诫与价值》,《中国社会科学》1999 年第 4 期。

② 1988 年,邓小平说:"沿海地区要加快对外开放,使这个拥有两亿人口的广大地带较快地先发展起来,从而带动内地更好地发展,这是一个事关大局的问题。内地要顾全这个大局。反过来,发展到一定的时候,又要求沿海拿出更多力量来帮助内地发展,这也是个大局。那时沿海也要服从这个大局"(《邓小平文选》第 3 卷,第 277 页)。

(三)西部地区亟需营造良好的法治环境。

近几个月来,上项目、给优惠,成为西部开发的热点。但是,如果没有法治环境,它们的作用就会大打折扣,甚至适得其反。[①]市场经济是法治经济。法律是市场交易的准则、投资安全的保障、政府行为的尺度。依法办事是引进资金、技术和人才的最佳信用。法治环境乃是最佳的投资环境。我们通常讲,要在西部建立良好的"造血"机制。其实,比"造血"和"输血"更重要的是"活血"。如果说资本、技术和人才的输入是"输血",那么,法治环境就是"活血"机制。如果一个地区的法律意识薄弱,政策随意变动,税外收费苛繁,合同难以履行,那么,该地区的资本、技术和人力市场就不会有可靠的利益预期和利益安全,就不会产生任何体现价值最大化意义上的效率。海内外投资者也就会望而却步。对于成熟的市场主体来讲,尤其是对那些想到西部发展的有商业远见和事业心的客商来讲,毫无疑问,法治环境要比临时的、短期的甜头更具有吸引力。与经济法治环境同样重要的还有社会法治环境。与经济发展相伴随的人口流动、交往频繁以及观念、利益和行为方式的多样化,会导致失范行为和无序现象的增多,西部的贫穷以及地理环

---

① 如果缺乏法治,西部开发便预示着又一个地方行政裁量权的黄金时期的到来。在某些地方,敢不敢给优惠、敢给多少优惠,似乎成了官员们衡量和展示手中权力大小的一个尺度。例如,不久前一位前来投资的瑞典客商看到某市经济技术开发区的土地每亩25万多元,城北的一家开发区的土地仅6万元,他问城北的领导:"你们的政策比国家级开发区还优惠,是谁给的?"这位领导回答"是我给的"。客商摇头说:"你的政策虽好,可我不敢要。"最后他选择了前一个开发区(参见《报刊文摘》2000年6月12日)。同时,企业界普遍反映西部的政府机构办事"程序多、手续繁、效率低",西北某市的一份旨在乱收费的红头文件赫然写道:"2000年是我国实施西部大开发的开首之年,我们面临着千载难逢的机遇——要充分利用政策,该收的费要收足。"(《西部开发:装上"法治助推器"》,《检察日报》2000年7月11日)

境和民族、宗教问题的特殊性又增加了预防和打击违法犯罪活动的复杂性和艰巨性。[1] 应该通过法治来维护民族团结和国家统一，提供一个安定祥和的社会环境。

二、国外运用法律手段促进区域开发的经验教训

世界上许多国家都有自己的区域开发史。尽管各国开发与治理落后地区的背景、方式和成效各不相同，但是，从无序到有序，从无法到有法，从人治到法治，则是一种进步的趋势。现代区域开发的法治机制，在广义上，包括符合法治要求的立法、司法、执法与监督机制。在狭义上，主要指开发机制，包括规划法治机制、援助法治机制、市场法治机制和政府行为约束机制等。从国外的情况来看，值得借鉴的做法主要有：

（一）通过法律确认和实施区域发展规划，并制定专门法。

美国的现代社会经济史在很大程度上是一部持续开发的历史，也是一部不断通过立法来干预和规制区域开发的历史。从18世纪的售地法令，19世纪的宅地法、鼓励西部草原植树法、沙漠土地法到20世纪的麻梭浅滩与田纳西河流域开发法、地区再开发法、公共工程与经济开发法、阿巴拉契亚区域开发法以及最近的联邦受援区域及受援社区法等，法律有力地保障和促进了开发进程。从20世纪30年代以来，随着政府对社会经济干预的不断加强，出

① 例如，在西部地区，近些年来与贫困相关的犯罪如盗窃、贩毒和拐卖妇女明显增加。参见王力群、张谦元：《西部发展战略的法律思考》，《人大研究》1999年第12期。

现了以较强的国家性、计划性和综合性为特征的现代区域开发概念,除美国外,还有一些国家也陆续制定关于区域发展的专门法律。如英国1934年颁布特别地区法、1945年颁布工业布局法,日本1950年制定北海道开发法,德国1965年出台联邦区域规划法。关于区域发展的专门法律一般分为两大类,一类是基本法,一类是特别法。如,在日本,基本法以全国或大区域为对象,是制定全国或大区域的综合开发规划的法律依据,如国土综合开发法、首都圈整备法;特别法主要是以特定区域为对象,如北海道开发法。不仅如此,有些国家(如巴西和德国)为了强调地区平衡发展的重要性,提升区域开发的法律地位,还将有关的原则直接写进了宪法。

(二)国家成立权威的开发机构,专司统筹、协调和监督。

日本根据北海道开发法设置"北海道开发厅",由内阁大臣任专职长官,厅下设开发局,局的办公地点设在北海道,开发厅的绝大多数官员在北海道工作。同时,采用中央与地方双重负责体制,中央只负责大型开发项目,辅助性开发由北海道政府负责。法国曾设立专门的国土整治局,专司区域开发和发展,后来扩大为国土整治部,由内阁成员任部长。再后来,随着开发工作远远超出一个部的职权范围,则由政府总理亲自出马,任"开发主帅"。英国为促进北部开发,专设"苏格兰开发署"和"威尔士开发署",并授予很大的权力。

(三)依法规划开发重心,因地制宜,分步推行。

一般说来,现代区域开发的措施,都包括基础设施建设、产业结构调整、发展科教文化和生态环境建设,但不同的国家因国情不同而有不同的开发重心和步骤,由此形成了不同的模式。如二战后,英国为缩小南北差距,颁布工业布局法,实行企业发展许可证制度，进行企业选择控制，将工业发展逐步从发达地区引向北部；法国国土整治规划的重心是通过鼓励人口和企业迁移来解决东西部的贫富悬殊和城乡人口分布不均问题；埃及和以色列的区域开发重心则放在治沙造田上。芬兰有三分之一的国土处在北极圈的高寒地带，60 年代开始实施地区经济发展法，逐步推进东部和北部的开发，并在边远地区大力创办大学和科研机构。1982 年，芬兰在北部落后地区建立了北欧第一个集科研、生产、销售和服务为一体的“科技园”，诺基亚就是从这里发展成为全球移动电话巨子，并一举改变了芬兰的经济机构，使电子工业成为国家支柱产业。在分步推进方面，日本的北海道开发较为典型。日本自 1952 年到现在先后制定了六期北海道开发计划，每期十年或六年、九年不等，但每期只有一个重心，循序渐进。

（四）依法实施国家援助。

国家援助是促进落后地区发展的基本手段，但如果对援助的对象、标准、目标和方式没有明确的法律规定，听凭行政裁量，就容易导致援助的随意性和低效率，并引发权力腐败和地区间为争取援助的不当竞争。在运用法律手段实现政策倾斜方面比较典型的，要算 1933 年美国农业调整法。该法有意通过对种植品种和规模的差别对待来扶持南部农业发展。比如，该法规定，农业补贴的主要获享者为六种作物的种植者，而南部几乎垄断了其中四种作物的生产；该法还规定，按农场大小确定获取农业补贴的多少，而南部当时地广人稀，农场规模一般比其他地方的大四倍。这样一来，南部就成为联邦价格补贴的最大受益者。国家援助与民间参与相结合，也是一条重要的经验。意大利鉴于南方开发所需的某些投资风险大、回报慢，经过中央政府和南方开发局的协调，将这类投资交给国家参与制企业(即国家出资金,实行私有企业体制),并通过法律规定,国家参与制企业必须将其工业投资的40%和新建厂投资的60%投到南方,后来又分别提高到60%和80%。而其他的大量的风险小、回报快的开发项目,则鼓励和资助私人经营。在依法援助方面,还有两点值得参考,一是在指导思想上"与其授之以鱼,不如授之以渔",通过给受援者配置若干法定责任和义务来发挥援助的导向和激励作用,帮助他们脱贫致富。二是重点援助,以点带面。如美国于1961年颁布地区再开发法,在开发区的划分和相应的援助原则方面实行"最差的优先"战略,着重解决贫困和失业问题,但由于缺乏重点,资金分散,忽视效率,援助的效果并不明显。于是,在60年代后期改为"增长中心战略",重点支持那些具有最大增长潜力地区的经济发展。

(五)依法实施优惠政策。

优惠措施主要有土地优惠、投资优惠和移民安置优惠。如在土地方面,美国西部开发之初连续通过了三个土地法,低价出售国有土地,以吸引欧洲和东部的大量资本和移民。美国早期的鼓励西部草原植树法规定,凡在自己的地产上种植40英亩树且保持10年以上者,即可获得160英亩的联邦土地。这样,就把土地政策、环保政策和产业政策结合起来。在投资优惠方面,1996年德国所得税法规定,到原东德地区投资的自然人和法人可以在所得税方面享受优惠待遇。

以上五种做法得以发挥作用,还有赖于一个市场法治机制。欧美国家的民商法传统历史悠久,在此基础上形成的市场法治机制主要有四个方面,一是保障开业自由,即对创办企业或从事经营都规定相当宽松的条件,在法律上让所有的人都有创业的机会。

二是实行合同自由,完全容许在法律不禁止的范围内自主地从事交易。三是保护财产安全。四是维护公平竞争的环境,消除行业壁垒,禁止地区封锁。

在教训方面,值得特别注意的,一是生态法制建设的滞后曾导致严重后果。美国早期开发西部时的产业选择基本上是自主性的资源导向,淘金式的、掠夺式的开发造成了生态环境的严重破坏,直到20世纪30年代才开始通过大规模的立法来逐步治理。巴西当初对亚马逊河流域的开发造成严重的生态问题,致使目前亚马逊森林以每年5%的速度消失。可以说,几乎所有的国家都走过先开发后环保的弯路。为了吸取教训,强调环保,韩国今年开始实施的第四个国土综合计划在标题上还刻意取消了“开发”二字。二是基础设施建设方面的法律约束不力,导致权力腐败。19世纪美国联邦政府对铁路建设的援助就曾导致铁路建筑和营运中的大量徇私舞弊和任意操纵。据史载,一些铁路公司每年要花上百万美元贿赂议员和官员。三是地方政府滥用权力。如在巴西,地方政府为吸引投资,在减免税政策上相互竞争,展开所谓“州际减税战”,导致地方税收大量流失,地方财政亏损转嫁给中央政府,成为巴西政府巨额财政赤字的重要原因。[①]

---

① 以上关于国外情况的研究,主要资料来源为:新华社《国际内参》1999年—2000年度;我国驻英国大使馆课题组调查材料;方立主编:《中国西部现代化发展研究》,河北人民出版社1999年版,第6章“西方一些国家解决地区差距的做法”;杜平主编:《西土取经:西部大开发的政策背景和商业机遇》,中国言实出版社2000年版,第9章“对欠发达地区援助和开发的国际经验借鉴”;何顺果:《美国边疆史:西部开发模式研究》,北京大学出版社1992年版。

三、依法保障西部大开发的几个重大问题

西部大开发为当代中国法律发展及其研究提出了许多新的问题,也注入了新的活力。建立西部开发的法治机制,不是一个简单的立法与司法问题。应该从当前西部开发面临的具体问题的研究入手,将法治的要求落到实处。

(一)健全开发机制,将政府的开发工作纳入法治轨道。

各级政府在西部开发中起着重要的主导和推动作用。因此,政府开发工作的法治化水平直接影响整个西部开发的法治化水平。

1.决策、规划要与立法相结合。自实施西部大开发战略以来,中央和地方都制定和施行了许多相关的政策,但这些政策措施很少采取法律的形式。这是值得注意的。在市场经济体制和法律体系初具规模的今天,制定各项政策和规划,都会面临一个与现行法律是否符合、是否协调的问题。因此,要增强法治观念,规范政府行为,尽可能将规划引导与法律引导、政策鼓励与法律保障紧密地结合起来。这样做,第一,有利于增强规划的权威性和稳定性;第二,有利于借助法律程序和技术保证规划的规范性和科学性;第三,有利于避免轻率决策,保持我国政策体系和法律体系应有的和谐一致;第四,有利于明确决策者的政治责任和法律责任。

2.规范优惠政策的制定和实施。从法理上讲,优惠政策意在通过权利与义务的重新配置,发挥市场机制的作用,所以,优惠措施应该尊重市场规则,遵守国家法律,不得损害国家财政利益和当地群众的利益。目前,某些地方为了招商引资,已经出现了乱给优

惠,不惜血本乃至搞“优惠大战”、恶性竞争的不良现象。因此,应该从法律上明确优惠的原则、权限、程序、范围和时限,尽可能用法定优惠替代行政优惠。中央政府应加快制定西部开发的配套措施,根据区域和行业的具体情况,制定分层次的优惠幅度,各地不得自行突破。凡出台的地方性政策,能够规范的,应尽量依法规范。在条件成熟时,应将优惠政策上升为法律。

3.依法设立、实施和监管开发项目。要制定严格的立项规范和科学的管理标准,尤其是对事关基础设施建设、产业结构调整、环境资源的利用和保护的重大项目,一定要改变那种“先找项目后规划”的做法,严格立项审批的具体程序和规则,并加强监管。例如,要坚持和强化建设项目法人责任制、资本金制、招投标制、质量监督管理制以及项目管理责任制,将政府采购进一步法制化。

(二)健全西部市场经济法律机制,实现宏观调控与市场机制有机结合。

现代各国开发落后地区的经验表明,区域开发首先是由政府启动的,国家宏观调控在制定和实施开发规划、调动资金、技术和人才、实行倾斜政策以及克服市场经济的缺陷等方面发挥了重要作用。但是,政府不是万能的,援助总是有限的,激活落后地区的经济,还必须依靠市场机制。法律是国家实现宏观调控的基本手段,也是市场经济的一般规则。因此,宏观调控和市场机制可以在法治的基础上有机结合起来。

1.健全西部的投资法律机制。鉴于西部投资环境的特殊性,要加快投资体制改革,建立以优惠措施为支撑的投融资新体系,形成投资主体多元化、资金来源多渠道、投资方式多样化、投资运作市场化的局面。在法律上首先要明确的,一是确立西部投资倾斜的一般原则,将国家增加资金投入的政策规范化,以便依法逐步加大对西部的建设资金投入力度、财政转移支付力度和金融信贷支持力度,并优先安排建设项目。二是给予投资优惠,放宽投资限制。对投入西部的国内资本应给予相当于外资的待遇,以鼓励企业投资、民间投资。同时,要适当放宽现行法律对某些投资行为和经营行为的限制,例如,银行业、证券业、保险业、信托业等实行行业许可的产业如在西部投资或开展业务,可以将其市场准入的门槛适当降低一些。三是要进一步扩大外商投资领域,拓宽利用外资渠道,采取发行股票、项目融资、BOT 等多种形式,吸引外商投资。四是规范使用税收优惠。对西部的税收优惠政策应尽可能在统一的税法下解决。原则上,对于不在国家法律和政策禁止和限制之列的西部内外资企业、少数民族地区的企业、经国家认定的高新技术企业以及各种经济组织生态建设所得,应在不同幅度内减免企业所得税。但是,税收优惠要兼顾中央和地方两方面的利益,分步进行,并充分考虑国家财政利益、西部地方财政现状以及将来适应世界贸易组织规则对于实行国民待遇的要求。

2. 依法鼓励和保护西部多种所有制经济成分的发展。西部地区所有制形式的多样化发展对于造就千千万万个市场主体,形成自己的造血机制,具有十分关键的作用。鉴于国家投资和银行贷款不足以及西部地区内部资金积累有限,要尽快改变西部地区所有制经济结构较为单一、非公有制经济发展明显滞后的状况,依法培育非公有制经济成分,引导和保护其参与西部开发。① 为此,要

① 在新制度经济学看来,经济增长的关键在于制度因素,明晰的财产关系在制度因素中尤其重要,一种提供适当的个人刺激的有效的产权制度是促进经济增长的决定因素。参见诺思等:《西方世界的兴起》,学苑出版社 1988 年版。

进一步取消某些不合理的限制,在企业设立和市场准入等方面用注册制代替审批制,逐步完成从审批主义向准则主义的转变。除法律有特殊规定的领域外,均应视为非公有制经济准入的行业和领域。凡对外商开放的投资领域,原则上应对国内各种所有制企业开放。同时,要在税收、贷款、投资融资和社会负担方面给非公有制经济与公有经济平等的待遇,并依法保护其财产权利和财产安全。

3.对西部未利用国土资源实行特殊的物权制度。我国现有关于土地承包经营的法律与政策主要针对的是熟地,而不是未使用的荒滩、荒漠、荒山、荒沟和草场。在西部开发中,城市土地和农村熟地仍然必须坚持现行土地法律和政策,但对于数量巨大的未利用荒地,则应该考虑在维护宪法和法律确立的土地公有制的前提下,建立特殊的物权制度。可以考虑,对于在荒地上进行的生态建设或符合生态效益的农业开发,允许开发者拥有比现行法律和政策更多、更长期的土地占有、使用和转让权以及林草和收益所有权,少收甚至不收土地使用费。还可以考虑,建立一种允许开发者享有的土地承包经营权在承包权期满后"自动顺延"的制度,即,开发者在承包期满后,如果没有法律规定的撤销承包权的情形,则其权利自动顺延一个承包期。这样做的好处主要有,第一,有利于增强开发者对西部土地和生态建设持续投入的信心和决心,使开发者获得经济效益,国家获得生态效益,实现西部土地利用和治理过程中的利益均衡。第二,有利于贯彻宪法规定的"各尽所能、按劳分配"的原则和民法规定的公平原则。"四荒"土地的开发受益通常缓慢而微薄,但开发者付出巨大。如果这样的土地在有了稳定的受益后即被收回,则既有失公平,也不利于鼓励开发和持久的生态建设。第三，有利于将西部某些地方近些年来已经采取的“四荒”土地“谁开谁有”、“谁治谁享”之类的做法纳入法治轨道，待土地开发成熟后，可以通过专门的税收法制来调节。

(三)依法调整各方利益关系,形成统一领导、协同发展的良好局面。

作为一种现代区域发展战略,西部开发涉及到中央与地方、地方与地方、民族与民族、政府与企业、企业与企业以及公民与国家、个人与集体等主体之间错综复杂的利益关系。在处理这些关系的过程中,法律应该发挥应有的作用。

1.关于中央与地方的关系。西部开发涉及到各个地方的切身利益,惟有中央才能够担当起在全国范围内协调利益关系、进行资源再分配的责任。因此,要遵循宪法规定的在中央的统一领导下充分发挥地方积极性和主动性的原则,进一步依法明确中央与地方的财权与事权,形成中央与地方权利义务关系的合理而稳定的法律框架。中央既不能过度集权,也不能过度放权。集权与放权的度应该依法确定。从目前情况看,中央政府在原则上应该增强而不是削弱调动和重新分配资源的能力,应该更多地通过国家法律实现政策引导,在协调东、中、西部的关系和西部各省区关系方面发挥主导作用。同时,要鼓励地方在执行中央政策和国家法律的前提下发挥自主性和创新精神,并保证各地方充分参与中央关于西部开发与加快中西部发展的决策及其实施。

2.关于东、中、西部之间的关系。西部开发给东部、中部和西部都提供了新的发展机遇。东、中、西部之间既有不平衡性和差异性,也有互补性和可对接性。要依法确立区域之间互利互惠的合作原则和机制，努力形成相互支持、相互促进、协调发展的良好格局。首先，要依法建立联合开发的利益激励机制。东部参与西部开发和中西部发展，要尊重市场经济规律和国家法律，既不能限于单纯的帮困扶贫，也不能转移夕阳企业，转嫁污染。西部要向东、中部开放，消除各种自我封闭的壁垒，创造良好的经济环境。国家要鼓励东部的优势企业到中西部投资办厂、参股入股、收购兼并和技术转让，鼓励东部地区在人才培训、干部交流和科技教育等方面加大对中西部的支持与合作力度。其次，要依法建立健全区际利益补偿机制。无论西油、西电、西气东送，还是生态环境建设，退耕还林(草)等，都要体现区际互惠。例如，可以参照1992年“世界环境与发展大会”提出的发达国家每年拿出国民生产总值0.7%的资金帮助发展中国家治理环境的做法，由国内相对发达的地区拿出一定比例的资金并吸纳社会捐助，建立西部环境资源保护基金；也可以考虑开征环境资源税。复次，要建立健全公平合理的竞争机制。

3.关于西部各地区间的关系。西部地域辽阔，南北之间、城乡之间，情况千差万别，发展很不平衡。处理好西部地区间的关系，一要依法实施增长中心战略，把突出重点与全面发展结合起来，以线穿点，以点带面。二要建立西部地区间经济协作和联合建设的制度机制，以充分发挥区域经济的内在联系和整体优势，在国家统筹规划、宏观引导的前提下，合理分工，共谋发展。从目前情况看，西部地区间在基础建设、产业调整和生态环境建设方面亟需加强相互沟通、协调和联合。例如，有些相邻省区修高速公路时各自为战，形成一些“断头路”；某些相邻地区的“特色经济”、“支柱产业”完全相同，免不了重复建设，乃至恶性竞争。如果不及时改变这一状况，就很难保证西部成为西部开发的最大受益者。三要缩小城乡差距。西部的地区差距在很大程度上是城乡差距，要依法深化户籍管理制度和劳动人事制度的改革，确立按居住地和就业来确定户口关系的原则，逐步取消对户口迁移的多种限制。同时，要依法在西部地区全面推行小城镇户籍管理制度改革，促进农业人口就近、有序地向城镇转移，并逐步解决好进入城镇的农民养老保险、医疗与失业等方面的社会保障问题。

4.关于各阶层、各行业的利益关系。依法调整各方利益关系，还有一个重要问题，就是要充分尊重和保护包括公民、企业、少数民族、外来开发者等各类群体的合法权利。公民权利是公民利益的法律表现，利益只有成为权利并通过法律来保护，才是安全的、可靠的。首先，要依法确保把共同富裕、富民兴区作为西部开发的基本政策目标，防止出现富者愈富、穷者愈穷的现象。目前，全国贫困人口约90%在西部，西部城市下岗职工的比重也远远大于东部，东西部城乡居民收入水平的差距有增无减。如果不能消除贫困、缩小贫富差距，西部开发就会失去意义。其次，要依法健全社会保障制度，防止因局部的、短期的经济增长和个别人的高额利润而危害大多数人在生态、科教、文化和社会安全等方面的利益，防止经济开发中经常发生的对社会弱势群体的忽视和侵害，切实保证老百姓从开发中获得最大利益。其三，要健全我国公民权利体系和权利救济的司法机制与社会机制，特别注重保护各类利益群体的财产权利和参与西部开发的决策、管理和监督工作的各项民主权利。

（四）依法保护和建设生态环境，实现可持续发展。

西部是保障国家生态安全的要害地区。由于历史和自然的原因，西部地区生态环境已经十分脆弱。西部大开发若不能处理好环境资源的利用与保护的关系，生态环境必将继续恶化，乃至危及整个中华民族的生存和发展。因此，要把经济效益与生态效益结合起来。除了调整产业结构、改变强调资源优势的思维定势之外，还要着重从制度上解决以下问题：

1. 生态环境保护的整体性问题。生态环境的整体性与保护的分散性之间的矛盾，国家环境资源法制的统一性与执法的地方保护主义之间的矛盾，是当前应该尽快研究解决的突出问题。自1978年以来，尤其90年代以来，我国环境资源立法明显加快，可以说，在森林、草原、矿藏、河流、土地、环保、水土保持等主要领域已经基本上有法可依，问题在于执法不严，执法无效。一个重要的原因，就是不能有效遏制地方和部门在自我利益的驱使下破坏生态环境，致使"一边治理，一边破坏，一方治理，多方破坏"。因此，要尊重生态保护的客观规律，超越地区、部门或行业局限，根据各生态区的情况制定整体规划并依法统一执行。比如，为了有效遏制黄河上游水土流失，合理利用水资源，西北的相关省区就应该加强联合，通盘考虑，整体规划。

2. 生态环境保护的利益平衡问题。利益冲突是环境资源保护不力的症结所在。要建立利益平衡的制度机制并使之规范化、法律化，以充分调动各类利益主体保护生态的积极性和主动性，并预防和化解纠纷。一要依法建立健全补偿制度。如，同一地区资源开发利用的受益者应该对当地的环境资源受害者给予补偿；不同地区资源输入的受惠者应该对资源输出者给予补偿；退耕还林还草，禁伐禁猎禁渔，也应该从西部各地的实际出发采取有法律保障的多种补偿办法。[1]二要确保当地人受益。值得注意的是，西部有些资源富集区往往从开发中得不到多少好处，还要承受生态环境恶化的种种后果，某些地方甚至资源越多越穷。解决这个问题，一方面，要防止资源产地经济结构单一化，另一方面，则要通过税收、补贴、入股、就业等措施确保当地人受益。三要依法实行促进生态环境建设的优惠政策，大力扶持和鼓励生态环境整治工程、污染防治和资源综合利用产业，对生态建设保护区实施税收优惠政策。

3.环境污染的首端控制问题。对各项决策、各类项目进行环境影响评价，凡不符合环保要求的决策和项目一律封禁，是发达国家环保的一条重要经验，是我国环保从"末端控制"转向"首端控制"的关键一环，也是西部大开发中避免"先污染后治理，先破坏后恢复"的当务之急。因此，要加快建立环境影响评价法制。特别是，要把生态保护作为衡量政府依法行政水平和考核干部的硬性指标，有效防止某些地方政府为了一时的经济效益和政绩而滥耕、滥伐、滥占、滥上所谓"形象工程"、"献礼工程"，不惜破坏环境，甚至竭泽而渔。

(五)依法实施科教兴国战略，培育地方自我发展的良性机制。

西部的崛起最终要靠西部人自己。缩小东西部间的知识差距、信息差距、教育差距和技术差距，是培育西部自我发展机制并

---

① 例如，根据现行政策，国家向退耕户无偿提供粮食补助。每亩退耕地每年补助粮食的标准，长江上游地区为300斤，黄河上中游地区为200斤。这种一刀切的做法会带来许多问题。同时，我国有9100万亩坡耕地，涉及3700万人的生计问题，倘若全部退完耕地，完全由国家养活，也是不现实的。参见王慧敏：《退耕之前先解忧》，《人民日报》2000年11月6日。

因此最终实现与东部平衡发展的根本所在，也是西部实现高起点、跨越式发展的重要依托。用费孝通先生的话说，就是既要解决“自然生态失调”问题，又要解决“人文生态失调”问题。[1]

西部有些省区的科技实力远远高于某些东部省区，但通过市场转化为生产力的程度却较低。关键原因在于体制问题。要健全科技法制，促进知识产权的开发、利用和保护，为技术创新、科技产业化和技术资本化创造良好的制度环境，为西部发展知识经济、优化产业结构提供有力的法律支持。同时，要运用法律手段，开展农村基层干部和农民的科学文化知识培训，加大国家科学基金、各类科技计划经费向西部的倾斜，加大教育资金投入，确保九年义务教育法在西部地区尤其是西部贫困地区的顺利实施，[2] 并大力推进智力扶贫、科技扶贫、文化扶贫。

西部地方文化的健康发展是西部开发的重要基础和内容。西部地区经济落后，但从总体上看，还不能说文化落后。除了数量可观的科教设施和颇具规模的大中城市的文化建设之外，在自然人文资源方面，举世闻名的历史古迹，美丽的自然风光和浓郁的少数民族风情，不仅是西部得天独厚的生态旅游和文化古迹旅游资源，而且是中华民族的历史文化瑰宝。应该通过法律加以利用和保护。在社会人文资源方面，西部地区，尤其是民族地区，有许多传统习俗，与国家的正式法律既有谋合，也有冲突。如果利用、引导

---

① 费孝通：《对民族地区发展的思考》，《费孝通论西部开发与区域经济》，群言出版社 2000 年版，第 312 页以下。

② 关于西部教育立法的现存缺陷，参见申艳红、任怀锋：《试论欠发达地区的法制建设》，《科学、经济、社会》1999 年第 3 期。

得当,可以使之成为现代化建设和法治的推动力量。[①] 同时,我们也要看到,某些地方还有一些不良风俗。例如,在人口生育方面,个别地方陷入越穷越生,越生越穷的恶性循环,人口素质也难以提高。对此,应该根据科教兴国战略的要求,移风易俗,敢于和善于依法管理和引导。此外,还要通过法律健全西部人力资源的配置与更新机制。此不赘述。

四、几点思考和建议

加强西部开发是一个渐进的过程,应该针对实际问题,有重点、分阶段地不断推进。下面从法律的制定和实施的角度,谈几点思考和建议。

(一)把立法工作摆到特别重要的位置,贯彻实事求是的立法原则。

依法保障西部开发,首先要有一批反映区域开发的客观规律、体现民意、制定精良、可以有效适用的法律。因此,要根据 2010 年建成有中国特色社会主义法律体系的目标,结合西部开发与加快中西部发展这一世纪工程对法治的需求,在立法上统筹规划、精心安排,按轻重缓急,制定、补充、修改和废除各种相关的法律、法规。为了充分发挥好立法服务、规范、保障和促进开发的作用,必须十分注意贯彻实事求是的原则,着重处理好以下三对关系:

第一,开发与立法的关系。关于西部开发的立法问题,现在大

① 关于少数民族习惯法与国家法关系的研究,参见张晓辉主编:《中国法律在少数民族地区的实施》,云南大学出版社 1994 年版;王肃元、冯玉军:《论西部法律文化与区域法制创建》,《甘肃政法学院学报》1999 年第 1 期。

体有两种不同的意见，一是主张“西部开发，立法先行”，二是认为应该政策先行，先摸索，后立法。[①] 其实，西部开发已经不存在一个立法是否“先行”的问题，因为政策已经先行了，问题在于，面对已经启动的开发活动，立法该怎么办。从原则上讲，有的开发，如涉及环境保护、资源利用、基础设施建设和文物保护等，由于国内外已有较为成熟的经验和法律可以借鉴或运用，适宜先立法，后开发；有的开发，如涉及西部各地区经济发展不平衡的具体条件，人文环境的特殊情况等，由于需要将国内外常规的立法经验与具体条件、特殊情况结合起来，使之变通或具体化，因此适宜边开发，边总结，边立法；有的开发，如荒地物权使用制度的改革、退耕还林还草的补偿、企业设立和市场准入制度的创新、人才引进机制的建立等，具有开创和实验的性质，适宜等实验成功并成熟后再立法。

第二，综合法与单行法的关系。西部开发既要制定综合法，也要制定单行法。综合法与单行法是依据立法所调整的关系和规范的事项是单一还是综合所作出的划分，但这种划分不是绝对的。在解决西部开发是先制定综合法还是先制定单行法的问题上，应当根据立法条件与时机的成熟度来决定，既要避免求全求大，也要避免零打碎敲。在立法条件还未全面成熟，而实践中又迫切需要立法时，可以先明确综合法的一般原则，同时，制订若干单行法，成熟一条就补充修改一条，不要等待“成套设备”。此外，还可以采取低位阶法向高位阶法逐步过渡和提升的办法，即某些立法可以先采用法规和政府规章的形式，在某个地方、某个部门先试，成熟后

---

① 参见《专家评说“西部立法热”》，《中国青年报》2000 年 3 月 25 日；崔勃：《西部开发，法制先行》，《民主与法制》2000 年第 7 期；张春环：《西部开发要立法》，《人民日报》(海外版)2000 年 11 月 16 日。

再予上升和推广。

第三,中央立法与地方立法的关系。鉴于西部开发与加快中西部发展战略的宏观性、复杂性和长期性,要充分发挥中央立法的指导作用。同时,要在确保法制统一和立法质量的前提下,进一步加强地方立法工作,以发挥地方因地制宜、依法发展的积极性和主动性。按照我国宪法、地方组织法和立法法的有关规定,除了省级人大及其常委会、省会市的人大及其常委会和较大市的人大及其常委会享有地方立法权外,民族自治区、州、县的人大还享有自治立法权。而且,地方立法权的范围比较广泛,权限也比较大,如,自治立法权就可以变通国家法律和法规。但是,长期以来,中西部地方立法权,尤其是自治立法权的使用严重不足。因此,在原则上,一般不宜考虑像发展东南沿海经济特区时授予特区特别立法权那样,授予西部某些省区以特别立法权,而要把重点放在积极引导和帮助地方用足用好现有的立法权。一方面,要就开发过程中亟需解决的一些问题及时制定地方法规,另一方面,则要加快清理、修改和废除一些不适合西部开发需要的法律文件。另外,鉴于各级人民代表大会通常一年才开一次会,而民族自治条例和单行条例只能由代表大会来审议,可以考虑,在条件成熟时,授权民族自治州、民族自治县的人大常委会制定自治条例和单行条例,报省级人大常委会批准后生效,以提高立法效率。同时,鉴于西部开发中有许多事项需要依法探索,具体规范,而西部非民族自治省区的地级市和县均无立法权,还可以考虑,在条件成熟时,授予西部地区县以上人大及其常委会以地方立法权。

(二)抓紧制定关于西部大开发的基本法律规范。

鉴于西部开发所面临的经济、生态和社会秩序方面的问题有许多共通性，尤其是西部开发急需权威的、规范的、明确的总体规划，加之国外已经有相关的经验，应该抓紧研究制定西部开发的基本法，如《西部开发促进法》，明确规定西部开发的基本目标和原则，领导体制与开发机制，中央与地方的权责关系，西部与中部、东部的协作关系，经济效益、生态效益与社会效益的协调关系，并将土地、资金、人才、财税金融、环境保护、资源利用、文化文物、科技教育等方面的政策具体化、规范化，使之具有法律权威和可操作性。

与此同时，要根据当前和今后一段时期西部开发的主要任务，抓紧制定和修改其他急需的法律、法规。例如，在基础设施建设方面，应该尽快在已有的一系列建设项目管理制度的基础上制定《西部基础设施建设条例》；在生态保护方面，要加快制定《环境影响评价法》、《防沙治沙法》，研究制定《黄河法》、《长江法》、《保护和利用水资源法》以及保护和利用特殊生态环境如自然遗迹和人文遗迹的法律、法规；在产业发展方面，要制定《西部投资条例》以及促进产业结构合理化、促进西部农业发展、促进特色经济发展以及促进西部与东中部经济技术协作的法律、法规，修改或补充解释土地管理法或制定专门的西部开发的土地管理法规；在科教文卫以及人才招引和使用方面，也应尽快制定或修改相关的法律、法规。此外，还要抓紧修改某些含有较多的计划经济体制成分的相关法律，如民族区域自治法、电力法等。

（三）加强法律的实施，营造良好的法治环境。

有法不依等于无法，而且比无法的后果还要坏，因为它破坏了法律的尊严和人民群众对法制的信心。西部开发固然要制定和修改若干法律，但西部开发并不是在法律真空里进行的。在社会主义法律体系初具规模的今天，西部开发所面临的问题，更多的是如何遵守和运用现行法律的问题。

首先，鉴于与东部相比，西部干部和群众的法律知识在总量、结构和获取方式上明显落后，法律意识也比较淡薄，① 要把推进法制宣传教育作为西部开发战略任务的一部分，大力开展各级领导干部、政府公务员、企业管理人员和立法、司法、行政执法人员的法律培训，加快培养西部干部和群众的法律素质，提高他们学习、运用和执行法律的水平。其次，鉴于西部的基层司法所、法律服务所的建所率和法律服务远远低于全国平均水平，有的县甚至还没有一个取得执业资格的律师，② 要大力发展法律服务的中介组织，健全法律服务机制。其三，要结合西部开发，继续推进地方、行业和基层的依法治理，提高干部依法决策、依法管理的意识、能力和水平，解决好依法行政这个影响法治环境的关键问题。最后，要通过转变观念，改革体制，确保法律的统一实施，有效克服地方保护主义，遏制司法和执法腐败，从而营造一个依法行政、公正司法、严格执法和有效监督的优良的法治环境。

为了有效克服地方保护主义，确保司法公正，应该积极推进司法体制改革，认真考虑如何弱化或割断地方司法机关与同级地方

---

① 参见夏勇、高鸿钧、张志铭、贺卫方、刘广安编：《走向权利的时代——中国公民权利发展研究》，中国政法大学出版社 1999 年修订版，问卷统计部分。

② 例如，据最新统计，青海省有专职律师 2 人以下的事务所有 26 个，专职律师仅 1 人的事务所有 15 个。后一类事务所分布在占全省总面积 97.16% 的六个民族自治州，大多数每年只办几个案件（钱应学主编：《依法治省概论》，青海人民出版社 1999 年版）。据本课题组调查，云南迪庆藏族自治州德钦县至今尚无一名专职律师。全州自 1999 年才有一名通过全国律师考试后取得律师资格的律师。有的律师事务所每年业务收入仅 3 千元，远不够一名律师的工资。

在人、财、物方面的依从关系,避免司法机关变为维护狭隘的地方利益的工具,失控于中央和上级司法机关。同时,要针对西部许多地方司法经费紧张,设施落后,甚至某些基层法院还没有审判庭的窘迫状况,加大投入,为公正司法提供强有力的物质保障。此外,为了切实加强当前西部开发和加快中西部发展的法治保障,除了要加强最高法院对跨省区案件的审理外,还可以考虑在中西部,特别是在西部,设立跨省区的区域性的执法和司法机制,如,设立跨省区的大区法院,或巡回法院。这样做的好处主要有四:第一,有利于处理西部开发和中西部发展中跨省区的综合性的、区域性的法律问题,例如依法利用和保护跨省区的同一片森林、同一处矿藏尤其是同一条河流,就急需统一的、跨区域的执法和司法机制;第二,有利于从体制上有效克服执法和司法中的地方保护主义和地方特殊主义,维护社会主义法制的统一和尊严;第三,有利于将地方政府的依法行政有效地纳入司法的监督之下;第四,有利于推进当前我国的整个司法体制改革。

(作者为中国社会科学院法学所所长、教授)

我国的行政法律制度

应 松 年

党的十五大提出的依法治国的基本方略,已由第九届全国人大二次会议写入宪法:“中华人民共和国实行依法治国,建立社会主义法治国家。”依法行政是依法治国最重要的组成部分,“在很大程度上对依法治国基本方略的实行具有决定性意义。”宪法规定,中华人民共和国的一切权力属于人民,人民行使国家权力的机关是全国人民代表大会和地方各级人民代表大会。国家行政机关由人民代表大会产生,对它负责,受它监督。宪法又规定,行政机关是权力机关的执行机关。权力机关的意志主要是通过制定法律表达出来的,因此,从根本上说,行政机关是执法机关。依法行政,是对行政机关提出的要求,要求行政机关行使行政权力,必须有法律授权,权力来源于人民,来源于法律,并依据法律。严格依照法律规定办事,法律是行政机关据以活动的根据,也是人们对这种活动进行评判和监督的标准。改革开放以来,我国加强了行政法制建设,从总体上看,是按照依法治国、依法行政的要求展开的。依法行政,首先要为行政执法提供完善的行政法律制度,授权明确,制度民主、公正,便于操作,符合市场经济要求。其次是要政府依据法律的授权和规定,严格执法。行政机关行使行政权力,执行法律，主要有两种方式，一是制定规范，又称抽象行政行为，即国务院根据宪法、法律，制定行政法规；国务院部委根据法律、行政法规，制定规章；地方政府还要根据法律、行政法规和地方性法规，制定规章。二是依法作出具体行政行为。这两者都要按照党的十五大的要求："一切政府机关必须依法行政，切实保障公民权利。"

规定行政法律制度的统称为行政法。从性质上说，行政法是关于行政权的法，是关于行政权的授予、行政权的行使和运作以及对行政权的授予、运作和行使进行监督的法律规范的总和。这里所说的法律规范的总和，是指行政法是由众多法律规范组成的。这与民法、刑法一般都有法典不同。因此，行政法就有一个调整范围的问题。行政法大致由三部分组成：

第一部分，关于行政权的授予和组织行政机关的法律。大致由行政组织法、行政编制法和公务员法等法律组成。

第二部分，关于行政权的行使和运作的法律。这部分法律数量最多，内容最为庞杂，称为行政行为法。

行政权的运作大致有两种情况，一种情况是按行政管理事项划分的行政权具体运作的法律。行政机关管理的事项有多少种类，这部分法律就可分为多少种类。其中有些部门还可自成体系，诸如公安、环保、税务等等。这种法律为数众多，范围极广，一般称为部门行政法。另一种情况是与各级政府和各个部门都有关的法律和规则，各级政府和各个部门都必须遵循。如行政立法的规则中关于行政执法的法律，包括行政处罚、行政许可、行政强制、行政征收以及普遍有关的行政程序等法律。这里介绍的主要是和各级政府各个部门都有关的全国统一的一些行政法律制度。

第三部分，对行政机关的组织、行政权的行使和运作进行监督的法律，统称为行政监督法。如行政监察法、审计法、行政复议法、行政诉讼法、行政赔偿法等。

以上三个部分，就是行政法的范围。

下面根据依法治国、依法行政的基本精神，分别介绍上述三个方面的法律制度。

(一)关于行政组织法

行政组织法是规范行政机关的职能、组织、编制的法律。按照宪法，我国行政机关是权力机关的执行机关。因此，行政机关行使的行政权力是权力机关通过法律授予的。行政机关自己不能给自己授予权力，必须由法律授予。正因此，行政机关必须遵循职权法定原则，不能行使法律没有授予的权限。这部分内容在行政组织法中以性质、地位、职权、职能等形式表现出来。

权力的载体是行政组织。行政组织法还要对行政机关的机构设置和相互关系；行政机关的层次与幅度、编制与职数、活动方式；行政机关的成立、变更和撤销的程序等作出规定。这些都由行政组织法加以规范，以避免主观随意性。这就是党的十五大报告所提出的行政机构的组织、职能和编制必须法定化的要求，是依法行政的重要的不可缺少的组成部分。

我国目前已经有两部重要的行政组织法，即国务院组织法和地方各级人民代表大会和地方各级人民政府组织法中的地方政府部分。这两部法律对规范国务院和地方政府的职权和组织，起了重要作用。但多年来的实践也证明，长期以来，我国行政机关职权不清、相互交叉冲突的情况比较突出，有些部门甚至行使了一些自己不能或不该行使的权力；政府职能转变不能适应市场经济的需要；机构臃肿、人浮于事，编制不断扩充、膨胀的问题始终难以解决，等等。说明已有行政组织法没有完全起到应有的规范和控制作用，以致不得不多次求助于发动大规模的机构改革来解决。此次机构改革以后，成果是否能巩固并继续得到发展，是公众关心的焦点问题之一。要解决这个问题，唯一的办法是党的十五大指出的方向，即把机构的组织、职能、编制法定化。为此，加速制定、修改和完善行政组织法应该是当前立法的重要课题之一，这也是世界各国的实践所证明了的。首先是要完善已有的行政组织法，其中国务院组织法需要修改和充实，尤其是组织、编制部分；地方政府组织法线条过粗，缺乏可操作性，可以考虑仿照建国初期的办法，分为省、自治区、直辖市、市、县、乡以及派出机关等各级组织法。目前在实践中问题最多的是各部门的组织简则。20 世纪 50 年代中期曾制定过十几个部、委、局的组织简则，此后即付阙如。80 年代后用三定方案来确定行政机关的职能、机构和编制，作为过渡，也是一种办法，但不能代替组织简则，必须通过制定各部门组织简则的办法来解决职权交叉冲突和机构设置的随意性等问题。

根据我国在编制方面长期存在的问题，是否可以考虑单独制定行政机关编制法，主要规范两项内容：

一是行政机关人员的总定员。以改革后的编制为基础，每年由总理向全国人大报告总编制数后由全国人大决定发布，原则是总数逐年减少或持平，能增加，由全国人大控制总数。至于行政机关内部，由行政机关自行调节，可以全国定总数，也可分中央与地方，或地方再分省定数，但总数不能超过上一年。与此同时，属于国立的事业单位，也同样要控制总数。事业单位仍然会有发展，但所需编制要在总定员中调节，在若干年内不能增编。否则，只控制公务员总数就会失去意义。

二是对编制的管理，主要规定行政机关在内部调整人数时，关于编制的提出、审查、论证和批准的程序。关键是论证程序。通过程序控制编制，并规定随意扩大编制的法律责任。

从广义上说，公务员也属于行政组织的范畴。各国对公务员的管理都是通过法律进行的。1993年国务院已制定了国家公务员暂行条例。我国公务员制度已试行数年，积累了比较丰富的经验，实践也迫切需要进一步完善公务员制度。将国家公务员暂行条例上升为公务员法的条件应该说已经成熟。

(二)关于行政行为法

行政机关依法行使权力，管理公共事务，直接或间接产生法律后果的行为，统称为行政行为。与所有行政机关都有关的共同性的行政行为，大致可分为行政立法行为、行政执法和裁决、裁判行为三大部分。

1.行政立法行为。

是指国务院制定行政法规、国务院各部各委员会制定部委规章，省、自治区、直辖市政府、省会市和经国务院批准的较大市政府制定地方规章的行为。规章是否可称为法，尚有争论。此外，有规章制定权以外的政府和部门，还要制定很多行政规范，统称为其他规范性文件。

改革开放以来，行政立法在数量和质量上都有很大发展和提高，对国家行政管理起了重大作用。但也存在一些问题。从我国实际情况看，行政立法需要解决的问题有三：一是行政法规和规章的权限，它们与法律和地方性法规权限的区别和关系；二是行政立法的程序；三是法律规范之间的冲突及其解决，也即对行政立法的监督。

目前我们正在制定立法法,上述行政立法中的三个主要问题,都是立法法中需要解决的。

首先,关于立法权限的划分。行政立法中有两项最基本最重要的原则,即法律优先原则和法律保留原则。法律优先原则或称法律优位原则,是指其他国家机关制定的一切规范,都必须与全国人大制定的法律保持一致,不得抵触。这在我国宪法和有关组织法中有明确规定:国务院根据宪法、法律制定行政法规;国务院各部、委根据法律、行政法规制定规章;地方政府根据法律、行政法规和地方性法规制定规章。宪法规定的“根据”原则,至少应该是要求行政机关制定的规范,必须与法律保持一致,不得抵触。据此,行政处罚法也规定,在法律已设定行政处罚的情况下,行政法规可以再作具体化的规定,但必须在法律规定的违法行为、处罚种类和处罚幅度的范围以内。对规章作了更为严格的限制性规定。总之,下一位阶的规范要与上一位阶的规范保持一致。这是依法行政最重要的原则之一。法律保留原则,也就是立法法中所规定的“国家专属立法权”。即有些事项的立法权只属于法律。立法法草案对此作了明确的列举,其中,最为重要的应该是关于公民基本权利,包括人身权,财产权,言论、集会、结社、出版、游行、示威等政治权利,宗教信仰、受教育权等权利的保障。如果要对公民的上述基本权利作出限制或不利的设定,只能由法律进行,即该项立法权只能属于法律,是国家专属立法权。但在一定条件下,法律可以将其中某些本应由其设定的权力授权给行政法规或地方性法规、规章等行使。如 1984 年 9 月全国人大常委会通过的《关于授权国务院改革工商税制发布有关税收条例草案试行的决定》。行政处罚法规定，在法律没有设定行政处罚的情况下，将除人身自由处罚以外的处罚设定权授权于行政法规，这属于相对保留的情况，授予少，其他法律规范就可以设定多。没有授予的，就不能设定。例如不将处罚、收费的设定权授予其他规范性文件。还有一些立法设定权，如限制人身自由、行政强制执行权等则只能由法律设定，不能授权其他国家机关。这属于绝对保留的情况。这是依法行政又一最基本的原则。

其次，关于行政立法的程序。行政立法程序是使行政立法充分体现民意的重要保障，为此，必须完善行政立法程序，其中的关键在于设置听证程序。一切与公民权利、利益有关的立法，都必须听取利害关系人的意见和专家的论证意见。立法中的听证程序与一般座谈会不同。听证会是在法定机构主持下，听取利害相关人意见必经程序。对听证会上提出的意见或提供的证据，必须记录在案，并在作出决定时要表明已经注意和考虑了这些意见和证据。立法要听取和尊重人民群众的意见，这是社会主义民主最重要的表现形式之一，也是党的群众路线的法定化。

再次，关于行政立法的监督。广义的监督包括法律解释、纠正行政立法与法律的不一致，以及解决行政立法特别是规章之间的冲突等问题。目前，行政立法与上位阶法律规范不一致，以及规章之间的冲突，都比较严重。立法解释跟不上实际需要，这就需要有监督和解决冲突的原则和机构。宪法对立法监督机构是有规定的，但实践中难以启动。比如，全国人大常委会的监督就难以启动。这里有两个问题需要认真研究：一是是否需要设立专门的解释法律和解决冲突的机构，二是如何启动监督的程序问题。

2. 行政执法行为。

又称具体行政行为,涉及的范围更广,法律制度也更多。但从公民的角度说,无非就是权利性和义务性两大类。权利性行政行为包括赋予公民为某种行为的权利,如许可;或为某种行为的资格,如律师资格;也可能是在公民违法的情况下依法剥夺其某种权利,如吊销执照。义务性行政行为主要是依法使公民承担某项义务,如纳税;或依法免除某种义务,如免税。据此,下面介绍几种在市场经济条件下最常适用的法律制度。

(1)行政许可制度。

行政许可是行政机关根据公民、法人和其他组织的申请,以书面证照和其他方式允许其从事某种行为,确认某种权利,授予某种资格和能力的行为。

许可是一项极为重要的法律制度,是国家为维护经济秩序和社会秩序,保护资源和生态环境,促进经济发展,保障公民权利等而设立的具有多方面功能的制度,为世界各国所普遍重视和广泛运用。

许可的本意是禁止的解除。对一般人都限制或禁止,但对符合条件者解除限制或禁止。如对一般人都禁止驾驶汽车,但对取得驾驶执照者却允许开车,这就是一种许可。驾驶汽车需经许可,其原因在于,驾驶汽车可以大大提高行动效率,因而给汽车驾驶者带来利益;但驾车有潜在的危险性。许可的目的就是控制其危险性。许可因其控制程度的不同而有特别许可,如佩枪许可;一般许可,如采矿许可;以及符合公开、法定条件即可登记的许可等,还有各种专业资格的设立和取得制度等等。近年来还建立了一大批与许可相联系的各种年检等检查制度,我国已在广泛的领域里建立了许多许可制度。几乎所有的法律、法规、规章都无不规定各种批准和审批制度。很多许可制度在实践中发挥了重要的作用,但由于我国没有一部统一的行政许可法,因而各个领域许可制度的建立显得无序,甚至出现某些混乱。一些并不需要许可的事项,纷纷被规定必须经某些行政机关"批准"。其中特别值得注意的是许可与收费的联系,一项许可、批准、年检,就要收费若干,成为某些行政机关创收的手段之一。也许这正是出现乱设许可的关键原因。另一个重要问题是许可的设定与程序。一方面,许可没有设定权的限制,一些无设定权的政府或政府的各部门、部门内的各机构都纷纷自设许可制度,百姓办事有盖不完的章,走不完的程序,以致背离了效率与便民的原则,并且潜伏着许多引发腐败的危机。另一方面,诸如许可的听证制度、不得单方面接触的制度、时限制度、效力制度、许可标准和条件的公布制度等等,都尚未建立,因此,制定统一的行政许可法,健全和完善我国的许可制度,是十分必要的。制定行政许可法已经列入九届全国人大常委会立法规划,希望这一至关重要的法律能早日出台。

(2)行政处罚制度。

行政处罚是行政机关对违反行政管理秩序的公民、法人和其他组织依法予以制裁的制度。它在国家行政管理中占有很重要的地位,属于国家三大法律责任,即行政、刑事、民事法律责任中的行政法律责任。全国人大已于1996年通过了行政处罚法,它所建立的主要原则和制度是:

第一,行政处罚法确立了几项具有普遍意义的重要行政法原则。1.处罚法定原则。行政机关实施行政处罚,必须有明确的法律依据。法无明文规定不得处罚,它与刑法规定的罪刑法定原则一起,为建设社会主义法治国家作出了基础性的贡献。公民只有在实施为法律所明文禁止,并规定要给予惩罚的违法行为的情况下,才有可能受到惩罚。2.处罚适当原则。行政处罚应与公民违法的事实、情节和社会危害相适应,不能过重过轻。这也就是在处罚领域里的公正原则,这一原则在行政机关作出不利于公民的决定时,应该普遍适用。3.听取意见原则。行政处罚法规定,在作出处罚决定前,必须听取对方的陈述和申辩,否则,行政处罚无效。其后,在行政处罚的程序中又规定了听证程序,即当作出严重的处罚决定时,当事人可以要求听证的制度。所有这些都说明我国正在逐步完善一项重要的法律原则:在行政机关作出影响公民权利的决定时,必须充分听取对方的意见,不能不听。这是我国社会主义民主的固有含义。听证制度把这一民主原则法律化、制度化了。

第二,行政处罚的设定。设定或称创设,是指对何种行为可以给予处罚,以及给予何种处罚的法律确认。行政处罚法第一次将处罚的设定权与规定权分开。规定是指已有上位阶法律规范规定了行政处罚的情况下,下位阶规范就只能在上位阶规范所规定的行为、种类、幅度以内作具体化规定。行政处罚是对公民、法人和其他组织的人身权、财产权依法给予损害的制裁措施,而人身权、财产权又是公民诸多基本权利中最为重要的权利,因此,行政处罚的设定权只能属于法律,即国家专属立法权。但由于实际情况的需要,不可能由法律包揽一切行政处罚的设定,这就需通过法律将部分设定权授予其他国家机关。根据行政处罚法的规定,授予行政法规的设定权比较大,除人身自由处罚外,行政法规可以设定其他各种的处罚;授予地方性法规的设定权要小一些,除人身自由处罚外,吊销企业营业执照的处罚也不得设定;授予规章的设定权就更小,只有警告和罚款两项。其他规范性文件一律不得设定行政处罚。这是法律保留原则在行政处罚法中的具体体现,对其他涉及公民基本权利的立法有普遍借鉴意义。

第三,行政处罚的程序。行政处罚法关于处罚程序的规定,是我国法律首次对具体行政行为的行政程序作出最为完善的规定。行政处罚程序分为两大部分,即作出处罚决定的程序和执行程序两大部分。

一是行政处罚的决定程序。又分为简易程序和一般程序。简易程序即当场处罚程序;一般程序即需要调查取证的程序和听证程序。行政处罚法对行政机关作出处罚决定的程序作了比较全面的规定。这一规定对于规范行政处罚权的行使和保护公民合法权益都起了很好的作用。其中关于听证程序的规定,是我国法律第一次建立的制度。此后,听证制度又为价格法所吸收。立法法草案中关于立法程序的规定,也引进了听证制度,相信今后会有更多的法律规定听证制度。应该说明的是,行政处罚法所规定的听证,属于正式听证,即审讯式听证,在形式上近似于法院的开庭审理,但听证是在行政系统内进行的,程序也较庭审简单。在实践中用得更多的是非正式听证,虽也有听证官主持和听取意见,但程序较正式听证更为简便。

二是行政处罚的执行程序。有两点特别引人注意,一是建立了行政处罚的裁执分离制度,即作为处罚裁决的机关和收缴罚款的机关分离;二是建立行政处罚的收支两条线制度,即罚没所得必须全部上缴财政,与处罚单位的财政要完全脱钩。行政处罚法还对不执行裁执分离制度和收支两条线的机关和个人,规定了严厉的法律责任。国家权力的行使不能以赢利为目的。这是世界各国政府都严格遵守的一条原则,否则,必将增加人民负担和导致行政机关的腐败。

行政处罚法建立的这两项制度,也应该是其他行政行为法律中必须确立的制度。

(3)行政收费制度。

广义上说,行政收费是行政征收的一部分。行政征收是指行政机关根据法律法规的规定,以强制方式无偿取得相对人财产所有权的行为。行政征收包括税收和行政收费两部分。由于税收已是一项比较严格的法律制度,而乱收费问题尚未解决,因而人们把更多的注意力放在收费制度方面。行政征收具有强制性、无偿性的特点。由于征收涉及公民的财产权,因而还应具有先定性和固定性,即应按法律规定预先确定的标准收取。行政收费与税收的区别在于,税收是一般征收,用于国家的一般支出;收费则是由于特别支出的需要,因而要特别征收。例如,证照的收费。证照是发给某些人的,就不能用税收来支付制作证照的成本,而要由取得证照者支付成本费。排污企业的排污行为将造成国家的特别支出,因而有必要用收取排污费这种特别征收来增加排污企业的负担。

我国的行政收费广泛存在于各个领域,名目繁多。有些是依法、必要的收费,有些则属于乱收费。解决乱收费的关键在于把收费纳入法制轨道。第一,收费涉及公民的财产权,因此,应该和税收一样,其设定权属于法律,经法律授权,法规、规章才能取得设定权。和行政处罚遵循的原则一样,规章以下的规范性文件一律不得设定收费;第二,必须按特别支出由特别收入予以满足的原则,划清收费与税收的界线,清查我国的收费项目,应该费改税的,加快改变进程;第三,收费必须由法定的有收费权的行政机关收取;第四,收费必须遵循严格的法定程序。公民、法人或其他组织对收费决定不服的，有权获得司法救济，要畅通申请复议和提起诉讼的渠道。党和政府正在花大力气整顿收费工作，根本的途径还是要依靠法治。

(4)行政强制制度。

行政强制包括三项制度：一是行政强制执行。在公民、法人或其他组织不履行行政机关依法作出的行政决定中所科设的义务时，有关国家机关可以强制其履行义务。如拆迁房屋、拍卖财产等；二是行政强制措施，这是行政机关针对公民、法人或其他组织的人身或财产依法采取的预防或制止危害行为或危害后果发生的强制行为，如扣留、查封、扣押、冻结等；三是即时强制，这是指行政机关在遇有重大灾情或事故，以及其他严重影响国家、社会、集体或公民利益的紧急情况下，依照法定职权直接采取的强制措施，如对传染病患者的强制隔离等。这三项制度在性质、内容上有区别，但都采取强制手段，故可统称为行政强制。行政强制是行政机关为了维护良好的经济和社会秩序，保证行政决定的执行，纠正违法行为，保护公民合法权益和公共利益所必需的手段。但这些手段直接涉及公民的人身权、财产权和其他基本权利，因此，对这些权力的行使必须谨慎，加强控制，且严格遵循法定程序，防止滥用。

我国在行政实践中已形成一些制度，如：(一)在行政强制执行方面，根据已有的法律规定，可以概括为这样的原则，即申请人民法院强制执行为一般，行政机关自行强制执行为例外。例外是在法律授权的前提下，法律规定哪一行政机关在哪一方面具有行政强制执行权，该行政机关才有强制执行权，否则，都要申请人民法院强制执行。这一制度与国外很不相同。在英美法系国家，强制执行权是司法权的一部分，行政机关要强制执行，只能通过诉讼。

在德奥等大陆法系国家，二战前认为强制执行权是行政权的一部分，二战后规定须有法律的授权。我国似介乎两者之间，既考虑行政效率，又注意保护公民权益。行政强制执行的设定权归于法律。（二）在行政强制措施方面，行政机关要取得行政强制措施权，一般也要有法律、法规的授权。实践中这方面的问题似乎更多。其中劳动教养制度最引人关注。按法律条文表述，劳动教养属强制教育措施。其实从性质上说，属于行政处罚。但行政处罚法的处罚种类中没有列入劳动教养，刑法又未做规定，因而目前仍按强制措施对待。由于劳动教养在实践中存在诸多问题，因而迫切需要全国人大常委会对这一涉及人身权的重大问题作出决定。这些制度共同存在的缺陷是法律几乎很少对这些权力的行使规定具体严格的程序，而程序正是正确运用这些手段的基本保障。制定行政强制措施法已经列入九届全国人大常委会立法规划，正在研究起草。

3. 行政裁决、裁判制度。

这是指行政机关充当解决纠纷和争议的中间人，对行政争议和民事纠纷作出裁决和裁判的制度。也有人将此称为行政司法制度，以示与一般具体行政行为的区别（关于行政机关解决行政争议的行政复议制度将放在行政监督部分介绍）。

解决民事纠纷，本应是法院的职责，但现代社会的发展，使解决纠纷的技术性、专业性增强，且纠纷的数量也大为增加，行政机关拥有各类专家，且人数众多，而法院的人数毕竟有限，因而需要行政机关先行裁决，不服的再进入司法程序。同时，行政裁决虽采用准司法程序，但毕竟带有很强的行政色彩，程序相对简略，且不收费，因而受到人们欢迎。由行政机关裁决与行政活动有关的民事纠纷，已成为世界性的发展趋势，英国有两千多个行政裁判所，美国的行政法官制度也类似于这种制度。

根据我国的法律规定，我国也设置了行政裁决与裁判制度。主要有：

1）对自然资源的确权裁决，如对土地、矿藏、水流、森林、山岭、草原、荒地、滩涂、海域等自然资源的所有权、使用权的裁决；

2）民事赔偿的裁决，如治安管理处罚条例中关于民事赔偿的裁决；

3）根据专利法、商标法的规定，由行政机关组织的专利复审委员会和商标评审委员会对专利和商标纠纷案件，包括行政争议和民事确权纠纷的裁判等等，都属于行政裁决、裁判制度。

设立这些制度是完全必要的，但共同的缺点是缺乏对裁决、裁判程序的规定。

4. 行政程序制度。

世界很多国家都制定了行政程序法。我国的周边国家如日本、韩国也都制定了行政程序法，澳门特别行政区也有行政程序法典。将行政程序法典化，也许是20世纪行政法领域中最重大的事件之一。行政程序是行政机关作出行政行为的程序，是规范行政机关为达到行政目的而必须经历的步骤、采用的方式，以及实现这些步骤和方式的时间和顺序的法律规范的总称。实际上，程序就是操作规程。没有程序保障，实体权利义务是无法实现的。当然，没有实体规定，程序就是空洞的、无意义的。实践中常反映有些法律难以操作，主要原因之一就是缺乏具体的程序规定。行政程序是行政机关正确作出行政决定和实施行政决定，提高行政效率，保护公民权益的最基本的保障。

行政程序法大致包括三个方面，一是行政立法的程序，二是行政机关作出具体行政行为的程序，三是对行政行为进行司法审查的程序。我们已经有了行政诉讼法，司法审查的程序已经解决；行政立法的程序将由立法法解决。因而我国的行政程序法将以规范行政机关作出具体行政行为的程序为主。1989 年行政诉讼法颁布后，全国人大常委会法工委曾组织一些专家研究行政程序立法问题。当时鉴于对行政程序的理论研究和实践情况的了解还不够深入，人们对行政程序的重要性的认识也不足，制定统一的行政程序法尚有一定困难。因此，决定先就市场经济条件下行政机关常用的几种手段，诸如行政处罚、行政许可、行政强制和行政收费等单独立法，待条件成熟时，再制定统一的行政程序法。据此，先制定了行政处罚法，使行政机关在做出对公民、法人或其他组织的人身权、财产权不利影响的决定时，有了明确的程序规范。正在研究起草的行政许可法，将就行政机关做出对公民、法人或其他组织有利、授益决定时的程序作出规范。

处罚程序和许可程序是两种很不相同的重要程序。虽然如此，它们毕竟只是范围广泛的行政程序中的两个方面。近几年来，行政程序问题开始引起人们的注意，因而在一些单行法中也规定了一些有关的程序，但比较简略，且不统一。因此，从长远看，仍然需要制定一部全面的行政程序法，使所有的行政行为都有最基本的程序可以遵循，也避免了单行法律中不断重复规定某些必经程序。制定行政程序法的时机正在日益成熟，希望能把行政程序立法列入下一个五年立法规划。

(三)关于行政监督法

行政监督是国家监督体系中最主要的组成部分之一。因为行政权力总是国家机关中权力最大、人数最多，对国家和社会的发展最为重要，和人民群众关系最为密切的权力。世界各国都有一套行政监督方面的法律制度。我国有关的制度也比较健全，关键是如何更充分地发挥这些制度的作用。除了人民代表大会及其常务委员会对政府的监督外，最主要的还有行政系统内部的监督和司法机关的监督。

行政系统内部的监督，主要有上级对下级的层级监督和行政系统内的专门监督。层级监督制度有些已见诸于法律，有些为内部文件，主要制度有报告工作制度、执法检查制度、审查批准制度、备案检查制度、考核奖惩制度等等，最近通过的行政复议法所建立的行政复议制度，也可认为是层级监督的一种，虽然是很特殊的一种。

行政复议制度是行政系统内的一种特殊监督形式，指公民、法人或其他组织认为行政机关的行政行为侵犯其合法权益，向上级行政机关申请复议，由复议机关作出复议决定的制度。

由于行政复议实际上是上级对下级的监督，因此，与行政诉讼不同。根据新通过的行政复议法的规定，行政复议的范围比行政诉讼要宽，用一句概括的话来说，一切侵犯公民权益的具体行政行为，除行政机关作出的行政处分或其他人事处理决定外，都可以申请复议。不仅如此，公民、法人或其他组织认为行政机关侵犯其权益的具体行政行为所依据的规章以下的其他规范性文件不合法时，也可以在申请复议时一并提出审查申请。这就使行政复议的范围远远超过原行政复议条例所规定的范围。同时，在行政复议中，公民、法人或其他组织不仅可以对具体行政行为是否合法，要求进行审查，也可以对该具体行政行为是否合理，要求进行审查，这也反映了行政复议的行政监督性。而行政诉讼中，人民法院对具体行政行为则只能进行合法性审查,除行政处罚外,原则上不作合理性、适当性审查。

行政复议不仅是上级行政机关对下级的监督,它又是公民、法人或其他组织不服下级行政机关的具体行政行为,因而向上级行政机关申请复议,要求复议机关作出一个公正裁判的救济行为。因此,行政复议制度的关键,在于复议机关能否作出一个公正的决定,以保障申请人的合法权益。法律规定,除了有些案件法定必须先申请复议外,大部分行政案件都由申请人自由选择,既可以先申请复议,再提起诉讼;也可以直接提起诉讼。如果行政复议不能做到公正复议,申请人就会放弃复议而去直接提起诉讼。

关于专职从事监督工作的审计机关和监察机关的监督,我国已经制定了审计法和行政监察法。根据审计法的规定,在政府内部监督范围内,审计主要是对本级政府各部门和下级政府预算的执行情况和决算、预算外资金的管理和使用情况;政府部门管理和社会团体受政府委托管理的社会保障基金、社会捐献资金及其他有关基金、资金的财务收支等进行审计监督。审计部门在行使职权时,拥有要求报送权、检查权、调查权、制止并采取措施权、通报权及处理权等多方面的权限。根据行政监察法的规定,行政监察是监察部门对行政机关及其公务员的行政效能和清正廉洁两方面进行的监督。监察部门在行使监督权时拥有检查、调查权、建议处分权等比较广泛的权力。内部监督的主要问题是如何依法充分发挥它们的作用。

行政监督最强有力的法律制度是行政诉讼和国家赔偿制度。我国 1989 年制定了行政诉讼法,1994 年制定了国家赔偿法,法律也已经完备。行政诉讼俗称民告官制度,是通过法院对行政机关的具体行政行为是否合法进行审查的制度。由于它拥有一套严密的程序,因而它在行政监督方面发挥了巨大的作用。行政案件已从每年几千件发展到1998年的近十万件。

行政诉讼是保护公民合法权益的强有力的制度,同时它在协调行政机关与公民的关系,维护社会稳定方面有着重要的作用。对行政机关来说,行政诉讼是从监督的角度促进依法行政的制度。行政诉讼法第一次确立了具体行政行为合法与违法的标准。只有证据确凿(以事实为根据)、适用法律法规正确(以法律为准绳)和符合法定程序的具体行政行为,才是合法的具体行政行为,人民法院才能判决维持。对主要证据不足、适用法律法规错误、违反法定程序、超越职权和滥用职权的具体行政行为,人民法院可以判决撤销或部分撤销,并可责令被告重新作出具体行政行为。正是在行政诉讼法的推动下,行政机关依法行政的自觉性有了很大提高。“依法行政”逐步进入政府工作报告,成为各级政府施政的基本方针。

根据行政诉讼法的规定,人民法院有权对具体行政行为是否合法进行审查。人民法院除行政处罚外,一般不作合理性、适当性审查。人民法院审理行政案件时,以法律法规为依据,参照规章。

行政诉讼法关于行政诉讼中被告承担举证责任的规定,是行政诉讼法最重要的规定之一。既然行政诉讼是对行政行为是否合法的审查,因此必然要求被告行政机关承担举证责任。如果被告不能以充分的证据证明其具体行政行为合法,那就要承担败诉的责任。

国家赔偿法是与行政诉讼法同一类型的法,都以监督行政机关的具体行政行为是否合法为主要任务。国家赔偿法所建立的行政赔偿责任制度是行政诉讼制度的继续和发展。应该说,赔偿制度的建立,加强了对行政机关依法行政的监督力度。

行政诉讼法和国家赔偿法所建立的相应制度,是适应我国民主法制和保护人权发展需要的现代行政法律制度。行政诉讼法所确立的被告承担举证责任、对不履行判决的强制执行制度等制度;国家赔偿法建立的以违法为赔偿前提的归责原则,事实行为造成损害的赔偿责任等制度,都是当代先进的行政法律制度。但从发展的角度看,行政诉讼和国家赔偿制度也还存在不少问题。对我们拥有12亿人口的国家来说,行政诉讼案件的数量实在太少了。公民、法人和其他组织很多都不懂、不会甚至不敢运用这一法律武器来保护自己的合法权益;行政诉讼受到的各种干预比其他任何诉讼都要严重。明年是行政诉讼法实施10周年,建议人大常委会对行政诉讼法的执行情况进行一次普遍检查。

我国的国家赔偿法与西方国家不同,包括了行政赔偿和刑事赔偿(冤狱赔偿)两部分。从执行实践看,刑事赔偿,尤其是刑事赔偿程序,存在较多问题。另外,国家赔偿在计算时不包括违法造成损害应承担的惩罚性赔偿的法律责任,也是国家赔偿中的重大问题之一。国家赔偿法需要修改。

以上介绍的是我国行政法律制度方面的一些主要制度,可以看出,有些制度已经健全,有些则尚需进一步建立和完善,全国人大和全国人大常委会在行政方面的立法任务还很重。至于如何监督行政机关,使已经建立起的法律制度在实际生活中得到落实,使各级政府都能按照党的十五大提出的要求做到依法行政,切实保障人民权利,建设廉洁、勤政、务实、高效的政府,其任务将更为艰巨。

以上是我个人对于行政法基本内容的一些认识，向全国人大常委会作一汇报，不当之处，请批评指正。

（作者为全国人大内务司法委员会委员，国家行政学院法学部主任、教授）

行政程序法律制度

应 松 年

一、行政程序法律制度的内容和作用

(一)程序和行政程序

行政程序法律制度是有关行政程序的法律规范的总称,是行政程序的法律化、制度化。要明确行政程序法律制度,首先要了解程序和行政程序。

所谓程序,就是行为从起始到终结的长短不等的过程。构成这一程序过程的不外是行为的步骤和行为的方式,以及实现这些步骤和方式的时间和顺序。行政程序,就是由行政机关作出行政行为的步骤、方式和时间、顺序构成的行为过程。步骤,就是实现某一程序的若干必经阶段;方式,是实施行为的方法和形式,两者构成程序的空间表现形式。例如,按照《治安管理处罚条例》规定,公安机关作出处罚的步骤是传唤、询问、取证和裁决。传唤需要用传唤证,询问要有笔录,裁决要有书面决定等等,这些活动就是行为过程中的步骤和行为方式。整个行为过程就是由一个接一个的步骤和方式联结而成的。完成这一程序过程需要用一定的时间。为提高效率,就需要有时限和完成这一程序的步骤,还必须遵循先后次序。如上例,必须先取证后裁决,不能颠倒为先裁决后取证。这就是顺序。时限和顺序构成程序的时间表现形式。行政程序就是由上述步骤、方式、时限、顺序为要素构成的行政行为的过程,是空间形式和时间形式的统一。

行政程序的最大特点在于,行政程序是行政机关作出行政行为的程序。行政法律关系是由行政机关和相对一方的公民、法人或其他组织组成的,但行政程序仅指行政机关作出行政行为时应遵循的程序,而不是相对一方应遵循的程序。

公民、法人或其他组织在向行政机关提出某项申请时,行政机关常常为他们设定程序,如据报载,要申请办一批发市场,需经112道程序(盖112个章)。为避免行政机关在设置这类程序时给公民带来不便,甚至造成损害,行政程序法律需要对此规定一些原则,例如便民原则、及时原则、公开原则等。它们也就成为行政机关应遵守的程序原则。

(二)行政程序法律制度的主要特点

由于行政程序法律制度的发展,程序法律已经冲破司法范畴,扩大到一个更为广阔的领域。不仅及于行政领域,还及于立法领域。现代程序法律制度分为立法程序法律制度、行政程序法律制度、司法程序法律制度三个部分。行政程序法律制度的主要特点是:

1. 行政程序法律制度调整的对象是行政行为。

2. 行政程序法律制度只是重要行政程序的法律化。只有同当事人权益和行政效率有关的重大的行政程序，才由法律规定，其目的是强行要求行政机关及其工作人员遵循一定行政程序，以保证行政工作的科学性和民主性。因此，从行政程序是否被上升为法律来区分，可以把它分为法定行政程序和非法定行政程序。行政程序上升为法律的意义在于：行政程序法律制度是由国家制定和认可的，并由国家强制力保证其实施的程序规则，一旦违反了程序规则，即属违法行政行为，要依法承担一定的法律责任。而没有上升为法律的一般程序，即使违反了，也不承担法律上的责任。人们经常讲的行政程序大多是从法律意义上讲的，即指法定行政程序。

3.行政诉讼法律制度以“公开”和“听证”制度为核心。政府的管理活动要让公民了解，在管理过程中要听取公民的意见，这是行政程序的关键。

4.行政程序法律制度对效率给予高度的关注。行政权力的扩张，是社会生产和生活需要高效率地维护社会秩序的结果，因而行政程序的发展不能影响而应当有利于行政效率。提高行政效率也是为了保障当事人的权益。

(三)行政程序法律制度的程序权利义务和法律责任

1.程序权利与义务，和实体权利与义务相对应。在行政法律关系中，以行政机关为一方，以相对一方为另一方，都有实体权利和义务，也有程序权利和义务。行政行为是由实体权利义务和程序权利义务所组成的，职权、职责就是行政机关的实体权利义务。为了行使职权，履行职责，应该采取哪些步骤和方式，先后顺序以及在多长时限内完成，就是程序，如果这些程序是法定的，那就是行政机关的程序义务。例如,《行政处罚法》规定,行政机关在作出行政处罚决定前必须听取相对方的陈述和申辩,重大处罚还要听证。这就是行政机关的程序义务,也就是公民、法人或其他组织的程序权利。行政机关的程序权利,也就是公民、法人或其他组织的程序义务,一般表现在公民、法人或其他组织向行政机关提出某项申请,或行政机关要求公民、法人或其他组织履行某项义务时所设置的程序要求,公民如不履行这些程序义务,就可能得不到所申请的许可,或将受到某种处罚。

2. 程序与实体是紧密联系的。实体是内容,程序是形式,程序是为实体服务的。人们将此称为程序的工具主义。但在很多行政法律关系中,程序的作用特别重要。

第一,在行政法律关系中,公民、法人或其他组织作为相对一方,其程序义务,即行政机关的程序权利,实际上早已独立存在,并严格按照规定追究责任。这种程序义务大都由单行的法规、规章规定,行政机关是将之作为行政权的一部分行使的。例如,规定公民的某项申请必须经哪些机关批准,那么,就一个机关也不能少,且必须顺序盖章。规定必须多少天或几月几日前送上申请书,期限一过,行政机关就不会再接受。要求公民在几月几日前必须纳税,期限一过,就将给予处罚。对于这种极为严格的程序义务和程序责任,人们早也习以为常。

第二,行政机关的程序义务在很多情况下将会影响相对一方的实体权益,但也有相当一些行政程序,并不涉及相对一方的实体权益,在这种情况下,并不意味着就没有权利义务问题。首先,行政机关不履行程序义务,即程序违法,是行政机关违反法律的问题,就"违法"这一点而言,是实体违法还是程序违法,并无差别;行政机关违法而不纠正，其危害远较公民违法要严重得多。其次，实际上程序问题也涉及到实体问题。例如，《治安管理处罚条例》规定，复议决定必须在 5 日内作出，超过期限是程序违法。这种违法涉及到谁的合法权益？5 日作出或 8 日作出，对相对一方来说，并无多大实际损害。《治安管理处罚条例》所以规定复议决定必须在这短短的 5 日内作出，体现了立法者从速处理治安问题、治安问题决不能拖延的意图。否则，受到损害的将是社会治安秩序，即全体人民的利益。再比如，在检查公民身份证时，公安人员必须首先出示自己的证件，这是表示身份程序。是否表明身份，在很多情况下并不影响相对一方的合法权益。立法者设置这一程序，首先是为了体现执法工作的严肃性，也是为了防止假冒，避免社会秩序混乱，损害国家利益。可以说，在很多情况下，程序的背后都体现着国家的、社会的某种更高层次的利益。

第三，更为重要的是，程序本身自有其内在的价值。例如，在作出对公民权利的不利影响的决定前，必须听取意见，体现了社会主义的民主参与、尊重公民个人的尊严；禁止以任何形式的暴力获取证据，体现了社会主义的人道精神和对公民个人尊严的尊重；重大决策前听取专家和利害关系人的意见，体现了程序理性；规定多少时限内对公民作出答复，体现了行政效率的要求，等等。因此，不存在空头的无意义的程序。所有的程序不仅或多或少与相对一方的合法权益有关，也与国家、社会利益相关连。一切违反法定程序的行为都将是给社会或个人带来危害的行为。因此，程序权利义务就有了独立的意义和价值。

3. 凡是违法行为都必须追究法律责任，这也是社会主义法制的一项重要原则。对一切违反法定程序的行为同样应当追究法律责任。但是,当行政机关程序违法时如何追究责任,却是一件相当复杂,因而存在众多争议的问题。从实践来看,行政机关的程序违法有几种情况:

一种是:程序违法,实体上也直接损害相对一方的合法权益,即我们平时所说的程序违法,实体也违法。

另一种是:程序违法,实体上似乎并未侵害相对一方的合法权益,即我们平时所说的程序违法,实体正确。

当然还有一种情况是,程序合法,实体违法。对于第一和第三种情况,根据我国《行政诉讼法》的规定:撤销并追究实体违法的责任。困难的是第二种情况。根据上面的分析,既然存在独立的程序权利义务,行政机关程序违法,也就应该独立承担法律责任,而不应该把程序仅仅看成是实体的工具而完全依附于实体,因此,从理论上说,程序违法应该独立追究法律责任。但是,程序违法的情况还有其复杂之处。就程序本身的重要性,即内在价值而言,在程度上还是有区别的。如前例,行政机关在作出对相对一方不利影响的决定前,不听取对方的意见,或法定应该听证而不听证,就属于严重程序违法,因为这一程序缺陷违背了社会主义的民主与参与精神;再如,用暴力取得证据,也属于严重程序违法,因为它违反了社会主义社会对人的尊严的尊重,等等。对于这些程序违法,不管实体上是否正确,就应一律予以撤销,不得重新作出行政行为。但有些程序违法,例如,因疏忽忘了在文件上注明日期,属于程序上的小的瑕疵,可以重新补正。总之,存在独立的程序权利义务,是程序违法应该追究责任的基础。法律在设定程序违法的法律责任时,则要根据行政违法行为中程序与实体的违法情况和关系,以及程序违法本身的严重程度等具体情况作出规定。

目前,我国法律对程序违法的法律责任已有两种规定,一是《行政诉讼法》规定的程序违法,判决撤销,同时判决行政机关重新作出具体行政行为。这样做的目的就是使行政机关由于程序违法而承担败诉责任,体现严肃执法的要求。但同时又允许重新作出具体行政行为,也就是允许行政机关改正。这是我国法律第一次就行政程序违法后承担法律责任所作的规定。毫无疑问,这一规定是建立在该行政行为程序违法、实体合法的基础上的。但是该法没有分出在程序严重违法的情况下,是否还能适用本条规定。这是时代的局限。另一种是《行政处罚法》的规定,如果执法者程序违法时主观上有故意,那就应该追究其损害国家、社会利益的责任,除承担败诉责任外,还应由行政机关主动,或经司法建议后,视情节轻重给予执法工作人员以行政处分。这是考虑到我国对行政程序的认识情况所作的特殊规定。

(四)行政程序法律制度的作用

1.提高行政效率。

行政程序在行政行为中是无处不在的,实体法不通过一定程序,就不可能被实施。为批准某一申请,可以通过几个部门,盖几个章就简明迅速地完成,也可以盖上几十甚至几百个章,使这一程序成为一个漫长的难以完成的过程。程序法的作用,就在于将合理的,既能提高行政效率,又能保护公民权益的程序法律化、制度化,免去不必要的程序或简化繁琐的程序,从而大大提高行政效率。

2.制约作用。

所谓制约作用是指行政程序法律能够在程序上对行政机关起

制约作用，防止其失职、越权和滥用职权。这主要表现在以下两个方面：

第一，行政程序法使行政程序成为行政行为产生法律效力的必要条件。行政程序合法，不等于运用实体法也正确；但是，如果行政程序严重违法，即使运用实体法正确，也将导致行政行为无效。例如，依照我国专利法规定，专利局批准专利权必须经过三个月的公告期。这是批准专利权行为的行政程序。如果专利局不经过公告程序就给予申请人专利权，那将导致该行为无效，即使申请人的发明实际上已符合专利的条件，还不能获得专利权。

第二，是与腐败行为等行政违法行为作斗争的重要手段。行政违法中的失职和滥用职权等行为，大都与行政程序不健全、不规范有关。例如，在公民申请某项权利的程序中由于没有明确的时效限制，就可以为以权谋私开方便之门。处罚程序中缺少说明理由和听证程序，就便于滥用职权。行政程序强调公开原则、参与原则，都对防止腐败起积极作用。健全和完善行政程序法，将从制度上制止腐败、违法现象，保证为政清廉。

3.保护公民、法人和其他组织的合法权益。

公民、法人或其他组织的合法权益，不仅要靠行政实体法予以规定，还要靠程序法予以保障。例如，在行政处罚中设置说明理由、听取意见以至听证、裁决的顺序性程序，就具有避免和减少滥用职权、保障个人和组织合法权益的作用。

二、外国行政程序法律制度的发展与现状

(一)外国行政程序法律制度的发展

行政程序法律的兴起与发展,是本世纪行政法,也是整个法律体系发展的重要内容之一。

"行政程序法"这个概念以及专门的行政程序法律,是19世纪末才出现的。1884年德国的巴登邦制定《行政程序法》,这是世界上第一部专门的行政程序法。在这以前,程序法仅指法院审理案件的程序法律制度,也就是诉讼法,而不包括行政机关进行行政管理活动的程序法律制度。

行政程序法兴起的基本原因,在于社会经济生活的发展。19世纪以后,行政权迅速扩大。行政权的扩大必然带来两个客观后果,一是行政效率问题日益严重,二是侵害个人或组织权益的可能性增多,与此同时,民主政治的发展和法治思想深入人心,科学管理日益渗透到行政管理领域等等,这些都直接影响和促进了行政程序的兴起和发展。

(二)外国行政程序法律制度的法典化趋势

各国行政程序法律制度发展的一个重要趋势,是其法律形式的法典化。西班牙早在1889年就制定了《行政手续法》,与此同时还有德国的巴登邦《行政程序法》,这两部法律可能是世界上最早的行政程序法典,只是后者属于联邦国家内部一个地方政府的法律。之后,奥地利于1925年制定《普通行政程序法》。以该法为中

心，奥地利还制定了《行政处罚程序法》和《行政执行法》等各类行政程序法。捷克、波兰、南斯拉夫等国也群起仿效，形成了行政程序法典化的第一个高潮。行政程序法典化的第二个高潮始于美国于1946年制定的《联邦行政程序法》，接着奥地利于1950年、西班牙于1958年修订其行政程序法，瑞士于1968年、瑞典于1971年、联邦德国于1976年制定行政程序法典，而意大利也于1955年、日本于1964年形成了行政程序法草案；80年代末以来，又有韩国、荷兰、葡萄牙制定了行政程序法典，日本于1993年制定《行政程序法》，我国澳门和台湾地区也分别于1994年和1999年制定行政程序法典。由此可见，行政程序法典化是各国行政程序法发展的一个明显趋势。

（三）外国行政程序法律制度的功能类型

各国的行政程序法律还表现出功能上的差异，形成不同的功能类型。从理论上分析，现代行政程序法律的功能可以有三种：

一是效率型。以提高行政效率为其基本功能。这种类型的行政程序法律讲究以较少的人力、财力来进行行政管理。

二是控制型。以控制行政权力为其基本功能。这种类型的行政程序法律侧重于防止行政机关超越职权、滥用权力。

三是权利保障型。以保障行政相对人的程序权利为其基本功能。这种类型的行政程序法律侧重于保护相对人的各种合法权益，尤其是程序上的权利。

二战后各国的行政程序法律，在功能类型上出现两种情况：一是属于单一型的较少，大多数国家都以一种类型为主，兼容其他。二是普遍采用权利保障型，有的以权利保障型为主，兼采控制型，比如美国就是这样的情况;有的以权利保障型和效率型并重,欧洲和亚洲多数国家和地区都是这样的情况。这表明,各国已经普遍认识到,行政程序法律制度的三种功能是不可偏废的,提高行政效率是一切行政法律制度都必须考虑的因素,任何损害行政效率的行为,都会对社会秩序造成损害;控制行政权力也是必要的,它是现代分权制衡体制的必然要求;扩大公民参与行政管理的程序性权利,更是现代民主政治发展的重大趋势,是现代行政程序法发展的主要目标。

三、我国行政程序法律制度发展的现状

(一)我国宪法与行政程序法律制度的基本原则

到目前为止,我国还没有制定法典形式的行政程序法,但从建国以来,尤其是党的十一届三中全会以来,已经在不少法律中规定了行政程序规范。这些规定首先体现在宪法上。我国宪法第2条第3款规定:“人民依照法律规定,通过各种途径和形式,管理国家事务,管理经济和文化事业,管理社会事务。”这一规定是行政程序法律参与原则的宪法依据。宪法第33条第2款规定:“中华人民共和国公民在法律面前一律平等。”这一规定是行政程序法律公正原则的宪法依据。宪法第27条第1款规定:“一切国家机关实行精简的原则,实行工作责任制,实行工作人员的培训和考核制度,不断提高工作质量和工作效率,反对官僚主义。”这一规定为行政程序法律的效率原则提供了依据。宪法第27条第2款规定:“一切国家机关和国家工作人员必须依靠人民的支持,

经常保持同人民的密切联系，倾听人民的意见和建议，接受人民的监督，努力为人民服务。”这一规定为建立行政程序法律的听证制度奠定了宪法基础。宪法第41条规定：“中华人民共和国公民对于任何国家机关和国家工作人员，有提出批评和建议的权利；对于任何国家机关和国家工作人员的违法失职行为，有向有关国家机关提出申诉、控告或者检举的权利，但是不得捏造或者歪曲事实进行诬告陷害。”这一规定是行政程序法律参与原则和复审原则的宪法依据。

根据我国宪法的有关规定以及世界各国行政程序法律有关基本原则的表述，对我国行政程序法律应该明确和遵循的基本原则，可大致归纳为以下几条。

1. 公开原则。

这是指行政机关应当向相对人和社会公众公开其行政行为的原则。遵循这项原则的活动叫做行政公开。行政公开是对行政机关和行政工作人员进行监督的有效方式，它能够有效地防止行政机关和行政工作人员滥用权力，有效地维护公民的合法权益，并且是公民的民主权利的重要体现。行政公开的内容主要有以下几方面：一是公开行政法规和规范性文件；二是公开行政决定，包括行政机关所作的行政处理、行政处罚、行政强制执行、行政裁决和行政复议等各种规定；三是公开行政过程，包括行政机关的办事程序、各类手续等；四是公开档案资料，包括行政机关设置情况以及行政机关掌握的不涉及国家秘密和私人秘密的一切情况。

2. 公正原则。

这是指行政机关应当排除可能造成偏见的因素，在行政活动中公平地对待相对人的原则。行政活动中会有这样的情况：单独来看,行政活动并没有侵害某一相对人的权益,可是,如果两个以上相对人作比较,其所得到的待遇却有差别。这是对其中受到相对不利待遇的相对人的不公正。要求公平对待,是相对人的一项程序权利。

3.参与原则。

这是指相对人应当有权对行政行为表达自己的意见,并且这种意见能得到应有重视的原则。相对人对行政活动有切身的利害关系,允许他在行政活动中表达自己的意见,无疑是保障其权益的最有力的措施。这个原则可以说是行政程序法的核心原则。行政程序法律发展的方向,主要是在可能的条件下扩大相对人对行政行为的参与权。实现参与原则的主要制度是以听证程序为核心的调查制度。

4.复审原则。

这是指对行政行为进行复核、审查的原则。这是行政程序法确立得最早的原则。但是,确立这一原则的最初理由与现在所据理由不同。最初的理由是,由于行政工作人员主观认识能力的局限,或者是客观条件的局限,行政失误难以避免,因而行政行为应当接受复核审查。但是,后来人们认识到,行政失误难以避免,这不是复审原则的主要理由,因为这个理由不能解释为什么行政行为应当接受司法机关审查,而不能只接受行政机关本身的复审。法官并不比行政官员更高明,由法官复审,失误也是难免的。因此,现在的认识是:对行政行为进行复审,不只是因为它可能有错,而是因为相对人有权利"怀疑它有错",有权利要求"再查一查",有权利觉得对行政机关本身来复审还不放心。这个理由把复审原则的根据,建立在公民的程序性权利之上,而不是仅仅建立在实体性权利之上。为了贯彻复审原则,各国规定的履行复审职能的国家机关主要有两类:一是作出被复审行政行为的行政机关之外的另一个行政机关,主要是上级行政机关,这种复审统称为“行政复议”(具体名称各国有各种各样的叫法);二是司法机关,这种复审称为“司法审查”。行政复议的主体毕竟是行政机关,因而对行政复议仍然可以进行司法审查,司法审查成为最终复审。

5.效率原则。

这是指行政行为应当尽量用最短的时间、最少的人力、财力和物力取得最理想结果的原则。行政效率不仅会影响相对人的权益,也会影响其他公民和国家的利益。所以,这个原则将产生两方面的效果:一方面,相对人要求行政主体办事快捷、提供便利,以减少自己的“投入”;另一方面,行政机关也代表国家要求相对人适当、有限地行使权利。以减少国家的“投入”。这两方面的要求常常会发生冲突。由于行政机关在行政过程中居于主导地位,相对人的权利需要由行政机关来保障,因而实践中更容易发生的总是行政机关以提高行政效率为理由,减少或免除自己的程序义务,增加自己在程序上的自由裁量权,限制或剥夺相对人的程序权利。所以,在贯彻效率原则时,应当考虑到防止行政机关滥用这个原则。

6.诚实信用,信赖保护原则。

诚实信用原是民法中最重要的原则之一。它要求对待别人的利益像对待自己的利益一样。这一诚信原则也已成为行政领域中的一项普遍性原则。它要求行政机关信守自己的诺言,要求行政活动具有真实性、稳定性和善良性。行政机关制定的规范应具有稳定性,不得变化无常,不得溯及既往。在诚信基础上产生信赖保护原则，即公民基于对行政机关的信赖所作的行为，应得到行政机关的保护。这一原则尤其适用于行政机关的"授益行为"的撤销决定。例如，公民获得批准在某地建房，后因该地欲改为绿地，因而要求将该房拆除。这时，就需要对受益人的利益与公共利益作一比较，如此房尚可不拆，即属于"值得保护的信赖"，就予以保护，不再拆除；如属于非拆不可，即属于信赖不值得保护，信赖利益小于公共利益，则可拆除，但对受益人所受损失应予以补偿。

为了贯彻行政程序法的上述原则，需要建立相应的程序制度，通过具体的程序性法律规范来实现这些原则。

（二）我国法律有关行政程序法基本制度的规定

1989年颁布的《行政诉讼法》将符合法定程序作为具体行政行为是否合法的三大条件之一，大大推进了理论与实务界对行政程序法的关注。

我国法律、法规已经建立起一些行政程序法律制度，这里，作一列举说明。

抽象行政行为的程序制度：

1. 听取意见制度。2000年3月全国人大通过的《中华人民共和国立法法》第58条规定："行政法规在起草过程中，应当广泛听取有关机关、组织和公民的意见。听取意见可以采取座谈会、论证会、听证会等多种形式。"

2，起草审查制度。立法法第59条规定："行政法规起草工作完成后，起草单位应当将草案及其说明、各方面对草案主要问题的不同意见和其他有关资料送国务院法制机构进行审查。"

3. 公布制度。立法法第61条和第62条规定："行政法规由总理签署,国务院令公布。""行政法规签署公布后,及时在国务院公报和在全国范围内发行的报纸上刊登。"

具体行政行为的程序制度:

1.表明身份制度。1985年9月6日全国人大常委会通过的《中华人民共和国居民身份证条例》第13条第2款规定:"执行任务的公安人员在查验居民的身份证时,应当出示自己的工作证件。"1995年7月20日国务院发布的《中华人民共和国公民出入境边防检查条例》第12条规定:"口岸检查、检验单位的人员需要登船执行公务的,应当着制服并出示证件。"

2.告知制度。1996年修订的《中华人民共和国刑法》第64条规定:"公安机关拘留人的时候,必须出示拘留证。拘留后,除有碍检查或者无法通知的情形以外,应当把拘留的原因和羁押的处所,在24小时以内,通知被拘留人的家属或者他的所在单位。"第71条规定:"公安机关逮捕人的时候,必须出示逮捕证。逮捕后,除有碍侦查或者无法通知的情形外,应当把逮捕的原因和羁押的处所,在24小时以内通知被逮捕人的家属或者他的所在单位。"

3.说明理由制度。1996年3月全国人大通过的《中华人民共和国行政处罚法》第31条规定:"行政机关在作出行政处罚决定之前,应当告知当事人作出行政处罚决定的事实、理由及依据,并告知当事人依法享有的权利。"

4.回避制度。行政处罚法第37条第3款规定:"执法人员与当事人有直接利害关系的,应当回避。"

5.合议制度。行政处罚法第38条第3款规定:"对情节复杂或者重大违法行为给予较重的行政处罚,行政机关的负责人应当集体讨论决定。"

6.听证制度。行政处罚法第5章第3节专门规定了“听证程序”,其中第42条规定:“行政机关作出责令停产停业、吊销许可证或者执照、较大数额罚款等行政处罚决定之前,应当告知当事人有要求举行听证的权利;当事人要求听证的,行政机关应当组织听证。当事人不承担行政机关组织听证的费用。”

7.审执分离制度。行政处罚法第46条规定:“作出罚款决定的行政机关应当与收缴罚款的机构分离。”国务院于1997年11月发布了《罚款决定与罚款收缴分离实施办法》。

8.复议制度。1999年4月全国人大常委会通过的《中华人民共和国行政复议法》第6条规定对11种行政行为,当事人可以申请行政复议。行政复议法规定了行政机关进行行政复议的程序。

9.司法审查制度。1989年4月全国人大通过了《中华人民共和国行政诉讼法》。此前,我国已有120多个法律、法规规定,不服行政机关决定或裁决的,可以向人民法院提起行政诉讼。行政诉讼法规定,当事人对具体行政行为不服的,可以提起诉讼。进一步扩大了人民法院受理行政案件的范围。

10.顺序制度。1994年5月全国人大常委会修订的《中华人民共和国治安管理处罚条例》第34条规定,除了公安人员可以当场予以处罚的以外,对违反治安管理的人的其他处罚应适用以下程序:(1)传唤;(2)讯问;(3)取证;(4)裁决。这一规定确定了处罚程序的顺序,颠倒顺序是违法的。

11.时限制度。这是在法律法规中规定得比较多的一项行政程序制度。例如1994年7月国务院批准修订的《中华人民共和国公民出入境管理法实施细则》第5条规定:“市、县公安局对出境申请应当在30天内,地处偏僻、交通不便的应当在60天内,作出批准或者不批准的决定,通知申请人。"

对我国法律法规中关于行政程序法律制度的规定进行分析,可以看出,1990年以前,我国的行政程序立法处于非常薄弱的状态;1990年以来,我国行政程序立法发展很快,越来越多的关于行政行为的法律法规在制定或修订时注意到了程序方面的规范。特别是,我国已经有了几部主要规定行政程序制度的法律法规。如:1990年10月起施行的《行政诉讼法》;1991年1月起施行的《行政复议条例》(后为1999年10月起施行的《行政复议法》所取代);1995年1月起施行的《国家赔偿法》中的行政赔偿部分;1996年10月起施行的《行政处罚法》等。除了《行政诉讼法》总体上属于诉讼程序法,其中部分内容属于行政程序法以外,其他几部法律均以规定行政程序法律制度为主,分别规定了我国行政领域的几大程序:行政处罚程序、行政赔偿程序和行政复议程序,使我国行政程序法的发展向前推进了一大步。

这里应当特别提到的是,我国《行政处罚法》关于处罚程序的规定尤其反映了我国行政程序法律制度的一大进步。该法第5章专门规定了作出行政处罚决定的简易程序、一般程序和听证程序,其中包含着表明身份制度、统一格式制度、说明理由制度、告知权利制度、听证制度、审执分离制度、回避制度、合议制度等行政程序法律的许多重要制度,体现了行政程序法律的各项基本原则。特别是《行政处罚法》规定的听证程序更是我国行政程序立法的一个重要突破。可以说,《行政处罚法》对我国行政程序法的进一步发展,已经而且还将继续起到有力的推动作用。

(三)完善我国行政程序法律制度的建议

我国行政程序法律制度的发展和完善,是社会主义市场经济条件下行政法制建设发展的必然结果。但是,我国现行行政程序立法还存在不少问题。主要表现在以下四个方面:

1.缺乏系统性。我国的行政程序法律规范分散在各类法律法规中,没有专门的、统一的行政程序法,由此造成各个行业、各个类别的行政行为在行政程序上不一致。除了行政立法、行政处罚、行政复议三类行政行为基本统一以外,其他各类行政行为的程序不统一的状况还严重存在。

2.处于次要地位。许多行政程序法律规范混合规定在各个行政法律、法规中,这些法律、法规基本上都以规定实体规范为主,兼顾程序规范,甚至有的法律、法规仍然只有实体规范而完全没有程序规范,重实体、轻程序的问题还远远没有解决。

3.偏重事后程序和过于笼统。即使规定了一定的程序规范的行政法律、法规,多数也存在重事后程序、轻事先程序的问题,以及程序规范不具体、不具有可操作性的问题。也就是说,多数行政法律、法规往往只是简单地规定相对人可以申请复议、可以提起诉讼,或者只是笼统、粗疏地规定程序事项,对程序性问题在起草时缺乏细致的分析研究,在法律、法规中缺乏具体明确的规定。

4.法律责任不明确。大多数法律、法规虽然规定了程序规范,却没有规定行政机关违反法定程序的法律责任,很容易使法定程序得不到严格执行。

为适应依法治国、建设社会主义法治国家和我国加入 WTO 的需要,必须建立和完善我国的行政程序法律制度。应当建立和完善什么样的行政程序法律制度,是一个应当认真探讨的问题。我想就以下几个问题谈谈自己的看法。

1.我国应当早日制定统一的行政程序法。目前,我国行政程序法典的制定已经提上了国家立法的议程。李鹏委员长在全国人大第四次会议上指出:“要制定行政强制措施法、行政许可法、行政收费法,为制定统一的行政程序法创造条件。”我们已经制定了《行政诉讼法》、《国家赔偿法》、《行政处罚法》、《行政复议法》等行政程序方面的法律,行政强制法、行政许可法和行政收费法也有了比较成熟的草稿。可以说,我们已经积累了比较丰富的经验,对制定行政程序法的呼声也很高,制定统一行政程序法的条件已经成熟。

2.应当把行政程序法列为市场经济法律体系中的主要部门法。我国目前把建立社会主义市场经济法律体系作为当务之急,尽管这个体系的范围很难划定,但不少学者认为,不管这个体系的范围怎样划分,行政程序法毫无疑问是其中的主要部门法,并不因为它有“行政”二字就与经济无关。其理由是:第一,行政程序法是市场主体的地位和权利的保障。第二,行政程序法是市场经济所追求的效率、效益的保障。第三,行政程序法是建立全国统一市场和进入世界统一市场的保障。

3.我国行政程序法的功能类型应当是以效率为基础的权利保障型。我国学者多数主张“并重型”,即根据我国的情况,应当兼顾权利保障和效率两方面。从提高公民的民主和法治意识来看,应当保障公民的程序权利。但是,我国生产力发展水平不高,如果脱离社会利益而过分强调公民权利的保障,就会影响经济发展速度,不利于社会生产力的发展,因此,也要把效率放在重要的位置上。效率型和权利保障型都是非此即彼的思路,并不可取。“并重型”

的具体设想是把效率和权利保障两个方面结合起来,兼顾权利保障和效率。这样的功能类型既不是完全的效率型,也不是完全的权利保障型,而是介于两者之间的中间类型。"并重型"是适合我国国情的选择。立法者应当从全体公民的共同利益出发,考虑每个公民的具体利益应当保障到什么程度。要做到这一点,就必须处理好效率与权利保障的关系,因为效率更多地反映社会利益,而权利保障更多地反映个人利益。处理两者关系的原则是:以提高效率为范围,以权利保障为目标,在效率允许范围内,对权利的保障努力达到"最大化"。这个原则可以称为"效率对权利的最大宽容度原则",或简称为"权利最大化原则"。因此,所谓"并重型",就是以效率作为基础、范围和限度,以权利的最大化作为目标的功能类型,所以也可以称为"以效率为基础的权利保障型"。

4. 在行政程序法中建立符合我国国情的听证制度。听证制度已经成为许多国家行政程序法的核心。能否建立符合我国国情的听证制度,将是我国能否成功地制定行政程序法的关键。我国已建立三种不同的听证制度,最早是行政处罚法规定的行政机关在作出责令停产停业、吊销许可证和执照、数额较大的罚款时进行听证,并对听证的具体程序作了规定;二是价格法规定的在制定关系群众切身利益的公用事业价格、公益性服务价格、自然垄断经营的商品价格等政府指导价、政府定价时,应建立听证制度;三是立法法规定的在起草行政法规时,可采取听证会的形式等。听证制度正在我国迅速发展,但同时也存在不少问题:第一,这三种听证的主要区别何在?第二,三种听证各应遵循哪些程序?至今尚无明确规定。听证制度在行政程序法律中确认,将使社会主义民主原则中听取对方意见和参与精神得到很好的体现,因而是行政程序法中极为重要的制度。

(作者为全国人大内务司法委员会委员,国家行政学院法学部主任、教授)

行政许可与行政强制法律制度

应 松 年

行政许可与行政强制是任何国家都需要的极为重要的两项行政法律制度。改革开放以来,我们国家这两项制度迅速发展,在实践中既有成效,也有问题,亟需立法加以规范,有关部门正在起草法案。下面我将行政许可与行政强制法律制度向大家作一简单的介绍。

一、行政许可法律制度

(一)行政许可法律制度概述

行政许可是一项极为重要的法律制度,是国家为维护经济秩序、社会秩序和公共利益,保护资源和生态环境,保障公民权利等而设立的具有多方面功能的法律制度,为世界各国所普遍重视和广泛适用。

1. 行政许可法律制度的涵义与性质

行政许可也就是通常所说的行政审批,是指行政机关根据公民、法人或其他组织的申请,经依法审查,准予其从事某种行为、确认某种权利、授予某种资格和能力的行为。

许可,对被授予者说,是赋予权利,如准予驾驶机动车,准予开办会计师事务所,因而有时被称为授益行为。但是对更多未被赋予权利者来说,则是一种禁止,是对行使某种权利的限制。所有未取得驾驶证者都不得开汽车;未被批准开会计师事务所者,一律不得开办。因此,从性质上说,许可是对限制或禁止的解除。

在法治国家里,公民可以从事一切活动,除非法律有禁止。许可正是权利与禁止这两者的结合点。例如,为了维护社会秩序和公共利益,对机动车驾驶必须实行许可制度。开车是一件具有危险性的事情,因此一般人不得开车;但开车又是具有利益性的事情,因而又应允许开车。为了利用其有利一面,防止损害他人和公共利益的事情发生,国家就需要实行驾驶机动车的许可制度,一般人禁止开车,但会驾驶汽车、懂得驾驶规则者可以被许可。很显然,对某一事项是否应该设立许可制度,是建立在这样的基础上的:一方面这一行为具有潜在的危险性,另一方面,又对需要者有利。如果绝对有害,所谓有百害而无一利,就不可能建立许可制度;反之,只有好处,对社会和他人都无不利,完全可以由个人、组织自行决定的,也不可能建立许可制度。许可的这一普遍禁止的性质,使许多国家将此称为管制,日本则称为规制。有利有害,为能达到趋利避害的目的,这才需设置许可制度。

同理,例如,自然资源是有限的,因此必须加以保护,一般禁止开发,但人们的经济和生活又离不开自然资源的开发利用,因而开发利用又是必须的,为此就要设置许可制度等。

2. **许可的范围与种类**

许可是对禁止的解除，这是社会生活所必需的，其原因也是多方面的。有可能是为了维护经济秩序、社会秩序和公共利益，也可能是由于数量的限制，或者对从事社会服务行业者要求有特殊的资格、资质，等等。从实践看，许可的范围大致包括以下几类：

第一，为了社会安全和公共利益，对于直接影响人身健康、生命财产安全的产品和生产、经营、运输等需要实行许可；

第二，对数量有限的自然资源或社会资源的开发利用需要实行许可；

第三，对自然垄断行业的准入，需要实行许可；

第四，对为公民提供服务、直接影响公共利益，因而要求提供者必须是具备特殊信誉、条件、技能的个人、组织，由此而必须实行许可，等等。

此外还有其他一些事项。

当公民、法人或其他组织需要取得许可时，就要由公民、法人或其他组织依法定条件和程序提出申请，经有关行政机关依法审查，决定是否许可。

但是，上述这些领域是否必须由行政机关直接进行审批？实践证明并非如此。例如，自然资源的开发利用，有的就可以运用市场机制来解决；对某些特殊行业从业者的资格、资质的控制，就可以授权中介组织、行业自律组织来承担。此外，许可是一种事先控制，但许多事情其实完全可以通过事后监督来解决，而不必实施严格的许可制度。

对许可进行分类比较困难，因为条件、标准很难统一。按禁止的严格程度的不同,理论上许可大致可分为特许、一般许可、认可与核准、登记等种类。特许针对那些控制较严,只给少许符合条件者以许可的事项,如某些特别自然资源的开发利用;对公共安全有重大影响的事项;某些带有自然垄断性质的行业的市场准入等。绝大部分许可属于一般许可,并无数量上的限制,只要符合条件就可申请。认可和核准则更加宽松,行政机关的任务是审查是否符合条件。登记是否可列入许可范围,理论上尚有争论。因为行政机关在这里的任务只是对符合条件者就予备案登记,作出公示,以备检查,对申请材料所反映的事实和权利义务关系的真实性不作实质性审查,由申请登记者自行负责。至于实践中行政机关如何掌握许可的条件,一般都由设置许可的法律规范明确规定。

许可者与第三人发生纠纷,第三人状告许可机关,要许可机关承担责任时,从中国目前经常引起争议的情况看,一些法律法规在设置许可时,常常规定许可机关似乎有某些审查的权力,但许可机关则辩称他们只作形式审查,不应承担责任,这应该引起立法者的注意,应该明确规定究竟是形式审还是实质审。

3. 许可的基本原则

归纳我国和西方国家的经验和法律规定以及 WTO 的规则要求,许可制度大致包括如下几项基本原则:

(1)法定原则。由于许可制度直接关系公民、法人和其他组织的权利,因此,许可的设定、实施机关的权限和义务、获得许可的条件和程序等,都必须由法律规定。实施许可的机关必须依法行政。

(2)公开、透明原则。许可的设定过程,设定许可的法律文件,许可的条件、程序,都必须公开、透明。

(3)公正、公平原则。设定和实施许可,必须平等对待同等条件的个人和组织,不得歧视。

(4)便民、效率原则。许可在程序设置上必须体现方便申请人、提高行政效率的要求。

(5)救济原则。包括在实施许可时,申请人有权陈述、申辩、依法请求听证,在实施许可过程中发生争议时,当事人有申请复议和提起诉讼的权利等。

(6)诚实信用、信赖保护原则。诚实信用是民事行为中最重要的原则,是市场经济活动的基础,它要求对待别人的利益像对待自己的利益一样。这一原则也是政府行政活动的基本原则,它要求政府信守自己的诺言,要求行政活动具有真实性、稳定性和善良性。行政机关制定的规范或作出的行为应具有稳定性,不能变化无常,不能溯及既往。在诚信的基础上产生信赖保护原则,即公民基于对行政机关的信赖所作的行为,应得到行政机关的保护,这一原则尤其适用于行政机关的"授益行为",行政机关不得随意变更或撤销许可。因公共利益的需要,必须撤销或变更许可的,行政机关应负责补偿损失。例如公民投资某一项目,已得到批准,但后来行政机关出于某种公共利益的考虑,要撤销许可,就必须承担补偿责任。

(7)监督与责任原则。谁许可,谁监督,谁负责。许可要与行政机关的利益脱钩,与责任挂钩。行政机关不履行监督责任或监督不力,甚至滥用职权、以权谋私的,都必须承担法律责任。

(二)我国行政许可的现状、问题和行政许可立法

1. 我国行政许可制度的现状与问题

改革开放以来,经过十几年的发展,我国已经在很多必要的行政管理领域设置了许可制度,在维护经济和社会秩序,保障国家、社会和公民的权利和利益方面,起到了积极作用。但由于缺乏统一的法律规定,许可设置过多,程序繁琐,很多方面已经走向反面,成为阻碍经济发展、损害公民权利的扰民制度,有些还成为腐败的温床。从法律上看,目前我国的行政许可制度存在以下几方面的问题:

第一,行政许可设置过多过滥。全国统计,行政许可事项在三千项左右,各省市统计,一般也是两千项以上。除法律、法规外,一些地方或部门在行政规范性文件中,随意设定各种许可制度,或在各种许可制度以外,另加年检、月检等等。

第二,程序繁琐,效率低下。不仅行政许可事项多,而且程序十分繁琐,一项许可,往往要经过几十、几百道手续。如某省要开办一批发市场,需盖112个章,三天一章,至少得一年;某市出租车上路,要同时具备26个证件。很多部门内部处室都设置审批程序,要申请人自己拿着申请表和材料一个一个跑。内部程序外部化,大大降低了行政效率。

第三,许可条件不公开、不公正、不确定。具备什么条件才可得到许可,在设定许可的文件里常常不作说明,或语焉不详,实施时随意增减,使申请人往返奔波;有些许可条件因主体而异,不平等对待。

第四，重审批，轻监督，轻视责任。许可以后，就不管被许可者如何履行义务，或对错误审批造成后果不负责任；有些则不讲信誉，对已许可的事项，朝令夕改，而对因此受到损害的不承担责任。

行政许可存在的上述问题，相当一部分是利益驱动的结果。多一项许可就多一次收费；有些规定已为腐败的温床。

行政许可制度中长期积累的这些问题已经引起人民群众的强烈不满，中央对此十分关注。前一阶段，对各地各部门的行政许可情况作了调查，并用行政手段初步进行了改革，如下令砍掉1/3到一半的审批项目，集中办公等等。其中也有一些部门的改革取得了显著成效，如国土资源部关于土地问题的改革，从"一个窗口"进而发展到运用市场机制，等等。但总体上看，单靠行政手段是很难从根本上和全局上取得成效的。从某种意义上说，行政许可改革将是行政机关的一次革命性质的自我变革，因而必须通过国家立法，建立起一项既适应中国情况又与世界许可制度接轨的行政许可法律制度，然后全面加以贯彻落实。

2. 我国行政许可立法应注意的几个问题

(1)行政许可的设定权

我国行政许可过多过滥的重要原因之一，是对行政许可的设定权没有明确作出规定。行政许可是对公民权利的一种限制，因此，行政许可的设定权理应是国家专属立法权，这是世界通例。考虑到我国的具体情况，可以由行政许可法一次性授权：在法律没有设置行政许可的情况下，由行政法规设定；地方因地方特殊情况需要设置行政许可的，可由地方性法规设置。规章一般无设定权，确有必要设定行政许可的，必须报国务院批准。有必要对现行行政许可作全面清理，规章及规章以下规范性文件设定的行政许可，一律废止。需保留者上报国务院批准。

对凡是可以通过市场机制解决的，如有数量限制的自然资源、社会资源的开发利用，都应由单行法律作出明确规定。从目前情况看，自然资源开发利用如不通过市场机制解决，而是直接通过行政机关的行政审批，极有可能造成社会不公，且易于引发腐败。

对公众提供服务，需要特殊资格、资质的许可事项，都应授权中介组织、行业组织管理。但也需要由单行法规作出规定。从我国的实际情况看，要完全做到行业自律，尚需一定的培育时间，可以逐步过渡。

(2)行政许可最重要的两项原则

一是公开、透明。许可的设定、许可的具体条件、许可程序，都应该公开，公开是最好的防腐剂，也是公正的前提。二是信赖保护原则。市场经济是信用经济，首先是政府守信，才能有市场信用。行政机关因改变政策而撤销许可，由此造成损失的，应承担赔偿或补偿责任。补偿不能低于公民的原投入。这也是贯彻谁批准谁负责的最好措施。

(3)许可程序

程序是许可制度中最重要的组成部分之一。程序对提高行政效率、保护公民的权利以至促进经济发展至关重要。由于许可种类的不同，需要设置不同的程序，法律可以作出不同的规定。同时，在行政许可法中也不可能详细列出所有的程序，只能规定一些主要的必经程序，具体程序应由单行法规定。设置许可程序时必须注意以下问题。

第一，一项许可只能由一个机关审批。从机关内部而言，内部处室无权对外,一个部门只能一个窗口对外;从一级政府而言,各部门是该政府设置的职能部门,实际上都代表该级政府行使权力,因此,即使一项许可涉及几个部门,也应由一个主管部门审批。部门之间需要协调的,由主管部门自行协调。这也是国际通例。必须坚决克服内部程序外部化的弊病。

第二,听取意见。法律、法规在设定涉及公共利益或公民重大权益的许可制度时,应该公开征求意见,举行座谈会、听证会、论证会;对涉及公民重大权益的许可申请,行政机关在作出否定决定前的适当时间内,申请人有要求听证的权利。除听证会外,在许可过程中作出任何不利于当事人的决定,都应说明理由,听取对方的陈述和申辩。在听取意见程序中,除听取当事人的意见外,还要特别注意听取有利害关系的第三人的意见。

第三,条件公开。通过多种途径,公布每项许可的具体条件。公民、法人或其他组织可免费索取。

第四,时限、受理、通知等基本程序。法律应当规定行政机关受理、审批许可的一般期限和特别期限;申请人递交材料后,应登记在册并出具收据;受理、审批决定、暂扣许可证或撤销许可决定,都必须送达当事人,只有在确定无法送达时,才可公告送达。

(4)收费

行政许可法要对许可收费作出原则规定:一般许可只收证照成本费;有特别支出的,由单行法律在设定许可的同时作出具体规定,如技术鉴定的费用。收费统一上缴国库,不得以任何借口返还。不能使许可制度成为国家机关经营获利的手段。

(5)法律责任

法律责任有两类,一类是属于许可申请人和持有人的。这类法律责任要通过单行法加以规定。另一类是国家机关的责任,包括无权设定许可擅自设定的;在许可实施过程中,应受理申请而不予受理;应通过市场机制解决的却擅自审批或干预的;违反法定程序的;只审批不监督,造成严重后果的;索贿、受贿的,等等。法律责任包括刑事责任与行政责任。凡是在法律正文中规定的义务,在法律责任中都应有对应的规定。

二、行政强制法律制度

(一)行政强制法律制度的概述

1.行政强制制度的涵义

行政强制制度是行政强制措施和行政强制执行两项制度的合称。

(1)行政强制措施。

是指行政机关为制止、预防违法行为或者在紧急情况下依法采取的对有关对象的人身、财产的行为自由加以暂时性限制,使其保持一定状态的各种方式和手段。行政强制措施有以下几个特征:

第一,行政强制措施的目的在于预防、制止或控制危害社会行为的发生。行政强制措施带有明显的预防性、制止性。

第二,行政强制措施常常是行政机关作出最终处理决定的前奏和准备。很多情况下,是在行政处理决定作出前的调查阶段,为保全证据或保持一定状态而采取的措施。有时则是强制执行的前奏和准备,因此,行政强制措施带有明显的临时性和中间性。

第三,由于行政强制措施是运用国家机器的力量对个人、组织采取的强力行为。因此,采取行政强制措施必须十分谨慎;行政机关是否有权采取行政强制措施,必须有法律的授权,并严格依照法定程序实施。

行政强制措施还可以分为一般的行政强制措施和即时强制措施两种。两者的主要区别在于:一般行政强制措施在采取措施前,必须先作出行政处理决定,据此才能采取强制措施;但在某些紧急情况下为了保护公共利益和公民利益,来不及作出决定而立即采取强制措施,此为即时强制。毫无疑问,即时强制必须有法律授权。

(2)行政强制执行。

是指有关国家机关对不履行行政机关依法作出的行政处理决定中规定的义务,采取强制手段,强迫其履行义务,或达到与履行义务相同状态的行为。行政强制执行有以下几个特征:

第一,行政强制执行以相对一方的个人、组织不履行行政义务为前提,在一般情况下,这种不履行还必须有不履行的故意。不履行行政义务大致有两种情况,一种是从事法律所禁止的行为;另一种是不履行法律规定的必须履行的义务。

第二,行政强制执行的目的在于强迫相对一方履行行政义务,直接影响相对一方的权益,因此,强制执行的内容与范围应以行政义务为限,以最小损害相对一方权益为原则。

第三,拥有强制执行权的是有关国家机关。这里的有关国家机关是既指行政机关,也指司法机关。这里有两个问题需要解释,一是行政强制执行权是指最后决定是否需要采取强制执行的权力,而不是指具体操作强制执行措施的机关。世界各国按照“裁执分离”的原则,作出强制执行决定与具体采取强制执行措施的机关都是分离的。一般说,由于采取强制执行措施是一种行政方式,因此大都由专门的行政机关执行。如美国就由司法部设执行署执行,但强制执行的决定是法院作出的;二是行政强制执行权的归属,两大法系有较大区别。英美法系把行政强制执行权作为司法权的一部分,只有法院才有权决定是否需要强制执行;大陆法系在二战前把行政强制执行权看成是行政权的一部分,二战后改为由法律授权。

我国的行政强制执行制度,形成于改革开放以后。基本体制是:行政强制执行以申请人民法院强制执行为原则,行政机关自行强制执行为例外。例外指的是法律的明确授权。实践证明,这一基本体制吸收了国外两大法系强制执行制度的优点,具有中国特色,是正确可行的。第一,强制执行是运用国家机器的强力,涉及公民权利。因此,必须谨慎使用。规定行政机关需要强制执行时,须向人民法院申请,由人民法院再作一次审查,有助于行政机关正确作出决定,减少错误。第二,又保证了必要的灵活性,对某些在维护经济和社会秩序、保障公共利益方面负有重任,需保证效率,且处理案件较多的行政机关,可以由法律单独授权其自行执行。第三,兼顾了行政效率,没有强制执行权的行政机关可以“申请”法院强制执行。申请不是诉讼,程序比较简单,以达到既进行审查,又不影响效率的目的。

2. **行政强制的意义和作用**

行政强制措施和行政强制执行,在保证行政机关顺利履行法定职责，维护社会经济秩序，保护公共利益和公民权益方面是两项十分必要的法律制度。行政强制措施是行政机关调查案情、保全证据、保护公共利益和公民人身权、财产权的强有力手段，很多行政机关需要运用行政强制措施，否则将无法履行其法定职责；行政强制执行则是行政权行使的最后阶段，也是行政权的保障，没有行政强制执行制度，行政决定将最终沦为一句空话。但是也应该看到，在所有行政行为中，行政强制要用国家机器的强力直接干预公民的权利和义务，因而是最严厉的一种手段。行政强制制度能够正确运用，令行禁止，就能保证有良好的法治秩序。反之，行使不当，就将给公民、法人和其他组织带来极大损害，深刻影响政府形象。正因为如此，在立法授权时，必须权衡利弊，不能不给行政机关以必要的强制权，但必须适度，并加强法制监督。对此，各国都有一些成熟的做法可供我们借鉴。

3. 行政强制的基本原则

第一，法定原则。行政强制权并非行政管理权的自然组成，而是单独一种权力，必须有法律的单独授权。授权包括行政强制的主体、内容、范围、方式、程序等。

第二，适度原则。在国外又称为比例原则、禁止过分原则、最小损害原则等等。适当就是要兼顾公共利益和公民、法人和其他组织的权益。例如，企业不履行纳税义务，税务机关可以请银行冻结其存款，该冻结 50 万的，不能冻结 100 万；可以用间接强制的，不用直接强制等。

第三，说服教育与行政强制相结合的原则。在行政强制执行中和某些强制措施中，实施前必须强调说服教育，尽可能使当事人自觉履行。

第四，救济原则。在实施行政强制前，行政机关必须向当事人说明理由，当事人有权陈述和申辩。对于不当和违法的行政强制，当事人有权申请复议或提起诉讼。对不当或违法行政强制给当事人造成损害的，应当赔偿。

4. 行政强制的方法

行政强制执行的方法，大致分为间接强制(包括代履行和执行罚)和直接强制两大类。行政强制措施的方式和手段较多，如查封、扣押、冻结，以及抗拒调查时的一些强制手段。

(二)我国行政强制制度的现状、问题与行政强制立法

我国自改革开放以来，形成了自己的行政强制执行制度，既注重行政效率，又加强了法律监督。应该说，是适合中国国情的，在法制建设与法律监督方面也取得了一定进展，但由于没有统一立法，因而存在一些问题。主要是：

第一，设定权不明确。据浙江大学行政强制法课题组的统计，在314件法律中，有33件规定了行政强制；在1,584件行政法规中，有71件规定了行政强制；在8,469件部门规章中，有145件规定了行政强制。据全国人大法工委调查，以河南、四川、上海为例，河南制定和批准的329件地方性法律，有65件规定了行政强制；四川155件地方性法规中，有32件规定了行政强制；上海市政府500多件规章中，有26件规定了行政强制。可以看出，行政法规、地方性法规、部门规章、地方规章规定了行政强制的数量很不少。而且有些其他的规范性文件也有规定行政强制的，无法统计。也

许其中很多规定有其合理性，但以法治国家的行政强制法律体系而言，不同层次的规范作出这样众多的规定，有些下位法的规定甚至直接与上位法冲突，这是应该引起特别关注的，这也是迫切需要制定一部统一的行政强制法的重要原因之一。

第二，行政强制的种类与方式繁多。据浙江大学行政强制法课题组统计，从1950年至1999年现行有效的10，369件法律、行政法规和部门规章中，规定了3，263种行政强制的种类和方式。据不完全统计，30余部法律规定的行政强制就有近百种。这些名目繁多的行政强制方式，大都没有明确界定，这就必然给实施带来许多随意性和混乱。

第三，执行难。执行难不仅在法院执行中存在，在行政机关的执行中也严重存在。

第四，缺少程序规范。属于行政机关自己强制的，基本上由各部门自行规定，有些连最基本的程序规定都没有；属于申请人民法院强制执行的，长期存在着是实质审还是形式审的争论。由此也影响执行的力度和效率。

第五，裁执不分。决定者就是执行者，尤其是金钱给付的执行，由此产生各种弊病。

第六，执行中主体混乱。各种名目的执行队伍，既无法定行政强制权，又无法律授权，却可以任意实施行政强制，由此而常常激化矛盾。

综上所述，制定一部统一的行政强制法，从源头上理清和完善行政强制的类别、设定权、程序等等，进而将行政强制实践纳入法制轨道，是我国建立社会主义法治国家的一项迫切任务。我个人意见，行政强制法需要关注以下问题：

第一,行政强制设定权。

如上所述,由于行政强制是运用国家机器的强力来直接影响公民的利益,因此,其设定权应该比行政处罚、行政许可等更为严格。行政强制属于国家专属立法权,行政强制应由法律设定。考虑到我国的特殊情况,行政强制措施中的部分内容,如查封、扣押可由行政强制法授权行政法规设定。对于地方特殊情况,法律、法规不作规定的,地方性法规可就行政强制措施的某些方式作出设定。属于人身自由的,根据立法法的规定,只能由法律设定,且不得授权。至于行政强制执行,原则上只能由法律设定。

鉴于目前实施行政强制主体的混乱情况,哪些行政机关(或具有公共管理职能的事业单位)具有哪种行政强制权,必须由法律、法规明确授权,其他机关或单位不得行使行政强制权。

根据国外的一些做法,我们可以按照裁执分离的原则在具体实施执行的机关方面作一些大的改革:将金钱给付的执行,不管是法院决定还是法律授权的行政机关的决定,都统一交某一行政部门执行。这样做,有利于克服执行主体的混乱,防止腐败的产生。

第二,行政强制的方式。

鉴于行政强制的方式名目繁多,法律有必要像行政处罚法规定处罚种类一样,也作出统一规定。行政强制执行,主要是代履行、执行罚和直接强制。行政强制措施主要是查封、扣押、冻结以及进入住所和建筑物、检查与检验等。所有这些,在实施时都要按合理、适当、最小损害原则进行。

第三,行政强制的程序。

首先,是关于申请人民法院强制执行问题。人民法院对行政机关的申请应该是实质审还是形式审,一直有争议。如果作形式审法院就成了行政机关的执行机关。如果是实质审，就需要有一个提交法院后，由法官主持双方质证的程序问题。由于行政机关的决定是经过比较严格的程序作出的，因此，这一审查可以比较宽松一些，一般只要合法合理就可以决定同意。但在审查时如果发现有必要，或被执行人有异议，要求质证时，可以在此设置一简易程序，进行质证，然后作出决定。法院的审查时间要作出适当的限定，不能漫漫无期，影响效率；执行收费不能仿照民事执行，要有严格限制。同样，如果将来裁执分离，也要有严格限制。

其次，所有的行政强制执行，都应该有作为执行根据的、使相对一方承担义务的行政处理决定书和行政强制执行决定书。行政强制措施除法律规定的即时强制外，也要有强制措施的决定书。所有的决定书都要有机关首长的批准；行政强制一般都要有告诫程序，有些甚至要数次告诫；强制决定必须送达，只有在确实无法送达时，方可公告送达；由于强制措施很多情况下是在检查、调查过程中采取的，行政强制法对此应该有较细的程序规定。

第四，救济程序。

在行政强制的过程中，要充分听取相对一方的意见；不服行政强制的，可以申请复议或提起诉讼；造成损害的，国家赔偿。

这里有一个提起诉讼后是否停止执行的问题。行政诉讼法规定不停止执行。但实际情况是，如果是申请人民法院强制执行，在人民法院审查期间，行政机关的强制执行的决定不能不停，要等法院审理结束才能继续执行。但这样做对于一些需要迅速执行的案件会造成延误。根据德国的经验，他们设计了一道行政机关可以要求法院迅速作出裁决的程序，称为加速程序，法院要在法定的较短时间内作出裁决。这一程序设置，我们可以适当借鉴。

第五，还有一个值得研究的问题，就是执行难。

在金钱给付义务的强制执行中，常常遇到拒绝履行的情况。美国有藐视法庭罪作为后盾，我国是否可以在这方面加强力度。同时，对有迹象表明义务人有可能不履行义务的，如条件许可，可设置令其提供相当担保的办法；另外，还可对不履行义务者，由法院进行司法登记、公告，以影响其声誉；提起人们对这些不履行义务者的警惕，这种做法，似也可以在行政强制中使用。

以上是我对行政许可和行政强制两项法律制度的一些认识，向常委会作一汇报，不当之处，请批评指正。

（作者为全国人大内务司法委员会委员，国家行政学院法学部主任、教授）

我国的刑法和刑事诉讼制度

高 铭 暄

一、刑法和刑事诉讼法的概念以及二者的相互关系

刑法和刑事诉讼法都是我国的基本法律，也是两部关系最密切的刑事法典。弄清二者的概念及其关系，对于惩罚犯罪，保护人民，保障国家安全和社会公共安全，维护社会主义社会秩序，具有重要的意义。

（一）刑法的概念

刑法是规定犯罪、刑事责任和刑罚的法律，具体些说，也就是规定哪些行为是犯罪和应负刑事责任，并给犯罪人以何种刑罚处罚的法律。刑法有广义和狭义之分。广义刑法是指一切规定犯罪、刑事责任和刑罚的法律规范的总和。它不仅仅指刑法典，还包括对刑法典中局部内容进行修改补充的决定或补充规定，如1998年12月29日全国人大常委会通过的《关于惩治骗购外汇、逃汇和非法买卖外汇犯罪的决定》；也包括非刑事法律中的刑事责任条

款,如1998年12月29日全国人大常委会通过的《中华人民共和国证券法》第十一章中有16个条文作了"构成犯罪的,依法追究刑事责任"的规定,此外还有"证券监督管理机构工作人员进行内幕交易的,从重处罚"、"以暴力、威胁方法阻碍证券监督管理机构依法行使监督检查职权的,依法追究刑事责任"的规定。对刑法典进行局部修改补充的决定或补充规定,理论上称为单行刑法;非刑事法律中的刑事责任条款,理论上称为附属刑法。所以,广义刑法是由刑法典、单行刑法和附属刑法组成的。狭义刑法则仅指系统地规定犯罪、刑事责任和刑罚的刑法典。在我国,即指1979年7月1日第五届全国人民代表大会第二次会议通过,1997年3月14日第八届全国人民代表大会第五次会议修订的《中华人民共和国刑法》。

修订的刑法包括总则、分则、附则三部分,共15章,将1979年刑法的192个条文,增加到452个条文,其修改幅度之大,涉及范围之广,在我国可谓空前。修订的刑法以邓小平理论为指导,顺应时代的要求,贯彻依法治国、建设社会主义法治国家的基本方略,从而大大推动了我国刑事法治建设的进程。修订的刑法的鲜明特色,主要体现在以下几个方面:

第一,实现刑法的统一性和完备性。这就是将1979年刑法实施17年来由全国人大常委会作出的有关刑法的修改补充规定和决定(即单行刑法),经研究修改后编入了修订的刑法,并将一些民事、经济、行政等法律中"依照"、"比照"1979年刑法有关条文追究刑事责任的规定(即附属刑法),改写为修订的刑法的具体条款。特别是将最高人民检察院当时拟制定型、较为成熟的反贪污贿赂法草案稿和中央军委曾提请全国人大常委会审议的惩治军人违反职责犯罪条例草案，经修改整合后编入修订的刑法分则第八章(贪污贿赂罪)和第十章(军人违反职责罪)，此外还增设了分则第七章危害国防利益罪。这样，就保证了修订的刑法体系的完整性和作用的权威性，比较圆满地实现了刑法的统一性。修订的刑法根据社会主义市场经济条件下刑法保护市场经济健康发展和维护国家社会安定的实际需要，除了基本保留 1979 年刑法所设的罪名以及其后单行刑法和附属刑法所补充的罪名外，大量充实了新的罪种，其中不少是新型犯罪，如组织、领导、参加恐怖组织罪，非法买卖、运输核材料罪，证券内幕交易罪，洗钱罪，侵犯商业秘密罪，煽动民族仇恨、民族歧视罪，非法侵入计算机信息系统罪，组织、领导、参加黑社会性质组织罪，等等。根据本人统计，1979 年刑法有 130 个罪名，经修订保留了 117 个；单行刑法和附属刑法增加了 133 个罪名，经修订保留了 132 个；修订中又新设了 164 个罪名，因此修订的刑法总共有 413 个罪名。从罪名数量增设情况来看，我国刑法确已相当完备。当然，也仅仅是“相当完备”，并不意味着罪名就不能再增设了。比如，1998 年 12 月 29 日全国人大常委会《关于惩治骗购外汇、逃汇和非法买卖外汇犯罪的决定》，就增设了一个骗购外汇罪。1999 年 6 月 2 日国务院发布的《期货交易管理暂行条例》中，有九处提到“构成犯罪的，依法追究刑事责任”。然而刑法对期货犯罪问题尚未作出明确规定。显然这方面就有待于今后的补充。

第二，贯彻刑事法治原则和加强刑法保障功能。修订的刑法总则第一章在显著位置上规定了罪刑法定原则、适用刑法人人平等原则和罪责刑相适应原则，并废止了 1979 年刑法中的类推制度，这是我国刑法修订中最引人瞩目的一个闪光点，也是表明我国刑法具有民主性、科学性、进步性和时代性的一个显著的标志。罪刑法定原则的含义是：什么是犯罪，有哪些犯罪，各种犯罪构成条件是什么，有哪些刑种，各个刑种如何适用，以及各种具体罪的具体量刑幅度如何等，均由刑法加以规定。对于刑法分则没有明文规定的犯罪，不得定罪处罚。概括起来说，就是“法无明文规定不为罪，法无明文规定不处罚”。适用刑法人人平等原则的含义是：对任何人犯罪，不论犯罪人的家庭出身、社会地位、职业性质、财产状况、政治面貌、才能业绩如何，都应追究刑事责任，一律平等地适用刑法，依法定罪、量刑和行刑。不允许任何人有超越法律的特权。罪责刑相适应原则的含义是：犯多大的罪，就应承担多大的刑事责任，法院也应判处其相应轻重的刑罚，做到重罪重罚，轻罪轻罚，罪刑相称，罚当其罪；在分析罪重罪轻和刑事责任大小时，不仅要看犯罪的客观社会危害性，而且要结合考虑行为人的主观恶性和人身危险性，把握罪行和罪犯各方面因素综合体现的社会危害性程度，从而确定其刑事责任程度，适用相应轻重的刑罚。刑法基本原则的确立，有助于坚持法治，摒弃人治；坚持平等，反对特权；讲求公正，反对徇私。这无论对刑事立法还是刑事司法，都具有重要的导向和制约作用。刑法基本原则是依法治国、建设社会主义法治国家基本方略在刑法领域的集中体现。贯彻刑法基本原则，既有利于保护社会，又有利于保障人权。修订的刑法除了明确规定三项基本原则外，还进一步规定对未成年犯罪从宽处罚的原则；强化对公民正当防卫权利的保护；设置了较为齐全的有关侵犯公民基本权利（包括人身权利、民主权利、劳动权利、财产权利、婚姻家庭权利等）犯罪的刑法规范。这些都是加强刑法保护社会和保障人权功能的表现。

第三,立足本国国情与适当借鉴国外先进经验相结合。修订的刑法主要立足于我国还处在社会主义初级阶段这一基本国情,同时也放眼国际上刑法改革的进步趋势,积极合理地借鉴国外有益的立法经验。比如,扩大我国刑法对我国公民的域外管辖权,规定"中华人民共和国公民在中华人民共和国领域外犯本法规定之罪的,适用本法,但是按本法规定的最高刑为三年以下有期徒刑的,可以不予追究。""中华人民共和国国家工作人员和军人在中华人民共和国领域外犯本法规定之罪的,适用本法。"(见第七条)设立我国刑法的普遍管辖权原则,规定"对于中华人民共和国缔结或者参加的国际条约所规定的罪行,中华人民共和国在所承担条约义务的范围内行使刑事管辖权的,适用本法。"(见第九条)这表明我国作为国际社会的一员,是郑重的、负责任的,既不放纵我国公民在国外胡作非为、实施犯罪,也决不容忍我国缔结或参加的国际条约所规定的任何罪行的发生。这些规定适应了我国对外开放的新形势,有利于加强国际合作,进一步发挥我国在国际事务中的作用,从而为我国刑法增添了现代色彩。又如,借鉴国际上刑罚改革的经验,扩大了开放型刑罚——管制和罚金的适用范围。1979年刑法中规定可以适用管制的罪种仅有23个,修订的刑法已将其扩大适用于109个罪种。罚金是西方各国刑法中适用率较高的一个刑种。在我国1979年刑法中,罚金作为附加刑,主要附加于自由刑,适用于某些贪利性的犯罪,但也规定可以独立适用于某些较轻的犯罪。不过从整体而言,规定可适用罚金的罪种不很多,只有23个,约占该法全部罪种的17.7%,其中可以独立适用罚金的只有14个。在修订的刑法中,情况大有变化。虽然罚金仍属于附加刑,主要是附加适用,但适用范围已显著扩大,规定可适用罚金的罪种增至180个，约占该法全部罪种的43.5%，其中可以独立适用罚金的罪种增至84个，为1979年刑法规定数的6倍。再比如，根据对外开放和促进中国和平统一的需要，并考虑到刑法罪名的科学性和司法实践中的可操作性，修订的刑法果断地将1979年刑法分则第一章反革命罪更名为危害国家安全罪，按照危害国家安全罪的性质对此类犯罪作了必要的修改和调整。这也是我国刑法致力于科学化和适应现代刑法通例的重要举措。

刑法是社会主义法律体系中的重要部门法之一。刑法与其他部门法相比有两大显著特点：其一，刑法所保护的社会关系的范围更具广泛性。刑法的调整对象不限于某一类社会关系；任何一种社会关系只要受到犯罪行为的侵犯，均归入刑法的调整范围。其二，刑法的强制性最为严厉。其他部门法也具有强制性，对于违法行为而言，它们可以说是"第一道防线"；刑法则充当"第二道防线"，它是针对违法行为情节严重已转化成为犯罪行为，从而需要追究其刑事责任，适用最为严厉的制裁方法——刑罚。因此，从这个意义上说，刑法是其他部门法的保护法，没有刑法作后盾、作保障，其他部门法往往难以顺利地得到贯彻实施。

（二）刑事诉讼法的概念

刑事诉讼法是国家制定的有关刑事诉讼程序的法律规范的总称。它具体规定了司法机关处理刑事案件的职权范围，应当遵守的基本原则和制度，当事人和其他诉讼参与人的诉讼权利与义务，以及刑事案件的立案、侦查、起诉、审判和执行等具体诉讼程序和制度。刑事诉讼法也有广义和狭义之分。广义刑事诉讼法不仅仅指刑事诉讼法典，还包括其他一切与刑事诉讼有关的法律规范，如人民法院组织法、人民检察院组织法、律师法等法律中有关刑事诉讼程序的规定。狭义刑事诉讼法则仅指系统地规定刑事诉讼程序的法典。在我国,即指1979年7月1日第五届全国人民代表大会第二次会议通过、1996年3月17日第八届全国人民代表大会第四次会议以作出修改决定的方式予以修正的《中华人民共和国刑事诉讼法》。

修正后的刑事诉讼法与原刑事诉讼法相比,条文由164条增加到225条,从内容上看,除附带民事诉讼,期间、送达,死刑复核程序三章未作改动外,其他编章都作了重要的修改补充。概括而言,其主要的修改补充内容有:

第一,完善刑事诉讼法的目的任务,增补刑事诉讼法的基本原则。比如,明确指出保证刑法的正确实施是刑事诉讼法的目的;在任务的规定中增加保护公民"财产权利"的内容;增补司法机关依法独立行使职权的原则;增补人民检察院对刑事诉讼实行法律监督的原则(为贯彻此项原则,还根据不同诉讼阶段规定了具体的监督职权和手段);增补"未经人民法院依法判决,对任何人都不得确定有罪"的原则。

第二,为使公检法机关依法各司其职,对立案管辖范围作了适当调整。比如,将人民检察院直接受理的案件范围,限定为国家工作人员利用职权进行的几种特定的犯罪(如贪污贿赂罪,渎职罪,国家机关工作人员利用职权实施的非法拘禁、刑讯逼供、报复陷害、非法搜查等犯罪,见刑事诉讼法第十八条第二款);扩大人民法院直接受理的自诉案件范围,除"告诉才处理的案件"、"被害人有证据证明的轻微刑事案件"外,还特别规定"被害人有证据证明对被告人侵犯自己人身、财产权利的行为应当依法追究刑事责任,而公安机关或者人民检察院不予追究被告人刑事责任的案件”,被害人有权直接向法院起诉(见刑事诉讼法第一百七十条);删除原刑事诉讼法第十八条中的上级人民法院“也可以把自己管辖的第一审刑事案件交由下级人民法院审判”的规定,也即上级法院对依法应当由自己管辖的案件,必须自己审判,不得随意下放。

第三,健全辩护制度,律师提前介入。原刑事诉讼法第一百一十条规定,人民法院至迟在开庭七日以前告知被告人可以委托辩护人。由于被委托为辩护人的律师介入诉讼的时间太晚,往往来不及充分准备辩护意见,以致影响辩护职能的正常发挥。依照修正后刑事诉讼法的规定,律师可以在人民检察院审查起诉阶段介入诉讼进行辩护(见第三十三条)。进入审判阶段,如果被告人由于经济困难或者其他原因没有委托辩护人的,人民法院可以为其指定辩护律师;被告人是盲、聋、哑或者未成年人以及可能被判处死刑而没有委托辩护人的,人民法院应当为其指定辩护律师(见第三十四条)。此外,犯罪嫌疑人在被侦查机关第一次讯问后或者采取强制措施之日起,可以聘请律师为其提供法律咨询、代理申诉、控告,以及在被逮捕的情况下可以聘请律师为其申请取保候审(见第九十六条)。

第四,将被害人规定为诉讼当事人,提高被害人的诉讼地位,扩大被害人的诉讼权利。刑事诉讼法第八十二条第(二)项将被害人列为当事人之一,从而使其享有当事人的诉讼权利。例如,有申请回避权;在审查起诉阶段,有委托诉讼代理人之权;在法庭上有陈述权、发问权、辨认物证权、发表意见权、申请权、辩论权、阅读庭审笔录权,等等。

第五,完善强制措施,取消收容审查。我国刑事诉讼法规定的强制措施有拘传、取保候审、监视居住、拘留和逮捕五种。但原来的某些规定不够完善,如把“对主要犯罪事实已经查清”作为逮捕的一个基本条件,把“罪该逮捕”作为采用拘留的一个基本条件,脱离现实,很难办到。公安机关为规避这些规定,常常转而采用“收容审查”。“收容审查”并非刑事诉讼法规定的强制措施,却在实践中普遍使用,造成了法制上的混乱,影响不好,反映强烈。修改刑事诉讼法时,将上述“对主要犯罪事实已经查清”改为“有证据证明有犯罪事实”,加上原规定就有的“可能判处徒刑以上刑罚”和“采取取保候审、监视居住等方法,尚不足以防止发生社会危险性”两个条件,即可执行逮捕。这样比较切合实际,便于执行。对拘留则删除“罪该逮捕”的前提条件,把原来收审的对象纳入拘留范围,并适当延长拘留时限,这样就使“收容审查”再无存在必要了。此外,对于取保候审、监视居住制度也加以完善,增强了可操作性。

第六,坚持互相制约,废除免予起诉制度。所谓“免予起诉”,就是由人民检察院认定行为人有罪而又不向人民法院起诉的一种独特制度。这种制度曾被我国1979年刑事诉讼法所规定。实践证明,这种制度不符合公检法三机关互相制约的原则,侵犯法院的审判权;侵犯当事人的诉讼权利,尤其是犯罪嫌疑人的辩护权。特别是检察院对自行立案侦查的案件,又自行决定免予起诉,集侦查、控诉与裁决于一身,一包到底,缺乏监督制约,难免造成滥用免诉权的现象,或者将无辜者定成有罪,或者将本应被判刑者免除了刑罚。这些都有损执法的严肃性。修正后的刑事诉讼法,废除免予起诉制度,同时扩大“不起诉”的范围,授权人民检察院“对于犯罪情节轻微,依照刑法规定不需要判处刑罚或者免除刑罚的”,可以作出不起诉决定(见第一百四十二条第二款)。

第七，改革审判方式，废止先定后审。我国原来实行的刑事审判方式，存在种种缺陷。其一，只有在“犯罪事实清楚、证据充分”之后才能决定开庭(见原刑事诉讼法第一百零八条)，致使“开庭审判”流于形式；其二，合议庭的职责权限不明确，往往是先由审判委员会对案件讨论决定后再交付合议庭审判，此即所谓“先定后审”，也容易使审判走过场；其三，法官在开庭审判时包揽事务过多，如讯问被告人、出示犯罪证据、宣读未出庭的证人证言等，这等于法官替检察官承担指控犯罪的举证责任，影响法官本身客观、冷静、公正地思考问题；其四，由于“先定后审”、先入为主，常使被告人及其辩护人处于非常不利地位，辩护律师的作用相当微弱，甚至“你辩你的，我判我的”，辩与不辩一个样。以上这些缺陷，严重影响司法公正，亟需加以改革。修正后的刑事诉讼法针对上述缺陷，作了不少改革性的规定。首先，将原来规定的开庭前的实质性审查改为程序性审查。对于公诉案件，只要“起诉书中有明确的指控犯罪事实并且附有证据目录、证人名单和主要证据复印件或者照片的”，人民法院就应当开庭审判(见第一百五十条)。至于犯罪事实是否清楚，证据是否确实、充分，则一律在法庭上审查决定。其次，强化合议庭的职能作用，理顺合议庭与审判委员会的关系。刑事诉讼法第一百四十九条明确规定：“合议庭开庭审理并且评议后，应当作出判决。”这说明刑事案件的判决权属于合议庭，强调合议庭在审判中的决定作用。同时规定，“对于疑难、复杂、重大的案件，合议庭认为难以作出决定的，由合议庭提请院长决定提交审判委员会讨论决定。”这说明合议庭对是否提交审判委员会讨论有建议权，院长则有决定权，改变原刑事诉讼法第一百零七条规定的建议权与决定权都在院长手里的做法。

从以上修改补充的内容来看，修正后的刑事诉讼法和修订的刑法一样，是沿着民主化、法治化、科学化和现代化的方向迈出了重大的步伐。

刑事诉讼法在国家法律体系中同样占有重要的地位。只要社会上有犯罪存在，就必然要有追究犯罪和惩罚犯罪的刑事诉讼活动存在。在倡导公力救助的法治国家，刑事诉讼对于恢复被犯罪破坏的法律秩序具有不可取代的作用。同时，由于刑事诉讼作为一种国家活动，涉及到国家和公民之间的关系，几乎宪法规定的有关公民的政治权利、人身权利和财产权利，在刑事诉讼中都会涉及到，这样，刑事诉讼法作为调整国家同公民关系的法律也有其独特的法律价值。

刑事诉讼法对于规范刑事诉讼活动的正确进行，提高办案效率，保证办案质量，起着特殊的重要作用：其一，它有利于保证公安机关、检察机关、审判机关正确行使自己的职权，分工负责，互相配合，互相制约，准确有效地执行法律，提高办案质量和效率，防止滥用职权和个人专横，避免出现差错，即使发生了差错，也能通过必要的机制，及时予以发现和纠正。其二，它有利于保障当事人及其他诉讼参与人的合法权益，使他们正确地行使诉讼权利，承担诉讼义务，充分发挥他们在刑事诉讼中的积极作用。其三，它有利于发挥广大群众参与刑事诉讼活动的主动性和积极性，通过刑事诉讼，密切专门机关同广大群众的联系，更好地发挥刑事诉讼的社会效果。

（三）刑法与刑事诉讼法的相互关系

刑法与刑事诉讼法的相互关系，概括说就是：刑法是实体法，刑事诉讼法是程序法,二者相互依存,缺一不可。将法律分为实体法和程序法,这是国际上普遍认同的一种分类。实体法是指规定实质性的权利和义务的法律;程序法则是规定程序性权利和义务的法律。刑法属于刑事实体法,解决的是刑事诉讼中的实质问题,即行为人的行为是否构成犯罪,如果构成犯罪,如何确定其刑事责任,是否给予以及如何给予刑罚处罚的问题。刑事诉讼法属于刑事程序法,解决的是刑事诉讼的程序问题,即如何进行立案、侦查、起诉、审判,如何收集和运用证据来证明是否存在犯罪事实,犯罪是重是轻,以及对生效的判决、裁定如何交付执行等等问题。对于国家追究和惩罚犯罪的活动来说,刑法与刑事诉讼法具有内容与形式、目的与方法的辩证统一的关系。刑事诉讼法是保证刑法正确实施的,我国刑事诉讼法第一条开宗明义地就表达了这一点。关于刑事诉讼法对刑法正确实施所起的保证作用,主要表现在以下几个方面:

第一,刑事诉讼法为刑法的正确实施,设计、提供了组织机制。刑事诉讼法规定,公安机关、人民检察院和人民法院是进行刑事诉讼,以体现国家行使刑罚权的专门机关。其中,公安机关行使侦查权,人民检察院行使批准逮捕权、公诉权,对直接受理案件的侦查权以及法律监督权,人民法院行使审判权。这样就使刑法的实施有了专门机关承担,不致因无人管事而成为一纸空文。

第二,刑事诉讼法为刑法的正确实施,设计、提供了防错机制。刑事诉讼实际上是一种认识过程。为了避免认识错误的发生,就必须有一套机制加以保证。为此,刑事诉讼法规定了人民法院、人民检察院依法独立行使职权原则;公检法三机关分工负责、互相配合、互相制约原则;人民检察院依法对刑事诉讼实行法律监督原则;以事实为根据、以法律为准绳原则;对一切公民在适用法律上一律平等原则;保障诉讼参与人的诉讼权利原则;规定实行回避制、辩护制、陪审制等;同时对证据的收集、运用规定了一系列科学规则。这些规定,为司法机关准确查明事实、正确运用刑法提供了制度保证。

第三,刑事诉讼法为刑法的正确实施,设计、提供了纠错机制。仅有一套防错机制,仍然难以完全避免错误的发生,这就同时需要有一套纠错机制。按照刑事诉讼法的规定,整个刑事诉讼由立案、侦查、起诉、审判、执行等相互独立又彼此联系的阶段组成,前一阶段发生的错误,可以通过后一阶段得以纠正。比如,侦查中的错误,可以通过审查起诉来纠正;起诉中的错误,可以通过法庭审判来纠正;一审的错误,可以在二审程序中纠正;生效判决、裁定的错误,可以通过再审程序予以纠正,如此等等。这样就使得冤假错案,最终能获得纠正。

第四,刑事诉讼法为刑法的正确实施,设计、提供了效率机制。"时间就是金钱,效率就是生命。"这是人们在改革开放以后经常使用的一句谚语。对刑事诉讼中的当事人来说,不仅希望案件结果公正,而且希望案件能及时解决,以早日摆脱讼累,解除肉体和精神上的痛苦。对国家来说,及时惩罚犯罪分子或者及早还无辜者以清白,才能产生最佳的社会效果。因此,案件的及时解决是正确实施刑法的必然要求。刑事诉讼法通过科学的设计,规定出一系列相关的制度,以保证刑法的高效实施。比如期限制度、简易程序制度、自诉案件的调解制度等,就直接发挥着这方面的作用。

由此可见,刑事诉讼法与刑法的关系的确非同一般。如果不通过刑事诉讼程序揭露犯罪、证实犯罪、查获犯罪人,刑法规定的定罪量刑的内容就无从实现。反之,如果没有刑法对定罪量刑的规定作为根据,刑事诉讼法就失去存在的目标,成为无内容的空洞形式。在此,不禁使我们回忆起马克思有一段描述诉讼程序与实体法关系的经典名言:"审判程序和法(引者按:这里是指实体法)二者之间的联系如此密切,就像植物的外形和植物的联系,动物的外形和血肉的联系一样。审判程序和法律应该具有**同样的精神**,因为审判程序**只是法律的生命形式**,因而也是法律的内部生命的表现。"① 马克思把实体法和程序法的关系比喻为生命和生命形式的关系。刑事诉讼法离开刑法,就等于没有生命;反之,刑法离开刑事诉讼法,生命无从运转,也就自然停息了。所以,二者谁也离不开谁。法学界很多人把二者合称为刑事法,我们认为是非常妥切的。

二、刑法的基本范畴

犯罪、刑事责任和刑罚,是刑法的三个基本范畴。这三者的关系是:犯罪决定刑事责任,刑事责任决定刑罚。换句话说,没有实施犯罪,就不负刑事责任,从而也不受刑罚处罚。下面,就这三个基本范畴,略作一些解说。

(一)犯罪的概念和构成要件

我国刑法第十三条规定:"一切危害国家主权、领土完整和安全,分裂国家、颠覆人民民主专政的政权和推翻社会主义制度,破

① 《马克思恩格斯全集》,第1卷,第178页。

坏社会秩序和经济秩序,侵犯国有财产或者劳动群众集体所有的财产,侵犯公民私人所有的财产,侵犯公民的人身权利、民主权利和其他权利,以及其他危害社会的行为,依照法律应当受刑罚处罚的,都是犯罪,但是情节显著轻微,危害不大的,不认为是犯罪。"这个定义是对我国社会上形形色色犯罪所作的科学概括,它是我们认定犯罪,划分罪与非罪界限的基本依据。

大家知道,人有各种各样的行为:有高尚的行为,英雄的行为,正当的行为,合法的行为;也有错误的行为,不道德的行为,违反纪律的行为,违法的行为乃至犯罪的行为。犯罪是人的一种行为。这种行为与人们的一般行为有什么不同呢?它有什么特征呢?根据上面所引的刑法第十三条的规定可以看出,犯罪这种行为具有以下三个基本特征:

第一,犯罪是危害社会的行为,即具有一定的社会危害性。行为具有一定的社会危害性,是犯罪最本质最基本的特征。所谓社会危害性,也就是犯罪行为对我们社会主义社会所具有的危害性。在社会主义社会,由于人民当家作主,国家和人民的利益是完全一致的,所以讲犯罪的社会危害性,也就是指对国家和人民利益的危害性。犯罪的本质就在于它危害了国家和人民的利益,危害了社会主义社会。如果某种行为根本不可能给社会带来危害,我们的法律就没有必要把它规定为犯罪,也不会对它进行刑罚处罚。某种行为虽然有一点危害,但是情节显著轻微,危害不大,也不认为是犯罪。例如小偷小摸,数额很小,不能当作盗窃罪;与邻居吵架,沉不住气,动手打了对方,但没有打伤,或者伤很轻微,这种行为是错误的,应当批评教育甚至给予必要的处分,但不能当作故意伤害罪。由此可见,没有社会危害性,就没有犯罪;社会危害性没有达到相当的程度,也不构成犯罪。

第二,犯罪是触犯刑律的行为,即具有刑事违法性。违法行为有各种各样的情况,有的是违反民事法律、经济法律、法规,叫民事违法行为、经济违法行为;有的是违反行政法律、法规,叫行政违法行为。犯罪也是违法行为,但不是一般违法行为,而是违反刑法、触犯刑律的行为,是刑事违法行为。违法并不都是犯罪,只有违反刑法的才构成犯罪。例如盗窃、诈骗少量财物,属于违反治安管理处罚条例的行为;只有盗窃、诈骗公私财物数额较大的,才构成刑法中的盗窃罪、诈骗罪。一般的假冒注册商标,属于违反商标法的行为;而假冒注册商标情节严重的,则构成刑法中的假冒注册商标罪。一般的干涉婚姻自由,属于违反婚姻法的行为;而暴力干涉婚姻自由,则是刑法所禁止的犯罪行为,如此等等。可见,只有社会危害行为触犯了刑律的时候,才构成犯罪。行为的社会危害性是刑事违法性的基础;刑事违法性是社会危害性在刑法上的表现。只有当行为不仅具有社会危害性,而且违反了刑法,具有刑事违法性,才能被认定为犯罪。

第三,犯罪是应受刑罚处罚的行为,即具有应受惩罚性。任何违法行为,都要承担相应的法律后果。民事违法行为要承担民事责任,如赔偿损失、返还财产、支付违约金等。行政违法行为要受行政处罚如罚款、行政拘留等,以及行政处分如警告、记过、降职、撤职、留用察看、开除公职等。对于违反刑法的犯罪行为来说,则要求承担刑罚处罚的法律后果。因此,应受刑罚处罚也是犯罪的一个基本特征。

犯罪的以上三个基本特征是紧密结合的,这三个基本特征是任何犯罪都必然具有的。而其他违法行为则不具备这样三个基本特征。对其他违法行为来说,社会危害性虽然也有一些,但没有达到像犯罪这样严重的程度;它们并不触犯刑律;也不应受刑罚处罚。所以,这三个基本特征也就把犯罪与不犯罪、犯罪与其他违法行为区别开来了。

构成犯罪需要具备法律所规定的一系列主客观要件,这些要件称之为犯罪构成要件,这些要件的有机统一就叫做犯罪构成。比如,依照刑法第二百六十三条的规定,构成抢劫罪必须是:(1)使用了暴力、胁迫或者其他手段;(2)抢了公私财物;(3)行为人是达到刑事责任年龄、具有刑事责任能力的人;(4)主观上有抢劫的故意。这几个要件综合在一起,就是抢劫罪的犯罪构成。又比如,刑法第三百九十七条规定的玩忽职守罪,它的构成要件是:(1)行为人是国家机关工作人员;(2)该人员不履行或者不正确履行自己的职责;(3)由此而使公共财产、国家和人民利益遭受重大损失;(4)主观上对造成这种重大损失不是故意的,而是出于过失。这几个要件综合在一起,就是玩忽职守罪的犯罪构成。我国刑法分则规定有十类犯罪,每类犯罪又分为多寡不等的具体罪,迄今为止,现行刑法总共有414种具体罪,每种罪都有它自己的犯罪构成。比如背叛国家罪,间谍罪,放火罪,爆炸罪,信用证诈骗罪,骗购外汇罪,故意杀人罪,强奸罪,抢劫罪,盗窃罪,诈骗罪,贪污罪,受贿罪,聚众斗殴罪,等等,它们的具体犯罪构成都是不一样的。但是,概括起来说,任何一种犯罪的成立都必须具备四个方面的构成要件,即犯罪客体、犯罪客观方面、犯罪主体、犯罪主观方面的构成要件。这四个方面用来分析犯罪,所回答的问题就是:侵犯了什么?怎样侵犯的?谁侵犯的?由于什么侵犯的?分析犯罪构成,不外乎从这四个方面去分析查明构成要件。

犯罪客体是指刑法所保护而为犯罪所侵犯的社会主义社会的社会关系。比如盗窃罪的犯罪客体,就是公共财产或公民私人财产所有权;故意杀人罪的犯罪客体,就是他人的生命权利。

犯罪客观方面是指犯罪活动的客观外在表现,主要即指危害社会的行为及其所造成的危害结果。比如盗窃罪的客观方面表现为秘密窃取公私财物的行为,其结果是破坏了公私财产所有权关系;故意杀人罪的客观方面表现为非法剥夺他人生命的行为,其结果是使他人的生命权利丧失了。

犯罪主体是指达到法定责任年龄、具有责任能力、实施危害社会行为的人。比如盗窃罪的主体,必须是年满 16 周岁、有责任能力的人;故意杀人罪的主体,必须是年满 14 周岁、有责任能力的人;有的犯罪构成还要求是特殊的主体,如国家工作人员、国家机关工作人员、司法工作人员等。比如贪污罪、受贿罪,其主体是国家工作人员;滥用职权罪、玩忽职守罪,其主体是国家机关工作人员;刑讯逼供罪、私放在押人员罪,其主体是司法工作人员。

犯罪主观方面是指犯罪主体对他所实施的行为的危害结果所抱的心理态度,也即指故意或者过失。比如盗窃罪的主观方面具有窃取公私财物的犯罪故意,故意杀人罪的主观方面具有非法剥夺他人生命的犯罪故意。我国刑法规定的犯罪,绝大多数都是故意犯罪,只有少数几种罪是过失犯罪,如失火罪、过失致人死亡罪、交通肇事罪、重大责任事故罪、玩忽职守罪等。在故意犯罪当中,有的犯罪构成还要求具备特定的犯罪目的。如破坏生产经营罪,主观方面必须具有泄愤报复或者其他个人目的。

形形色色的犯罪构成要件,归纳起来无非就是这四个方面的要件。

刑法规定犯罪构成有着重大的意义:第一,为追究犯罪人的刑事责任提供根据;第二,为划分罪与非罪、此罪与彼罪的界限提供标准;第三,为无罪的人不受非法追究提供法律保障。因此,严格按照刑法规定分析犯罪构成,这是社会主义法治原则所要求的。

(二)刑事责任的概念和基本特征

刑事责任是指行为人对其实施犯罪所引起的刑罚后果能提供衡量标准的、体现国家对行为人否定评价的刑事实体性义务。

刑事责任是介于犯罪和刑罚之间的桥梁和纽带。它的功能就在于对犯罪和刑罚的关系起着调节的作用。一个人实施刑法所规定的犯罪,即其行为具备了刑法中的某种犯罪构成,他就应当负刑事责任。犯罪的实施与否决定刑事责任的存在与否,犯罪事实连同犯罪人的罪前表现和罪后态度在内综合反映出的社会危害性程度决定着刑事责任的程度。可见,刑事责任产生于犯罪,是犯罪引起的必然效应。刑事责任既是犯罪的效应,又是刑罚的先导。刑罚是刑事责任的主要实现方式。罪—责—刑的逻辑结构,乃是整个刑法内容的缩影。认定犯罪—确定责任—决定刑罚,完整地反映了办理刑事案件的步骤和过程。

刑事责任与其他法律责任的区别是:

第一,基础不同。被追究刑事责任的行为只能是犯罪行为,其社会危害性比被追究其他法律责任的行为的社会危害性大。也就是说,刑事责任只能由实施犯罪的人承担,而不能由任何其他人承担。罪责自负、反对株连是我国刑法的一项重要的原则。这个原则要求,只有参与实施犯罪的人,才能成为刑事责任的主体,其他没有参与实施犯罪的人,不论他与犯罪人的关系如何,都不能令他负担刑事责任。

第二,程序不同。行为人是否承担刑事责任,只能由国家司法机关按照刑事诉讼程序来决定。其他法律责任,则不是通过刑事诉讼程序决定的。确定是否承担刑事责任,主要是国家审判机关的任务,但这不是绝对的。在某些情况下,公安机关、检察机关也可以解决刑事责任问题。例如,根据刑事诉讼法第十五条的规定,当出现犯罪已过追诉时效期限的情况,或者发生犯罪嫌疑人死亡的情况,公安机关、检察机关就应当作出不追究刑事责任或不起诉的决定。根据刑事诉讼法第一百四十二条的规定,对于依照刑法规定不需要判处刑罚或者免除刑罚的犯罪嫌疑人,人民检察院可以作出不起诉的决定。

第三,后果不同。对负刑事责任的人往往随之而来的是给予刑罚处罚,这是最严厉的国家制裁方法。它不仅可以剥夺被判刑人的财产,还可以剥夺其人身自由、政治权利,甚至可以剥夺其生命。其他法律责任都不会引起刑罚处罚这种严厉的法律后果。

综上所述,刑事责任具有以下基本特征:

第一,强制性。刑事责任是一种由犯罪行为所引起的法律效应,是一种强制犯罪人向国家承担的法律责任。

第二,严厉性。刑事责任是一种性质最为严重、否定评价最为强烈、制裁后果最为严厉的法律责任。

第三,专属性。刑事责任只能由犯罪的个人和单位承担,具有专属性,不可转嫁,不能替代。

第四,准据性。刑事责任是犯罪案情事实的综合反映,也是刑法规范的现实化。刑事责任为人民法院判处刑罚提供根据和衡量标准。刑事责任一经确定,犯罪人和被害人均不能自行变更,也不容许“私了”。

(三)刑罚的概念和目的

刑罚是统治阶级惩罚犯罪的一种制裁方法。我国的刑罚就是人民法院代表人民民主专政的国家对犯罪分子所适用的制裁方法。

我国的刑罚分为主刑、附加刑。

主刑就是只能独立适用,不能附加于其他刑种适用的刑罚。我国刑法规定的主刑有:管制、拘役、有期徒刑、无期徒刑、死刑。

附加刑就是作为主刑的补充而附加适用,但也可以独立适用的刑罚。我国刑法规定的附加刑有:罚金、剥夺政治权利、没收财产。此外,对于犯罪的外国人,可以独立适用或者附加适用驱逐出境,这实际上也属于附加刑。

我国刑罚就是通过有主有从、互相配合,有轻有重、互相衔接的设计方式,形成了严整的体系。在这个体系中,每个刑种都有它特定的内容和作用。刑种的多样性,是为了适应犯罪性质和情节的多样性,便于体现惩办与宽大相结合的政策,实行区别对待的原则。所以,这些刑种是切合我国同犯罪作斗争的实际需要的。

刑罚是对犯罪分子某种利益的剥夺,如剥夺其自由,剥夺其政治权利,剥夺其财产等。所以刑罚对被判刑人必然造成痛苦,造成精神上、心理上的巨大压力,这是刑罚的属性。正是这个属性,使刑罚发挥惩罚、惩治和威慑的作用。同时,刑罚还包含有谴责的因素,它是对犯罪分子及其行为的否定评价,是国家对于他干了犯罪这种坏事的一种严厉谴责。由于刑罚谴责某种犯罪行为和实施这种行为的人,遂使人们意识到犯罪的事干不得,走犯罪的道路,对不起国家、对不起人民，所以这种谴责又是一种教育。社会主义性质的刑罚是惩罚和教育的辩证统一。惩罚和教育都是我国刑罚的内容属性。单纯的惩罚和脱离惩罚的单纯的教育都不是刑罚。

国家对犯罪分子适用刑罚的根本目的是预防犯罪，包括特殊预防和一般预防。而惩罚和教育是达到刑罚目的的手段。

特殊预防就是预防犯罪分子本人再犯罪。人民法院对犯罪分子的判刑，除了极少数罪行极其严重非杀不可的依法判处死刑外，对其他犯罪分子，主要是通过惩罚和教育，把他们改造成为去恶从善、悔罪自新、遵守法纪、自食其力的新人，化有害为无害，化消极因素为积极因素。我国对罪犯改造工作的实践证明，多数犯罪分子通过惩罚和教育，是能够认识到犯罪的危害性以及自己犯罪的社会根源和思想根源的。

一般预防就是通过对犯罪分子适用刑罚，警戒社会上那些不稳定分子，即有可能犯罪的分子，防止他们以身试法，走上犯罪的道路。这就是我们通常说的"杀一儆百"、"以儆效尤"的意思。为什么人民法院有时选择典型案件，大张旗鼓地公开宣判呢？为什么宣判罪犯死刑立即执行要出布告呢？主要就是为了警戒和震慑少数不稳定分子，以达到一般预防的目的。通过对犯罪分子适用刑罚，也可以使广大人民群众增强法制观念，提高警惕性和同犯罪作斗争的积极性。司法机关只有充分地、广泛地依靠群众，同他们一道展开对犯罪的斗争，才能够达到有效地预防犯罪的目的。

三、刑事诉讼证据及其种类

证据在刑事诉讼中具有极其重要的意义。要实现刑事诉讼法的任务，做到准确地惩罚犯罪，保障无罪的人不受刑事追究，既不放纵犯罪，又不冤枉好人，这就需要调查研究，收集证据，用证据说话。证据是正确进行刑事诉讼活动的事实根据。刑事诉讼中从立案、侦查、起诉到审判，每一个诉讼阶段和诉讼程序，都离不开运用证据。如果不解决证据问题，刑事诉讼就难以继续进行。不论是处理什么案件，要想查明案件事实，弄清犯罪嫌疑人、被告人是有罪还是无罪，犯罪的性质、情节和对于社会的危害程度如何，除了调查研究证据之外，再没有其他办法。由此可见，刑事诉讼证据是正确认识案情的基础；是正确定罪量刑的依据；是迫使犯罪分子坦白交代、认罪悔罪的有力武器；是保护公民合法权益不受侵犯，防止冤假错案发生的重要保证；也是教育广大群众提高对犯罪的认识，增强同犯罪分子作斗争的信心和勇气的有效手段。

我国刑事诉讼法第四十二条规定："证明案件真实情况的一切事实，都是证据。"刑事诉讼证据具有三个基本属性：

一是客观性。任何犯罪行为都是在一定的时间、地点、条件下进行的。一个人在实施犯罪的过程中，总要与周围的事物发生联系，从而不可避免地会留下一些反映犯罪活动的痕迹和物品，或者为被害人、证人等所耳闻目睹。这些都是不依人们意志为转移的客观存在。无论司法人员是否认识到，它们都是始终存在的。相反，如果不是客观事实，而是主观推测或虚幻的东西，如猜想、幻觉、作梦、迷信观念等，都不能作为证据。

二是关联性。作为证据的客观事实，必须同案件事实有某种联系，能够根据它来了解案件的某一部分或某些方面的真实情况。同案件事实没有任何联系的客观事物，不能反映案件的性质或者情节，说明不了案件的任何问题，是不能成为证据的。

三是合法性。刑事证据只能由侦查、检察、审判人员依照法定程序收集,或者由辩护律师及自诉人等依法提供。法律严禁司法人员对犯罪嫌疑人、被告人实行刑讯逼供;使用暴力逼取证人证言;以威胁、引诱、欺骗以及其他非法的方法收集证据。一切用非法方法获取的所谓证明材料,都不能成为刑事诉讼中的证据,尤其不能作为定案的根据。司法人员只有依照法定程序来收集证据、审查和运用证据,才能具有法律效力。

以上三点,就是刑事诉讼证据不同于其他事物的质的规定性。要确认某一证据事实是否可信、可用,能不能作为定案的根据,就要看它是否同时具备这三个属性。这是保证办案质量的要害和关键。

作为刑事诉讼证据的客观事实,可以通过人的叙述反映出来,也可以体现在一定的物品上。通过人的叙述反映出来的客观事实,称为人证;通过物品体现出来的客观事实,称为物证。就证据的表现形式来说,各种各样的证据,不是属于人证,就是属于物证。当然,这是粗线条的说法。如果具体一点说,依据我国刑事诉讼法的规定,证据有下列七种:

(一)物证、书证

物证是指能够证明案件真实情况的一切物品和物质痕迹。刑事诉讼中,可以作为物证的有:(1)犯罪使用的工具;(2)犯罪遗留下来的痕迹;(3)犯罪行为侵犯的客体物;(4)其他可以用来发现犯罪和查获犯罪人的物品,如犯罪分子在现场丢下的酒瓶、烟头等。书证是指其记载的内容能够证明案件真实情况的书面材料。例如,能够说明案件事实的信件,有关案件情况的各种文件等。

物证、书证都是能够反映案件真实情况的客观物质的东西。它们对于揭露、证实犯罪，查获犯罪人，以及查证核实证人证言等其他各种证据，都有重要的意义。但是也需要指出，物证、书证也可能有伪造的，所以对物证、书证必须进行审查判断，以确定其可靠性和证明力。

(二)证人证言

证人证言是指了解案情的人就自己所知道的情况向司法机关所作的陈述。刑事诉讼法第四十八条规定："凡是知道案件情况的人，都有作证的义务。""生理上、精神上有缺陷或者年幼，不能辨别是非、不能正确表达的人，不能作证人。"这条规定说明：任何公民，只要他直接或间接知道案件的情况，不管他的家庭出身、政治态度、职业状况、社会地位和文化程度如何，都可以作证人，都有作证的义务，而没有拒绝作证的权利。即使是生理上、精神上有缺陷或者年幼，但如能辨别是非并能正确表达的，仍能作证人。由于只有了解案情的人才能作证，因此，证人只能是特定的人，不能由别人代替，也不能由司法机关随意指定。

证人证言对迅速查明案情，正确处理案件起着重要的作用。但证人证言也不都是可靠的。证言的真实性，既受证人感受客观事物条件的影响，又与证人的感受力、记忆力、表达力密切相关，因此，必须经过查证，判明真伪。刑事诉讼法第四十七条规定："证人证言必须在法庭上经过公诉人、被害人和被告人、辩护人双方讯问、质证，听取各方证人的证言并且经过查实以后，才能作为定案的根据。"如果在与案件有重要关系的情节上有意作伪证，意图陷害他人或者隐匿罪证的，就构成伪证罪，应当负刑事责任。

(三)被害人陈述

被害人陈述是指被害人就案件事实情况向司法机关所作的叙述。由于被害人是犯罪行为的直接受害者,一般说来,他对犯罪的时间、地点、手段、受害经过、甚至犯罪分子的特征等,知道得比较清楚,能够提供具体、详尽的案件情况。因此,被害人陈述对于查明案件有着重要的作用。但是也要考虑到,被害人同案件有直接的利害关系。在诉讼实践中,有的被害人由于情绪激动,容易夸大事实;有的因存在某种顾虑,不愿讲出被害的真实情况;甚至个别有故意捏造事实,进行诬告陷害的情况。这就要求司法人员既要十分重视被害人的陈述,又要根据其特点进行认真的查证核实。

(四)犯罪嫌疑人、被告人供述和辩解

犯罪嫌疑人、被告人供述和辩解,是指犯罪嫌疑人、被告人就案件事实向司法机关所作的陈述,也就是通常所说的犯罪嫌疑人、被告人的口供。犯罪嫌疑人、被告人供述,就是犯罪嫌疑人、被告人承认自己犯罪,并且说明犯罪的具体过程和情节;犯罪嫌疑人、被告人辩解,就是犯罪嫌疑人、被告人不承认自己犯罪,或者虽然承认犯罪,但说明自己罪轻或有减免情况。

犯罪嫌疑人、被告人是最了解案件情况的人,他是否实施犯罪,怎样实施犯罪,他心中比任何人都清楚。所以对犯罪嫌疑人、被告人的供述和辩解不能忽视。通过犯罪嫌疑人、被告人陈述,常常可以发现新的情况和证据线索,从而有利于正确决定调查的范围,获取新的证据,并有助于鉴别其他证据,最终查清案情。但是,由于犯罪嫌疑人、被告人与案件的结局有着直接的利害关系,他的

供述就存在着真实和虚假两种可能性:一方面,犯罪嫌疑人、被告人在法律与政策的教育感召下,或者在确凿证据面前感到无法抵赖,可能供出犯罪的真实情况;另一方面,为了制造混乱,他也可能编造情节,随意乱供,或者为了掩护同案犯,而把别人的罪行承担下来。他的辩解同样也有真假两种可能性。有时也可能真真假假、真假混同。因此,司法人员对犯罪嫌疑人、被告人的口供必须持特别慎重的态度,既不能完全不信,又不能盲目轻信,必须经过反复查证核实,才能采用。

(五)鉴定结论

鉴定结论是指受司法机关指派或聘请的鉴定人,运用专门知识和技术对某一方面的专门问题进行鉴定以后所作的书面结论。

鉴定结论是依靠科学技术作出的,因此一般说来是可信的。它对于审查其他证据材料有重要的作用。但是,要作出正确可靠的鉴定结论也并非易事,它涉及多方面的因素,如所依据的材料、科学技术发展水平、鉴定人本人的条件等等。所以,对鉴定结论也不能盲目相信,应当像对待其他证据材料一样,进行审查判断,而后决定取舍。

(六)勘验、检查笔录

勘验、检查笔录是指司法人员对与犯罪有关的场所、物品、尸体以及人身进行勘验、检查时所作的记录。勘验,一般是指对死人、物品、痕迹等所进行的调查研究工作,如勘验尸体、勘验现场、勘验物证等。检查,则是指对活人(包括对犯罪嫌疑人、被害人的身体)所进行的调查研究工作,借以确定其特征、伤害情况或生理状况。

勘验、检查笔录对于办案人员研究犯罪活动、确定侦查范围、揭露犯罪事实以及核实其他证据，都有着十分重要的意义。但是，由于受到某些客观条件和主观条件的影响，也可能发生差错。因此，也必须经过审查核实之后，才能确定它的可靠程度和使用价值。

（七）视听资料

视听资料是指以录音、录像、电子计算机以及其他科技设备所储存的信息资料，证明案件事实情况的一种证据。视听资料是借助于高科技设备作为信息载体的，这种信息载体能够准确地记录、储存和反映有关案件的各种情况，具有较强的客观性。同时，视听资料通过运用高科技手段，能够再现与案件有关的各种声音和图像，信息含量大，能给人以全方位的直观感觉，这一点是其他证据无法比拟的。同时，视听资料能够反映案件事实情况在一定时间范围持续的声响和形象，再现案件事实情况发生的动态过程，这也是其他证据所不具备的。总之，由于视听资料具有较强的客观性、直观性、动态性和连续性等特点，因此，它对于司法机关准确查明案情，查获犯罪人，正确地审查判断其他证据等，都具有重要意义。

但是，也必须看到，视听资料也有可能是伪造的、被篡改的。比如，录音带、录像带可以通过模仿、消磁、剪接、叠影等手段对内容加以伪造或改变，电子计算机可以改变程序设计，变换输入、输出的数据。因此，视听资料作为证据运用之前，也必须同其他证据一样，认真地对之进行审查判断。除了审查其来源和形成过程外，特别还要借助现代高科技手段加以鉴别，比如，通过音素分辨仪鉴别录音带中的声响是否模仿、伪造的,通过分辨仪勘测录像带中的图像是否剪辑、拼凑的,如此等等。只有通过严格审查,确认其为真实可靠的视听资料之后,方能作为证据使用。

以上对我国刑事诉讼法规定的七种证据作了简要的分析。刑事诉讼法第四十六条规定:"对一切案件的判处都要重证据,重调查研究,不轻信口供。只有被告人供述,没有其他证据的,不能认定被告人有罪和处以刑罚;没有被告人供述,证据充分确实的,可以认定被告人有罪和处以刑罚。"这是对我国长期司法实践经验的深刻总结,也是对证据在刑事诉讼中的极重要意义的肯定。司法人员必须严格遵守法律的规定,重证据,重调查研究,不主观臆断,不搞逼供信,才能弄清案件的事实真相,作出正确的处理,实现司法公正,维护国家和人民的利益。

(作者为中国人民大学法学院教授)

物权法律制度

王 利 明

一、物权的概念和制定物权法的必要性

物权主要是大陆法系民法所采纳的概念，它是指公民、法人依法享有的直接支配特定物的财产权利。所谓直接支配，是指权利人无须借助于他人的帮助，就能够依据自己的意志依法直接占有、使用其物，或采取其他的支配方式。如房屋所有人有权占有、使用其房屋，并有权将房屋出售。国有土地使用权人有权依法使用土地，或转让其土地使用权。所有人和使用权人在依法行使其权利时，一般不需要取得义务人的同意，也不需要义务人的辅助，就可以实现其权利。这就是所谓的直接支配，这一点和合同债权是不同的，合同债权必须要通过债务人履行债务才能实现。

物权一般分为三类，即财产所有权、用益物权和担保物权。财产所有权是指所有人依法对其财产享有的占有、使用、收益、处分的权利，如国家所有权、集体所有权、个人所有权等。用益物权是指以物的使用、收益为目的的物权，包括国有土地使用权、宅基地使用权等。担保物权是指以担保债权为目的，即以担保债务的履行为目的的物权，包括抵押权、质权、留置权等。

在民法中，物权是和债权相对应的权利，这两种权利是市场经济社会两项基本的财产权利。我们通常讲的产权，是指财产权，其中就包括物权、债权和其他财产权（如知识产权等）。所以，产权既包括物权，但也不限于物权。

物权和债权尽管都属于财产权的范畴，但和债权相比较，物权具有自身的特点，表现在：

第一，物权与债权的内容不同。物权是支配权，而债权是请求权，债权人一般不是直接支配一定的物，而是请求债务人依照债的规定为一定行为或不为一定的行为。例如，买卖合同中规定，出卖人应于某年某月交货，在交货期到来之前，买受人只是享有请求出卖人在履行期到来后，交付货物的权利，而不能实际支配出卖人的货物。也就是说，只享有债权而不享有物权。只有在交货期到来后出卖人实际向买受人交付了财产，买受人占有了财产，便能够对该物享受实际的物权。

第二，物权具有优先性，债权具有平等性。物权的优先性，首先表现在当物权与债权并存时，物权优先于债权，例如，某一债务人欠多个债权人的债务，在执行债务人的财产时，享有担保物权的人比普通债权人具有优先受偿的权利。物权的优先性还表现在，同一物上有数个物权并存时，先设立的物权优先于后设立的物权，这就是物权相互间的优先效力。例如，甲有一栋房产，价值 5000 万元，甲在乙银行借款 2000 万元，以该房产抵押，然后又在丙银行借 2000 万元，也以该房产做抵押，这样在同一物之上设立了两个抵押权。这两个抵押权经过登记以后，都是合法有效的。在抵押权实现时，乙银行的抵押权优先于丙银行的抵押权得到实现。如果由于房屋价值的降低或者其他原因，该房产只能满足乙银行的抵押权，丙银行的抵押权即不能得到实现，而债权则有所不同。除法律另有规定外，债权相互之间不存在优先效力问题。在同一物上可以设立多个债权，各个债权不管设立时间的先后和数额的差别，都具有平等的效力，债权人在依法受偿时都是平等的。

第三，物权能够对第三人产生效力，例如，甲将其自行车借给乙用，被丙盗走，甲作为所有人有权要求丙返还。而债权只能在合同当事人之间发生效力。债权原则上只具有相对性。因为合同一方当事人原则上只能向与其有合同关系的另一方当事人提出请求，而不能向第三人提出请求。所以，如果甲将其自行车卖给乙，双方订立了一份买卖合同，在自行车没有交付之前，被丙盗走，只能由甲作为所有人要求丙返还自行车。乙作为债权人不能要求丙返还财产，因为乙与丙之间没有合同关系，乙对丙不享有债权，他只能要求甲履行合同。

第四，物权和债权的保护方法不同。针对物权的保护，各国物权法都设立了专门的物权请求权制度，赋予物权人具有请求他人返还原物、排除妨碍、恢复原状的权利，以保障物权人对其物的支配权。而合同债权主要受合同法的保护，侵害合同债权也主要适用合同法规定的违约责任。

债权主要由合同法调整，而物权由物权法规范。在我国，合同法已经颁行，但合同法只能调整交易关系，对于交易的前提和结果，难以发挥其调整作用。这就需要通过物权法确认物的归属的规则，确定市场交易关系得以进行的基础和前提，并维护社会所有制关系。因此，制定物权法非常必要，其必要性主要在于：

第一，确认和保护多种所有制经济，充分发挥公有制的优越性。

我国是公有制为主体、多种经济形式并存的社会主义国家，公有制作为一种所有制关系，必须经过物权法的调整使之成为一种财产权关系，从而明确产权归属，确定权利义务的内容，才能使公有制的优越性得到充分体现。物权法的重要任务是要理顺国家与国有企业的财产关系，确认企业作为独立自主、自负盈亏的企业法人所应有的财产权利，从而使企业能够对其资产进行有效的经营管理，保障国有资产的保值和增值，防止国有资产的流失。物权法应当解决集体所有权的主体、内容及权利的行使问题，对其加以合理规范。物权法还应当确认一系列保护物权的规则，保护国家财产和集体财产不受侵犯。

第二，制定物权法，是建立我国社会主义市场经济秩序的迫切需要。

物权法不仅是确认和保护所有制关系的法律，而且是规范市场经济的基本法律规则。因为任何交易的前提是交易的当事人享有物权，而交易的结果是物权发生移转。所以，物权法首先要确认各类物权，从而确认交易的前提。同时，物权法的一系列规则，如公示公信原则、所有权移转规则、善意取得制度等都是直接服务于交易关系的。当前，市场交易中存在的一些混乱现象，确与物权法不完善有关。例如，在商品房买卖中，由于登记制度不健全，一些消费者在购买商品房时，不能通过查阅不动产登记，了解该房屋是否已经设定抵押或者出售等情况，从而在交易中上当受骗和蒙受巨大的损害。极少数不法行为人将一物数卖，或以已经出售的财产作抵押，以骗取他人财产，甚至从事金融欺诈行为，造成经济秩序混乱，社会信用降低。因此，物权法的建立和完善对于维护交易安全，整治市场秩序具有重要的作用。

第三，制定物权法，对各类财产实行平等保护，有利于鼓励和刺激人们努力创造财富，促进社会财富的增长。

法律本身虽不能直接创造财产，但是可以通过确认和保护财产来鼓励财富的创造。法律的这一功能，主要就是通过物权法来发挥的。古人说，有恒产才能有恒心。如果缺乏完备的物权法，不能形成一整套对财产予以确认和保护的完整规则，则人们对财产权利的实现和利益的享有都将是不确定的，从而也就不会形成所谓的恒产，也很难使人们产生投资的信心、置产的愿望和创业的动力。物权法对财产的保护表现在：一方面，物权法要对各类财产实行平等保护，即不仅要强调对公有财产的保护，而且也应当将对个人财产所有权的保护置于相当重要的位置；另一方面，物权法要通过确认物权的方法有效地保护财产。例如，承包经营权等，如果不能使其成为物权，而仅仅是短期的合同债权，就很难使其成为长期稳定的财产权利，承包经营权人也难以抵御来自他人的不正当干涉和侵害。物权法通过确认和保护各类物权，稳定各种财产关系，有助于调动亿万人民创造、积累、爱护财产的积极性，促进社会经济的发展。

第四，完善物权法有利于提高财产的使用和利用效益。

物权法在提高财产使用和效益方面的作用主要表现在以下两点：一方面，物权法通过界定产权的归属、达到定分止争的作用，还可以确认和保护各种新的物权。例如，我国现行法律未承认地上和地下的空间利用权可以成为一项独立的物权，登记部门也不能对空间的权利进行登记，这就在一定程度上会影响到对空间的开发和利用。另一方面，发达国家的物权法为了充分地贯彻效益原则，确立了一整套有效利用财产的规则，例如，某些国家的物权法允许将一幢大楼不是按照平方米、套间或楼层出售，而是将整个大楼所有权划分为若干份额，以证券的形式对外出售。买受人既可以以证券持有人的身份享有对大楼的共有权，也可以参与大楼经营所取得的收益的分配。这就是所谓物权的证券化。物权的证券化不仅有利于充分实现不动产的交换价值，而且也规范开辟了融资渠道。再如，有些国家的物权法允许设定有期限的所有权，如将某一栋大楼的所有权在每年的一到六月转让给某一个人，而将六月到十二月的所有权转让给另一个人，从而不仅可以使所有人获取较高的收益，而且可以充分实现这栋大楼的价值。这些体现效益原则的经验，也可以为我国物权立法所借鉴。

第五，制定物权法，是制定民法典、完善社会主义市场经济法律体系的重要步骤。

我国要到 2010 年形成有中国特色社会主义法律体系，就必须尽快制定和颁行作为市场经济法律体系主干的民法典。在各国民法典中，尤其是在世界范围内有重大影响的民法典如德国、瑞士、日本民法典中，都将物权法作为其民法典的重要内容，所以，物权法的制定和颁行实际上是制定民法典的最核心部分。从现实情况看，由于物权法基本规则缺乏，使已经颁布的合同法、担保法等法律也难以发挥应有的作用。由此表明了物权法的制定是建立和完善有中国特色社会主义法律体系的重要内容。

二、物权法制定的基本原则借鉴各国物权立法经验，并结合物权法自身的特点和我国社会主义市场经济的实践。学术界一般认为，我国制定物权法应当坚持以下原则。

（一）物权法定原则

所谓物权法定，是指物权的种类、内容、效力和公示方法都应由法律明确规定，而不能由当事人通过合同任意设定。物权法之所以要贯彻这一原则，一方面，是因为物权直接反映社会所有制关系，对社会经济关系影响重大，不能允许当事人随意创设物权。另一方面，物权是一种对物直接支配的权利，它具有强烈的排他性，直接关系到第三人的利益和交易安全，不能允许当事人通过合同方法自由创设物权。例如，抵押权作为一种担保物权，具有优先于一般债权而受偿的效力，但按照法律规定，抵押权的设定必须完成法定的公示方法，即办理登记手续。如果当事人可以随意通过合同设定抵押权，并能够享有优先受偿的权利，这样债务人就可能与某个关系密切的债权人任意设定抵押权，使该债权人享有优先于其他债权人受偿的权利，而其他债权人的权利就不能得到保护，社会经济秩序就会出现混乱。

坚持物权法定原则，就要求我们在物权法的制定中，对社会生活中已经存在的，包括由有关法规、规章、司法解释等规定的各种具有物权性质的财产权进行认真地分析、研究和整理，如果确有必要确认其为物权的，就应当在物权法中加以规定，从而形成完整的物权法体系。

(二)一物一权原则

一物一权原则是指一物之上不得设立两个和两个以上的在内容上相互冲突的物权。具体来说包括两方面:

一是指一物之上只能设定一个所有权。即一物之上只能有一个主人，不能说一项财产既可能属于某一人所有，又同时属于另一个人所有。即使是共有，也只是数人对共有财产享有一个所有权，而不是由数人对共有财产分别享有所有权。我国物权法也应当坚持这一规则，否则将会造成权属不清，不利于发挥物权法在定分止争方面的作用。过去由于我们强调“三兼顾”，不注重财产权归属的确定，导致产权界限不明、归属不清的现象时有发生。为此物权法中需要建立一套解决物权争议的规则，从而有助于解决实践中产生的各种财产权纠纷。例如，确认产权需要坚持“谁投资，谁收益”的原则，但除了考虑投资的因素以外，是否还要考虑其他的因素？再如，拾得遗失物应当归谁所有，失主是否应当向拾得人支付报酬？在他人使用的土地上发现了埋藏物应当归谁所有？当财产的归属发生争议以后应当根据什么样的法律规则来解决纠纷？都需要物权法予以回答。

二是一物之上不得设立两个和两个以上的在内容上相冲突的物权。物权法并不禁止一物之上设立数个物权，例如，土地出让以后，土地之上就形成了土地所有权和土地使用权，土地使用权人还可以将土地设定抵押以形成抵押权，这样在一块土地之上就形成了多项物权。但物权法不允许当事人设立在内容上相互矛盾的物权。例如，甲公司将土地使用权转让给乙公司，在物权法上就不允许甲公司将该土地使用权再转让给丙公司。也不能用该土地使用权再设定抵押。在实践中，数个物权相互冲突的现象是可能发生的。例如，某单位将其工程发包给某建筑公司进行建设，在工程建成后，发包人为借款而将该大楼抵押给某银行，但是由于发包人没有按照合同约定向承包人支付工程款，承包人依法享有对该大楼的法定抵押权，有权要求对该大楼拍卖并依法优先受偿。而银行也因为发包人没有到期还本付息而要求行使抵押权，对该大楼进行拍卖，这样就发生了银行的抵押权和承包人的抵押权的冲突。因此在物权法中也有必要设定一些解决物权矛盾和冲突的规则。

(三)公示、公信原则

1.公示原则是指将物权设立、移转的事实通过一定的公示方法向社会公开,从而使第三人知道物权变动的情况。由于任何当事人设立、移转物权,都会涉及第三人的利益,因此,物权的设立、移转必须公开、透明,以利于保护第三人的利益,维护交易的安全和秩序。

物权的公示方法必须要由法律明确规定,而不能由当事人随意创设。简单地说,关于公示方法原则上应当采用不动产登记、动产交付的规则。例如,房屋作为不动产,其买卖必须经过登记才能发生所有权的移转,当事人之间虽然达成了买卖房屋的协议,如果未经登记,则只能在当事人之间产生债权债务关系,而不能发生房屋所有权的移转。再如,家具是动产,购买家具时,如果当事人没有特别约定,必须由出卖人将家具实际交付给买受人,才能发生该家具所有权的移转。

物权法中完善公示制度,重点在于完善不动产登记制度。物权的登记目的在于将权利设立和变动的信息向社会公开,使第三人了解有关物权的信息,这对于建立市场经济秩序是十分重要的。因为,如果第三人能够通过登记了解权利的状况以及权利上是否存在负担等信息,就为不动产交易的当事人提供一种风险的警示,从而可决定是否与登记的权利人从事各种交易和投资,也能够避免上当受骗。登记既是物权设定的条件,又是物权有秩序移转的基础,物权的一些基本规则必须通过登记制度才能发挥其应有的效用。然而由于多年来我们一直将登记主要作为一种行政管理措施而不是作为一种公示制度来对待,登记完全成为一种行政职责,与部门利益密切结合在一起,以致于造成了登记机关多头执政,且各自依据的法律各不相同的局面。例如,房屋、土地登记、林木登记等分别由不同的行政部门进行登记,这不仅给当事人从事登记和查询登记的信息造成不便,也给不法行为人从事欺诈行为提供了可乘之机。而且很容易造成不动产权利的重复登记。尤其是登记机关采取的是形式审查方法,对登记内容的真实性不承担任何责任,也造成了许多登记内容失真、可靠性欠缺的现象,从而给当事人从事的交易行为带来了妨害。目前,在上海、深圳等地采用了房屋权利和土地权利由同一机关进行登记的模式。所以许多学者呼吁,物权法中应当规定统一登记制度,改变登记多头的现象,完善登记程序,强化登记内容的公开和透明、建立登记的实质审查制度,加强登记机关的责任。采取这些措施看来是十分必要的。

2.公信原则与公示联系在一起的是公信制度,公信的内容主要包括两个方面:一是登记记载的权利人,在法律上只能推定其为真正的权利人;二是任何人因为相信登记记载的权利而与权利人从事了移转该权利的交易,该项交易应当受到保护。乙也能够合法取得对该房屋的所有权。如果对登记所产生出来的效力不予以确认,登记制度将形同虚设,这就不利于交易安全的维护。公信原则对于鼓励交易也具有重要作用。由于交易当事人不必要因为过多的担心处分人是否为真正的权利人而对交易犹豫不决,特别是交易当事人不需要花费更多的时间和精力去调查了解标的物的权利状态,从而可以节省交易成本、迅速地达成交易。

三、物权法的主要内容一般认为,物权法分为五部分,即总则、所有权、用益物权、担保物权、占有。

(一)关于总则

总则主要是对物权法的基本问题所做的一般性的规定，大多数国家的物权法中都设有总则。我们认为，物权法中设立总则是必要的，它可以将物权的共性规则抽象出来，也有利于物权法的体系化。一般认为，总则的内容主要包括：一般原则、物、不动产登记、动产的占有与交付、物权请求权。下面介绍几项总则中的重要制度：

1. 关于物的分类制度

总则中应当区分动产和不动产、主物和从物、原物和孳息等物的种类，并赋予不同种类的物以不同的法律效力。规定物的分类制度的理由是：一方面，确定物权法的调整范围，即明确哪些物可以成为物权的客体，从而由物权法调整。另一方面，在民法上，物的类型十分复杂，在交易中，各类物所应遵守的规则也不完全一样。例如，货币、有价证券与一般动产在权利的转移方式上是不同的。因此，根据交易实践的需要，对不同的物在物权法上应确定不同的交易规则。这里尤其需要讨论物权法中是否需要规定无形财产问题。许多学者认为，当今世界正处于知识经济的时代，财富的概念已经发生本质的变化，财产已经不再是仅仅局限于有体物，而更主要表现为无形财产，无形财产已经成为财产的重要形式。我国物权法不能确认和调整无形财产，那么它就不能够适应社会现实的需要。这一观点不无道理，但是从法律上来说，物权法主要还是调整因有体物设立和变动所发生的各种关系，而不应当确定和保障所有的无形财产。其原因在于，所谓无形财产是指不具备一定的形状，但具有一定财产价值的权利，如知识产权、有价证券的权利等。无形财产大都已经受到知识产权法等法律的调整，没有必要由物权法专门调整，至于对股票、债券的权利以及票据等有价证券,已经分别受到公司法、证券法、票据法等法律的调整。正是由于各个单行法律分别对各种无形财产权实行分别的调整和特殊的保护,物权法不必要对此再作出重复的规定。当然,随着社会经济的发展,也会出现一些新的无形财产,可能暂时未受到有关法律的确认和保护。为了使这些无形财产也可以受到法律的调整,可以扩大物权法适用范围。这就是说,对于其他法律没有作出规定的无形财产,可以准用物权法关于有体物的规定。

2.善意取得,善意取得是物权公信原则的具体体现。各国法律都普遍确认了这一制度。举例来说,甲将自行车借给乙使用,乙擅自将该自行车转让给丙,丙在购买该自行车时并不知道乙并没有权利转让,他主观上是善意的,无过失的,且支付了合理的对价,就应当取得对该自行车的所有权,这就是所谓善意取得。以后,甲只能要求乙承担民事责任,但不得要求丙向其返还自行车。尽管善意取得制度的适用,使所有权人要求返还财产的权利受到限制,但它是适应市场经济的需要而产生的一项法律制度。在广泛的交易活动中,从事交换的当事人往往并不知道对方是否有权处分财产,也很难对市场出售的商品逐一调查。如果受让人善意取得财产以后,根据转让人的无权处分行为而使交易无效,并让受让人返还财产,则不仅要推翻已经形成的财产关系,而且使当事人在从事交易活动时,随时担心买到的商品有可能要退还,这样就会造成当事人在交易时的不安全感,也不利于市场交易秩序的稳定。

3.物权请求权。物权请求权是指物权人在其物被侵害或有可能遭受侵害时,有权请求侵害人返还原物、恢复原状、停止侵害、消除危险、排除妨害。物权请求权是保护物权的一项专门的制度,是民法上的一项独立请求权制度。它的特点在于,物权的请求权原则上不考虑相对人是否有过错。如果物权人在其物权受到侵害或妨害的情况下,行使物权的请求权,只须证明相对人已实施了侵害或妨害其物权的行为,便可以要求相对人排除妨害、返还原物、恢复原状。由于这些特点,使物权的请求权能够有效地保护物权。

(二)所有权制度

所有权是物权法中的重要内容,所有权是指所有人依法可以对自己的物进行占有、使用、收益和处分的权利。它是物权中最完整、最充分的权利。相对于权利内容受到限制的其他物权而言(如土地使用权等),所有权是"完全物权",而他物权只在一定程度上具有所有权的权能,没有法律的依据和所有人的授权,其他物权人不能行使处分权。

在我国,所有权主要包括国家所有权、集体所有权、公民个人所有权等,这种分类方法主要是根据所有制来划分的。应当看到,在大陆法系传统的物权法中确实不存在根据所有制性质划分所有权类别的做法,物权法关于所有权的一般规定,已经足以调整各种财产的所有关系,那么在我国是应当继续沿用传统大陆法系物权法的规定,还是应当从中国的实际情况出发,对于国家所有权和集体所有权在物权法中作出规定呢?我认为,我国的物权法应当从我国社会主义公有制的现实需要出发,对国家所有权和集体所有权作出规定,这也有利于总结改革的成果,推进改革的深化,并完善有关财产方面的民事立法。物权法不仅要规范国家所有权,而且要重点解决关于国有企业财产权的问题。因为在建立现代企业制度的过程中,存在着国有企业经营机制转换缓慢,管理效益较差,亏损和资产流失严重等现象,这与国家和企业的财产关系没有根本理顺、国有资本有效运营的相应的产权关系没有实际建立起来、国有资本从根本上仍然没有解决无人负责的状况，有直接的关系。为此，需要物权法从财产权角度对国有企业财产权作出规定。法学界大都认为，国有企业作为法人，应当享有必要的占有、使用权，和一定程度的收益和处分的权利，即法人所有权。我认为，在制定物权法中，可以参考这一观点。

在所有权制度中，还有一个比较特殊的问题，即建筑物区分所有权制度。在现代社会中，由于建筑物向多层、高空发展，商品房交易日益普遍，一栋住宅高楼常常不可能为一个人所有或数人共有，只能分割为不同部分而为众多的住户所有，这种现象就是建筑物的区分所有。例如，公民购买了商品房以后，一个大厦的若干个购买人，对其购买的单元就享有单独所有权，对其楼梯、走廊、屋顶等公用部分享有共有权。住户之间还形成相邻关系，这就出现了比较复杂的权利状态，既不能完全用普通所有权规则，也不能完全用共有权规则来解决，所以，各国物权法大都设立了专门的建筑物区分所有权制度，来解决商品房的交易、使用中所发生的复杂问题。在我国，由于城市居民的财产很大程度上就是建筑物区分所有权，实践中也出现了不少有关业主与开发商之间、业主与业主之间的产权纠纷，这些问题处理不好，也会影响社会的安定，因此需要通过区分所有权制度来加以解决。

此外，在所有权制度中，还存在着相邻关系制度，这一制度的主要功能是协调不动产的利用关系，防止出现一方不正当的行使不动产权利，损害相邻另一方利益的现象。例如，建造一栋大楼，应当注意到周围邻居的通风采光；建设工程，应当尽量减少对周围邻居的噪音污染。这些都是相邻关系所要解决的内容。物权法中规定相邻关系，对于建立和睦的人与人之间的关系，维护社会秩序的安定,具有重要意义。

(三)用益物权制度

所谓用益物权,是指非所有人所享有的对物的使用和收益的权利,它着眼于财产的使用价值。由于现代各国物权法贯彻效益原则,已经逐渐地放弃了传统的注重对物的实物支配和保护,转而注重财产的价值形态和利用,因而用益物权制度在物权法中占有重要地位。我国物权法应当采纳用益物权的概念,并在区分用益物权和担保物权的基础上,建立我国物权法分则体系。凡是实践中出现的对不动产各种不违反法律规定的使用、利用形态都应进行认真的整理和清理,需要物权法加以规范的应确认为一种用益物权,即使这些权利在实践中发生得很少,也应加以规范。以免发生纠纷以后因缺乏法律依据而不能有效处理这些纠纷。例如典权,尽管在实践中很少使用,但随着公民个人购买商品房日益普遍,出于融资的需要,就有可能采用这种方式。我国物权法在用益物权方面,可以主要规定土地使用权、农村土地承包经营权、宅基地使用权、地役权、典权、空间利用权等权利。

承包经营权是否应当作为物权规定,是一个有争议的问题。有人认为它是债权,也有人认为它应当是物权。大多数学者认为,承包经营权应当作为物权对待。理由是:第一,承包经营权的物权化当然要求物权法对承包经营权的内容、期限都作出明确规定,不能由发包人随意确定。物权法应当具体列举土地承包经营权人所享有的各项权利的内容,包括承包人享有的继承权、赠与权、转让权等,并严格禁止发包方通过土地承包经营合同加以剥夺。例如,承包经营人享有在承包的土地上自由耕种、自由经营的权利。只要不改变农业用地,不建造永久性建筑,不影响邻人的经营和邻人的种植，任何人都不得以所谓“规模经营”、“特色经营”、“一县一品”、“一乡一品”为由来干涉农民的经营。第二，承包经营权的物权化能够使土地承包经营权具有对抗第三人的效力，并获得物权法的保护。第三，承包经营权的物权化有利于稳定土地承包关系，充分调动广大农民的积极性，促使承包者对土地进行长期的投资，防止耕地的大量流失。

（四）担保物权

担保物权主要包括抵押权、质押权等权利，例如甲公司为获得贷款，将其厂房抵押给银行，如不能按期归还贷款，银行有权将该厂房拍卖，从拍卖所得的价款中优先受偿，这就是所谓的抵押权。又如公民甲向公民乙借款，将其摩托车设定质押，双方签订质押合同以后，还必须将摩托车存放在乙处。抵押和质押的区别在于抵押一般需要登记，而质押一般不需要登记。抵押的对象主要是不动产，而质押的对象包括动产和权利（如有价证券、公司的股份以及知识产权中的财产权等）。尽管我国《担保法》已经对担保物权作出了规定，但物权法仍然应当规定担保物权制度，其原因在于：

第一，从体系上考虑担保物权与用益物权制度共同构成他物权体系，如果没有担保物权，则不仅整个物权法的体系是残缺的，而且很难确定《担保法》中规定的抵押、质押、留置是否为担保物权，物权法中总则的规定是否适用于《担保法》上的抵押、质押、留置制度。

第二，担保法本身不是民法典中的独立部分。担保法既包括了保证和定金等合同形式，也包括抵押权、质押权等担保物权形式，前者属于合同法的调整对象，后者应当由物权法加以调整。如果我们将物权法和民法典的制定放在一起来考虑，则应当将担保法的内容分别归属于合同法和物权法之中，而不应当在民法典之外保留一部单独的担保法。

第三，担保法的一些规定过于简略，且有些内容经多年的实践证明需要修改。尽管最高人民法院在2000年颁布的《关于适用〈中华人民共和国担保法〉若干问题的解释》，补充了一些担保法中未规定的内容，但仅仅依靠司法解释是不能完全解决法律的完善问题的。

（五）占有制度

占有制度也是物权法中的一项重要内容，所谓占有，是指对物的事实上的控制状态。由于占有本身不是一种物权，因此，不宜规定在所有权和其他物权制度中，但由于占有本身可以成为物权的一项权能，也是动产物权移转的外在表现。例如，判断动产是否发生了所有权的移转，质押权是否已经设立等，就需要判断占有是否发生了移转。所以，物权法中又有必要规定占有制度。各国物权法都是将占有作为一项单独的制度加以规定，这一经验也值得我们借鉴。

四、制定物权法的几点建议

（一）要正确处理好物权法与土地管理法、房地产管理法、国有资产法等法律的关系。物权法主要是处理平等主体之间的物权的设立、移转和保护的法律，不应包含过多的管理性规范，这些内容主要应该由土地管理法等法律来作出规定。同时物权法是基本的民事法律，应在较长时间内保持其稳定性，对建立社会主义市场经济体制过程中所采取的那些尚未定型的和过渡性的措施，不应当在物权法中作出规定，可以由其他法律或行政法规予以规定。

（二）物权法要注重反映我国多重所有制结构的现实，反映我国经济生活的实际需要以及我国社会生活中的习惯。同时，在国际经济交往日益频繁，尤其是中国即将加入 WTO 的背景下，我国的物权立法也应该借鉴其他国家和地区的有益经验，使物权法具有较强的实用性和可操作性。

（三）由于物权法在民法各部门中，技术性最强，内容极为复杂。因此，在物权立法的过程中，要加强立法的民主性，充分发挥各方面的专家的作用，广泛听取各方面的意见和建议，从而使物权立法能够实现预期目标。

目前，物权法的制定的条件已经完全成熟。我们相信，我们完全有能力制定出一部符合中国国情、合乎市场经济规律、具有中国特色的物权法。

（作者为全国人大财经委员会委员、中国人民大学法学院教授）

我国的婚姻家庭法律制度

胡 康 生

婚姻法是民法的重要组成部分。婚姻法有广义和狭义二说。狭义的婚姻法,是调整夫妻之间的人身关系和财产关系的法律。广义的婚姻法,除调整夫妻之间的人身、财产关系以外,还规范因婚姻产生的父母子女的权利义务等家庭关系。我国现行的婚姻法,是广义的婚姻法。

婚姻法有形式意义上的婚姻法和实质意义上的婚姻法。前者指的是集中规范婚姻家庭关系的某一部法律,就我国而言,指的是《中华人民共和国婚姻法》。后者包括有关婚姻家庭关系的所有法律规范,除婚姻法以外,包括继承法、收养法、妇女权益保障法、老年人权益保障法、残疾人保障法、未成年人保护法、预防未成年人犯罪法、母婴保健法、治安管理处罚条例、刑法等法律中对有关婚姻家庭问题作出的规定。下面,我向大家汇报我国现行婚姻法的基本内容以及修改完善婚姻法需要研究的主要问题。

一、婚姻法的基本内容

我国现行婚姻法是在1950年颁布的《中华人民共和国婚姻

法》的基础上，根据建国 30 年来的实践经验和新情况、新问题，于 1980 年修订的。

1950 年 4 月，毛泽东同志主持的中央人民政府委员会第七次会议通过了《中华人民共和国婚姻法》，1950 年 5 月 1 日颁布施行。这是新中国制定的第一部法律。1950 年婚姻法的核心内容，就是废除包办强迫、男尊女卑、漠视子女利益的封建主义婚姻家庭制度，实行婚姻自由、一夫一妻、男女平等、保护妇女和儿童权益的新民主主义婚姻家庭制度。为了保证婚姻法的贯彻实施，1953 年 2 月，周恩来总理签署发布了政务院关于贯彻婚姻法的指示，确定 1953 年 3 月为贯彻婚姻法运动月，在全国范围内开展宣传婚姻法和检查婚姻法执行情况的群众性活动。这次活动是对封建婚姻陋习的一次大清扫，对于建立和发展社会主义婚姻家庭制度具有重要意义。

1980 年，第五届全国人民代表大会第三次会议通过了现行的《中华人民共和国婚姻法》，自 1981 年 1 月 1 日起施行。1980 年的婚姻法，与 1950 年的婚姻法相比较，主要修改之处是：(1)在总则中增加了保护老年人合法权益和实行计划生育的内容，将原婚姻法规定的父母、子女双方均不得虐待或遗弃，修改为禁止家庭成员间的虐待和遗弃。(2)将法定婚龄从“男二十岁，女十八岁”，修改为“男不得早于二十二周岁，女不得早于二十周岁”。(3)关于旁系血亲禁止结婚问题，将“其他五代内的旁系血亲间禁止结婚的问题，从习惯”，修改为“三代以内的旁系血亲”禁止结婚。(4)增加了父母对未成年子女的管教、保护的规定和祖父母、外祖父母对孙子女、外孙子女之间以及兄弟姐妹之间抚养、扶养义务的规定。(5)关于离婚程序，将男女一方坚决要求离婚的，得由区人民政府进行调解,如调解无效时,应由县或市人民法院处理,修改为可由有关部门进行调解或直接向人民法院提出离婚诉讼。关于离婚条件,在人民法院审理婚姻案件时,增加了"如感情确已破裂"调解无效的,应准予离婚的规定。(6)增加了对违反婚姻法的行为人依法制裁和强制执行的规定。

现行婚姻法的基本内容有以下几个方面:

(一)关于基本原则

1.婚姻自由。婚姻自由是宪法赋予公民的一项基本权利。婚姻自由是指男女双方有权依法决定自己的婚姻,既不受对方的强迫,也不受第三人的干涉。婚姻法明确规定:"禁止包办、买卖婚姻和其他干涉婚姻自由的行为"。婚姻自由,包括结婚自由和离婚自由。这里的"结婚",包含初婚或者再婚。

2.一夫一妻。婚姻法严格维护一夫一妻制度,任何人只能有一个配偶,禁止重婚以及其他破坏一夫一妻制度的行为。这里的一夫一妻,指的是一男一女结为夫妻。

3.男女平等。婚姻法为贯彻男女平等原则,作出了一系列有关夫妻之间或者父母双方在人身、财产上都有"平等"的权利义务的规定,如"夫妻在家庭中地位平等";"夫妻双方都有各用自己姓名的权利";"夫妻双方都有参加生产、工作、学习和社会活动的自由,一方不得对他方加以限制或干涉";"夫妻对共同所有的财产,有平等的处理权";"夫妻有互相扶养的义务","有相互继承遗产的权利";"子女可以随父姓,也可以随母姓";"父母有管教和保护未成年子女的权利和义务。在未成年子女对国家、集体或他人造成损害时,父母有赔偿经济损失的义务"等等。

4.保护妇女、儿童和老人的合法权益。在婚姻家庭上,特别是在有关抚养、赡养和离婚后子女抚养教育等问题上婚姻法着重保护妇女、儿童和老人的合法权益。婚姻法规定:“女方在怀孕期间和分娩后一年内,男方不得提出离婚”;“离婚后,哺乳期间的子女,以随哺乳的母亲抚养为原则”;“离婚时,夫妻的共同财产由双方协议处理;协议不成时,由人民法院根据财产的具体情况,照顾女方和子女权益的原则判决”。婚姻法规定:“父母对子女有抚养教育的义务”;“离婚后,父母对于子女仍有抚养和教育的权利和义务”;“有负担能力的祖父母、外祖父母,对于父母已经死亡的未成年的孙子女、外孙子女有抚养的义务”。婚姻法规定:“子女对父母有赡养扶助的义务”;“有负担能力的孙子女、外孙子女,对于子女已经死亡的祖父母、外祖父母,有赡养的义务”。婚姻法明确规定,禁止家庭成员间的虐待和遗弃。禁止溺婴和其他残害婴儿的行为。

5.实行计划生育。有计划地控制人口增长,是我国的一项基本国策。婚姻法规定,夫妻双方都有实行计划生育的义务,从家庭方面保障计划生育工作的实施。

(二)关于结婚

婚姻法规定,结婚有实质要件和形式要件。结婚的实质要件,如结婚必须男女双方完全自愿;结婚年龄,男不得早于二十二周岁,女不得早于二十周岁;直系血亲和三代以内的旁系血亲、患麻风病未经治愈或患其他在医学上认为不应当结婚疾病的,禁止结婚。

结婚的形式要件,指的是男女双方要求结婚的,必须进行结婚登记。婚姻法规定,要求结婚的男女双方必须亲自到婚姻登记机关进行结婚登记。符合本法规定的，予以登记，发给结婚证，取得结婚证，即确立夫妻关系。近几年，我国每年登记结婚的大约有900万对。

国务院颁布的《婚姻登记管理条例》，具体规定了办理结婚登记时，应当提供的有关文件，如户口证明，居民身份证，所在单位、村民委员会或者居民委员会出具的婚姻状况证明。离过婚的，还应当持离婚证。在实行婚前医学检查的地方，申请结婚登记的当事人，必须到医疗保健机构进行婚前医学检查，向婚姻登记管理机关提交婚前医学检查证明。

（三）关于离婚

婚姻是人生大事。对男女双方自愿离婚的，婚姻法明确规定“准予离婚”，以保障当事人的离婚自由。对男女一方要求离婚的，可以由有关部门进行调解或者直接向人民法院提出离婚诉讼。人民法院审理离婚案件，应当进行调解。调解无效的，在什么情况下准予离婚，婚姻法规定的尺度是“感情确已破裂”。这样，一方面避免当事人意气用事，草率离婚，另一方面也能够解除已经丧失爱情的当事人身上的婚姻枷锁。近年来，我国每年协议离婚的，大约有45万对，经人民法院判决或者调解离婚的，大约有70万对。

怎样掌握感情确已破裂的离婚尺度，人民法院在审判实践中积累了一些经验。最高人民法院《关于人民法院审理离婚案件如何认定夫妻感情确已破裂的若干具体意见》中归纳了14种情形，主要是：(1)有法定禁止结婚的疾病或其他生理、精神疾病，久治不愈的；(2)缺乏感情基础，如婚前缺乏了解，婚后又未建立起夫妻感情的，或因感情不和分居已满三年，确无和好可能的；(3)当事人一方有违反法律和道德规范的行为,如一方欺骗对方,或者在结婚登记时弄虚作假,骗取《结婚证》;一方与他人通奸、非法同居,经教育仍无悔改表现;一方好逸恶劳、有赌博等恶习,不履行家庭义务,屡教不改,夫妻难以共同生活;受对方的虐待、遗弃,或者受对方亲属虐待,或虐待对方亲属,经教育不改,另一方不谅解;一方重婚,对方提出离婚;一方被依法判处长期徒刑,或其违法、犯罪行为严重伤害夫妻感情的;(4)一方下落不明满两年,对方起诉离婚,经公告查找确无下落的等等,都可以视为夫妻感情确已破裂。

(四)关于夫妻财产关系

男女结婚之后,基于夫妻人身关系必然产生夫妻财产关系。关于家庭财产的归属,婚姻法规定,在婚姻关系存续期间所得的财产,归夫妻共同所有。夫妻双方有约定的,按照其约定。如何认定夫妻共同财产,最高人民法院在有关司法解释中指出,夫妻共同财产是指夫妻双方在婚姻关系存续期间所得的财产。包括:(1)一方或双方劳动所得的收入和购置的财产;(2)一方或双方继承、受赠的财产;(3)一方或双方由知识产权取得的经济利益;(4)一方或双方从事承包、租赁等生产、经营活动的收益;(5)一方或双方取得的债权;(6)一方或双方的其他合法所得。此外,对个人财产还是夫妻共同财产难以确定的,主张权利的一方有责任举证。当事人举不出有力证据,人民法院又无法查实的,按夫妻共同财产处理。

夫妻共同财产除上述几种情形外,还有以下几类特殊情况:(1)在婚姻关系存续期间,复员、转业军人所得的复员费、转业费,结婚时间 10 年以上的,应按夫妻共同财产进行分割。复员军人从部队带回的医药补助费和回乡生产补助费,应归本人所有。(2)夫妻分居两地分别管理、使用的婚后所得财产,应认定为夫妻共同财产。在分割财产时,各自分别管理、使用的财产归各自所有。双方所分财产相差悬殊的,差额部分,由多得财产的一方以与差额相当的财产抵偿另一方。(3)已登记结婚,尚未共同生活,一方或双方受赠的礼金、礼物应认定为夫妻共同财产,具体处理时应考虑财产来源、数量等情况合理分割。各自出资购置、各自使用的财物,原则上归各自所有。(4)一方婚前个人所有的财产,婚后由双方共同使用、经营、管理的,房屋和其他价值较大的生产资料经过8年,贵重的生活资料经过4年,可视为夫妻共同财产。

双方离婚时夫妻共同财产怎么处理?婚姻法规定,离婚时,夫妻的共同财产由双方协议处理;协议不成时,由人民法院根据财产的具体情况,照顾女方和子女权益的原则判决。依照婚姻法的规定,最高人民法院在有关司法解释中对分割夫妻共同财产问题作出规定。夫妻共同财产,原则上均等分割,根据生产、生活的实际需要和财产的来源等情况,具体处理时也可以有所差别。

审判实践中在分割夫妻共同财产时区分与生产经营有关的财产、房屋以及知识产权等不同财产类型。如与生产经营有关的财产:(1)一方以夫妻共同财产与他人合伙经营的,入伙的财产可分给一方所有,分得入伙财产的一方对另一方应给予相当于入伙财产一半价值的补偿。(2)属于夫妻共同财产的生产资料,可分给有经营条件和能力的一方,分得该生产资料的一方对另一方应给予相当于该财产一半价值的补偿。(3)对夫妻共同经营的当年无收益的养殖、种植业等,离婚时应从有利于发展生产、有利于经营管理考虑,予以合理分割或折价处理。(4)婚前个人财产在婚后共同生活中自然毁损、消耗、灭失,离婚时一方要求以夫妻共同财产抵偿的，不予支持。

关于房屋的分割：(1)婚后8年内双方对婚前一方所有的房屋进行过修缮、装修、原拆原建，离婚时未变更产权的，房屋仍归产权人所有，增值部分中属于另一方应得的份额，由房屋所有权人折价补偿另一方；进行过扩建的，扩建部分的房屋应按夫妻共同财产处理。(2)对不宜分割使用的夫妻共有的房屋，应根据双方住房情况和照顾抚养子女方或无过错方等原则分给一方所有。分得房屋的一方对另一方应给予相当于该房屋一半价值的补偿。在双方条件等同的情况下，应照顾女方。(3)婚姻存续期间居住的房屋属于一方所有，另一方以离婚后无房居住为由，要求暂住的，经查实可据情况予以支持，但一般不超过两年。无房一方租房居住经济上确有困难的，享有房屋产权的一方可给予一次性经济帮助。

关于知识产权的分割。离婚时一方尚未取得经济利益的知识产权，归一方所有，但在分割其他夫妻共同财产时，可根据具体情况，对另一方予以适当的照顾。

双方离婚时夫妻共同债务怎么偿还？婚姻法规定，离婚时，原为夫妻共同生活所负的债务，以共同财产偿还。如该项财产不足清偿时，由双方协议清偿；协议不成时，由人民法院判决。男女一方单独所负债务，由本人偿还。哪些属于夫妻共同债务，哪些属于夫或者妻的个人债务，最高人民法院在有关司法解释中规定，夫妻共同债务是指夫妻为共同生活或为履行抚养、赡养义务等所负债务。婚前一方借款购置的房屋等财物已转化为夫妻共同财产的，为购置财物借款所负债务，视为夫妻共同债务。以下债务不能认定为夫妻共同债务，应由一方以个人财产清偿：(1)夫妻双方约定由个人负担的债务，但以逃避债务为目的的除外。(2)一方未经对方同意,擅自资助与其没有抚养义务的亲朋所负的债务。(3)一方未经对方同意,独自筹资从事经营活动,其收入确未用于共同生活所负的债务。(4)其他应由个人承担的债务。

(五)父母子女关系

男女结婚后,除互为配偶外,还会产生父母子女等家庭关系。父母子女在家庭中有哪些权利义务,婚姻法作出了一系列的规定,如父母对子女有抚养教育的义务,子女对父母有赡养扶助的义务。父母不履行抚养义务时,未成年的或不能独立生活的子女,有要求父母付给抚养费的权利;子女不履行赡养义务时,无劳动能力的或生活困难的父母,有要求子女付给赡养费的权利。父母有管教和保护未成年子女的权利和义务。在未成年子女对国家、集体或他人造成损害时,父母有赔偿经济损失的义务。父母和子女有相互继承遗产的权利。非婚生子女享有与婚生子女同等的权利,任何人不得加以危害和歧视。非婚生子女的生父,应负担子女必要的生活费和教育费的一部分或全部,直至子女能独立生活为止。父母与子女间的关系,不因父母离婚而消除。离婚后,子女无论由父方或母方抚养,仍是父母双方的子女。离婚后,父母对于子女仍有抚养和教育的权利和义务。

二、修改完善婚姻法需要研究的主要问题

婚姻法修改,已列入今年全国人大常委会审议法律草案计划。20 年来,婚姻法的实施情况如何?据我们向妇联、民政、法院等部门了解,总的认为,婚姻法规定的实行婚姻自由、一夫一妻、男女平

等的婚姻制度，保护妇女、儿童和老人的合法权益，禁止重婚，禁止家庭成员间的虐待和遗弃等基本原则是正确的，有关夫妻、家庭成员间的权利义务的规定是基本可行的，对于建立和维护平等、和睦、文明的婚姻家庭关系，维护社会安定，促进改革开放和经济建设，促进社会主义精神文明建设和社会进步，发挥了积极的作用。同时，伴随着经济、社会的发展，人们的思想观念也发生了变化，在婚姻家庭关系方面出现了一些新问题。全国妇联等部门反映，目前在实施婚姻法过程中存在的问题和新情况下出现的新问题主要有：1. 重婚纳妾、包二奶、姘居、婚外恋等现象挑战我国的一夫一妻制度；2. 家庭暴力案件呈上升趋势；3. 在离婚时妇女的财产权利和探视权利得不到保障；4. 婚姻家庭不稳定，诱发青少年违法犯罪；5. 老年人的赡养得不到保障，受虐待现象严重等。这些情形严重破坏婚姻家庭的稳定，损害妇女、儿童和老人的合法权益，影响社会安定和社会进步。因此，有必要认真总结婚姻法的实施经验，修改完善婚姻法，切实解决婚姻家庭关系中存在的问题。修改婚姻法应当从我国实际出发，坚持社会主义婚姻家庭制度，坚持实行婚姻自由、一夫一妻、男女平等的婚姻制度，维护平等、和睦、文明的婚姻家庭关系，保护妇女、儿童和老人的合法权益，促进社会主义物质文明和精神文明建设。

从现在征求意见提出的问题看，有些是属于道德、法制观念淡漠，缺乏自我约束、自我保护意识；有些是属于执法不力，需要进一步宣传、贯彻婚姻法；有些是法律规定比较原则，需要增强可操作性，尽可能作出具体规定，对有些行之有效、比较成熟的有关行政法规、司法解释的规定可以上升为法律规定；有些是需要研究修改补充一些规定，以更好地防范和制裁破坏婚姻家庭的违法行为。

现将几个主要问题汇报如下：

（一）关于重婚问题

据全国妇联和广东、上海等地反映，近几年包二奶（上海称养金丝鸟）现象呈增多趋势。广东省妇联1996年至1998年接受这方面的投诉分别为219件、235件和348件，97年比96年增长7.3%，98年比97年增长48%。当地归纳包二奶的表现形式是以金钱等物质利益供养婚外异性，主要有：1、提供住房、汽车、生活费用等在外养二奶，称之谓“金屋藏娇”；2.有的养暗娼，甚至称之谓“从良”；3.有的以秘书、保姆等形式，长期保持性关系；4.有的公开妻妾共居。包二奶的主体呈多元化，除有些外商外，还有内地厂长、经理、包工头、个体户，甚至党政干部，如广东宝安一个干部贪污公款，花在几个二奶身上的钱就达二千多万元。这个问题，已严重破坏一夫一妻的婚姻制度，严重违背社会主义道德风尚，败坏社会风气，导致家庭破裂，甚至发生情杀、仇杀、自杀，严重影响社会安定和计划生育。

婚姻法规定了禁止重婚。刑法规定“有配偶而重婚的，或者明知他人有配偶而与之结婚的”为重婚罪。最高人民法院于1994年国务院《婚姻登记管理条例》颁布施行后作出的司法解释明确规定了“有配偶的人与他人以夫妻名义同居生活的，或者明知他人有配偶而与之以夫妻名义同居生活的，仍应按重婚罪定罪处罚。”执法中的主要问题是，包二奶的极少到婚姻登记机关登记，很少公开以夫妻名义同居，有的甚至已经生了一、两个孩子也没有以夫妻名义同居。对于重婚问题，目前一般是当事人一方不告不理，并且取证困难，因此实际处罚的不多。广东省对这项工作抓得较紧，各级法院 1998 年和 1999 年判重婚罪的分别为 146 人和 112 人。对于养暗娼行为,公安机关有的依照治安管理条例的规定予以处罚。

有些部门建议有下列情形之一的,应视为以夫妻名义共同生活,可认定为重婚罪:(1)有配偶的人与他人举行结婚仪式的;(2)有配偶的人虽未与他人举行结婚仪式,但以夫妻相称、在固定住所共同生活的;(3)有配偶的人虽没有与他人举行结婚仪式,但有比较稳定同居关系(半年或一年以上)且生儿育女的或者有配偶的人与他人虽未夫妻相称,但有稳定的同居关系,在固定住所共同生活 6 个月以上的。这样,可以更好地制止和处罚重婚。

有些法律专家建议,针对我国当前包二奶等婚外性行为增多的情形,在婚姻法中增加规定公民的配偶权受国家保护,以明确夫妻必须互负贞操义务。据了解,德国、意大利等国家具体规定了夫妻之间在这方面的义务。如德国民法典第 1353 条规定:"婚姻双方相互之间有义务过共同的婚姻生活;婚姻双方互相向对方负责"。意大利民法典第 143 条规定:"依据婚姻的效力,夫妻之间互负忠实的义务、相互给予精神和物质扶助的义务、在家庭生活中相互合作和同居的义务"。有些同志认为在婚姻法中概括规定配偶权不如具体规定夫妻之间互负忠实、互负同居生活的义务。这样更加便于操作。

(二)关于家庭暴力

传统的婚姻家庭法,对家庭暴力问题未作规定。过去认为家庭暴力属于家庭内部的私事,涉及家庭成员的私权利,政府等部门难以采取强制手段来制止家庭暴力。有的认为即使法律规定法院、警察等部门对家庭暴力的受害者应当予以救济,救济的效果也不好。20世纪70年代以来，家庭暴力问题引起各国重视。家庭暴力的直接受害者主要是妇女、儿童。有的国家建立妇女庇护所等妇女、儿童援助机构，保护妇女、儿童的安全。有的国家和地区已经制定法律，规定受害者可以向法院、警察等部门要求保护，制裁家庭暴力的实施人。如英国1996年制定的《家庭法》，规定受害妇女可以向法院申请禁止令以制止其配偶的暴力行为。美国有40个州制定了有关制止家庭暴力的法规。

近年来，我国家庭暴力问题比较突出，据全国妇联信访工作数字统计和调查情况表明，我国有不少的家庭存在家庭暴力。全国妇联1997年对15个省市的信访统计，因家庭暴力引起的信访量已占婚姻家庭信访总量的34.5%。1999年广东省妇联在广州等11个市组织了1589个家庭入户抽样调查，有29.2%的家庭存在家庭暴力现象，其中有79.4%存在丈夫对妻子施暴，经常（平均每月四次）和有时（平均每月一次）受丈夫施暴的分别占受暴妻子总数的32.1%和39%。严重暴力有增多的趋势。因家庭暴力导致离婚和人身伤害案件增多，甚至发生毁容、残肢、烧妻、杀夫等恶性案件。

我国宪法明确规定禁止虐待老人、妇女和儿童。婚姻法明确规定禁止家庭成员间的虐待。刑法规定了虐待罪、故意伤害、故意杀人罪等。治安管理处罚条例规定，虐待家庭成员，受虐待人要求处理的，公安机关应依法给予行政处罚。制裁家庭暴力是有法可依的，主要是执行问题，一是受虐待人自我保护意识不强，有的认为家丑不可外扬，有的甚至不知道上述法律规定，如据最近全国妇联对北京市390人的调查问卷的统计，有30%的人不知道有这些规定。深圳市、东莞市法院近两年没有受理过一件虐待案。二是公安机关感到清官难断家务事,法院认为证据不足或情节不够恶劣达不到虐待罪,处罚很少。如广东省各级法院1998年和1999年判处虐待罪的仅为5件和7件。

有的部门和有些法律专家建议,这次修改婚姻法应当明确规定禁止家庭暴力。家庭暴力的提法在全世界广泛使用,也是世界妇女最瞩目的问题。今年我国向国际社会提交的对1995年第四次世界妇女大会《北京宣言》、《行动纲领》执行成果国别报告中,也专门谈到了我国家庭暴力的现状、立法、政策与制裁措施。目前对制裁家庭暴力没有分歧意见,但对什么是家庭暴力,它与虐待有什么区别,尚有不同理解。今年3月,湖南省人大常委会制定的《关于预防和制止家庭暴力行为的决议》中规定:家庭暴力,是指发生在家庭成员之间,以殴打、捆绑、禁闭、残害或者其他手段,对家庭成员从身体、精神、性等方面进行伤害和摧残的行为。有些法律专家认为虐待家庭成员的含义比家庭暴力的含义要宽,家庭暴力不包括精神上的损害和摧残。在婚姻法修改中需要体现和处理好禁止虐待家庭成员和禁止家庭暴力的关系,对家庭暴力或者虐待家庭成员的行为,除现有的刑法和治安管理处罚条例规定的处罚以外,需要加强对被侵害人的救助,加大对家庭暴力和虐待的处罚力度,更好地保护妇女、儿童和老人的合法权益。

(三)关于夫妻财产制问题

夫妻财产制度,国外大体上有统一财产制、共同财产制、联合财产制和分别财产制。统一财产制是将妻子的原有财产估价,移转所有权于丈夫,妻子保留对该财产的返还请求权。这种财产制使妻子对原有财产的所有权变成了债权,对妻子很不利,随着妇女经济、社会地位的提高渐趋没落。联合财产制是夫妻的财产仍归各自所有,但将其联合在一起,由丈夫管理。采纳联合财产制的国家和地区较少。大多数国家实行的是共同财产制和分别财产制。以上四种夫妻财产制度,主要是从财产的归属和管理的角度划分的,和法定财产制、约定财产制划分的角度不同。依照我国婚姻法,婚姻关系存续期间财产的归属,夫妻之间有约定的,按照其约定,夫妻之间没有约定的,为夫妻共同财产。也就是说,我国法定财产制实行的是共同财产制。

婚姻法规定:"夫妻在婚姻关系存续期间所得的财产,归夫妻共同所有,双方另有约定的除外。"有些法律专家和部门建议将其修改为夫妻双方可以通过约定选择适用哪种夫妻财产制;没有约定的,适用法定夫妻财产制,并确立夫妻一方的特有财产制。1.约定的夫妻财产制有下列几种:(1)一般共同制,即夫妻的婚前财产和婚姻关系存续期间所得的财产,均归双方共同共有。(2)管理共同制,即一方的婚前财产和一方在婚姻关系存续期间所得的财产,归本人所有;根据双方的约定,双方的财产由夫或妻统一管理。(3)分别财产制,即一方的婚前财产和一方在婚姻关系存续期间所得的财产,归本人所有,由本人管理;委托另一方管理的,适用有关委托代理的规定。2.夫妻一方的特有财产制,即下列财产归一方本人所有:(1)一方的婚前财产及其孳息。(2)遗嘱或赠与合同中指明由一方继承、受遗赠或受赠的财产。(3)一方享有的知识产权中的财产期待权。(4)一方为从事职业所必需的专用财产,但夫妻共同购置且价值较大的除外。(5)一方专用的衣物和其他生活用品。(6)其他依法应当归个人所有的财产。3.法定夫妻财产制,即夫妻双方没有约定的,夫妻在婚姻关系存续期间所得的财产,除特有财产外,归夫妻共同所有。

有些同志认为,婚姻法规定的夫妻共同财产制仍应作为我国夫妻财产制的基本制度。完善夫妻财产制,需要考虑民族传统习惯,考虑城乡、地区间的不同情形,各家庭经济、文化状况的不同情形,以更好地保护妇女的合法权益。

(四)关于离婚问题

1. 有些部门的同志和法律专家建议,将法院审理离婚案件准予离婚的杠杠由现行婚姻法规定的"感情确已破裂"修改为"婚姻关系破裂"或"夫妻关系破裂"。主要理由是:结婚是国家对男女双方形成特定身份关系即婚姻关系或夫妻关系的确认,而不是对感情关系的确认。感情是个人内心的感受,法院难以识别和判断。他们认为最高人民法院司法解释列举的 14 种情形中有些是婚姻关系或夫妻关系破裂的情形,而非感情破裂的情形。有些同志认为,可以不作修改。理由是:1980 年修改 1950 年的婚姻法时,将离婚杠杠由一方坚决要求离婚,经调解无效时,亦准予离婚,修改为"感情确已破裂"是经过反复研究确定的。现行司法解释规定的 14 种情形并不是必然形成婚姻关系或夫妻关系破裂,主要还是因发生这些情形造成感情确已破裂而提出离婚。如果轻易作出修改或者具体列出可以离婚的情形,是否会被理解为放宽离婚条件。

2. 关于离婚后子女抚养问题。主要反映:一是拖欠抚养费,拖欠抚养费的原因,有的是无故拖欠,有的是确因下岗、患病等发生经济困难,情况比较复杂,可由一方当事人申请法院执行,由法院根据不同情形,依法作出裁判。二是关于探视权,比较一致的意见是可以增加规定,父母离婚后,非带孩子一方享有探望子女的权利，带孩子一方有让非带孩子一方探望子女的义务。对不履行义务的，应当增加强制履行的规定。

3. 关于离婚财产分割问题。主要反映：一是住房分割困难。二是随着市场经济发展，以夫妻共同财产从事个体、合伙、私营经济或两人以上设立有限责任公司的日益增多，离婚时尤其是对投入合伙和有限责任公司的财产或股权怎么分割？三是在农村夫妻共同享有的土地承包经营权和宅基地怎么分割？这些问题，应当从男女平等、保护妇女、儿童合法权益、有利于生产经营、方便生活的原则考虑解决。此外，对于一方在离婚前或提起诉讼后，隐匿财产、转移财产，甚至编造假债务，损害另一方财产权益的情形，需要考虑受害方有权追偿和保全财产的救济途径。

4. 关于确立离婚时婚姻过错赔偿制度问题。有些部门和法律专家建议，确立过错赔偿制度，即因夫妻一方的重大过错致使婚姻关系破裂的，无过错方有权要求过错方赔偿损害。这样规定有利于制裁实施重婚、姘居、通奸、婚外恋、家庭暴力等有过错的当事人，保护无过错方的权益。

婚姻法规定，离婚时夫妻双方对共同财产协议处理不成时，由人民法院根据财产的具体情况，照顾女方和子女权益的原则判决。离婚时，如一方生活困难，另一方应给予适当的经济帮助。最高人民法院的司法解释中规定，离婚分割财产时应当照顾无过错方。要确立离婚时过错赔偿制度，尚需研究：一是哪些情形属于有过错，夫妻关系破裂往往不是一方所致，是多方原因或互为因果。比如女方有婚外恋，是由于男方长期虐待、殴打，得不到温暖造成的，怎么认定是哪一方过错。二是精神损害如何赔偿，怎么计算损失赔偿额。三是重婚或者婚外恋的第三者是否作为共同侵权人也要承担赔偿责任。

(五)关于离异家庭的子女教育问题

夫妻离异后,有些父母放松甚至不管其子女的教育,导致青少年违法犯罪的现象日益增多,已经引起社会各界的重视和关切。据有关专家统计,在一些地方的青少年犯罪中,离异家庭的青少年占的比例在40%以上。北京市95年破获一起16万元盗窃案,罪犯是4个中学生,其中3个生活在离异家庭。关于对离异家庭子女的教育问题,婚姻法和其他有关法律已有不少规定。比如婚姻法规定,父母与子女间的关系,不因父母离婚而消除。离婚后,子女无论由父方或母方抚养,仍是父母双方的子女。离婚后,父母对于子女仍有抚养和教育的权利和义务。预防未成年人犯罪法规定,未成年人的父母离异的,离异双方对子女都有教育的义务,任何一方都不得因离异而不履行教育子女的义务。继父母、养父母对受其抚养教育的未成年继子女、养子女,应当履行本法规定的父母对未成年子女在预防犯罪方面的职责。修改婚姻法需要研究如何更好地落实对离异家庭子女加强教育的问题,防范和减少其违法犯罪行为,切实保障他们的身心健康成长。

(六)关于保障老年人权益问题

老年人得不到赡养和受虐待以及干涉老年人婚姻的现象在城乡都有发生。我国已进入老龄社会,对这些问题必须引起高度重视。婚姻法、妇女权益保障法、老年人权益保障法等有关法律对保障老年人权益有一系列规定。为了解决上述问题,需要研究如何加强子女对老年人履行赡养的义务和责任,不得虐待老人,应当尊重和保障老年人的婚姻自由;需要加强有关国家机关依法履行职责,防范和制裁虐待、遗弃老年人、干涉老年人婚姻自由等违法犯罪行为;需要充分发挥妇联、居民委员会、村民委员会等有关组织的作用,更好地保障老年人的合法权益。

其他有关确立无效婚姻制度、涉外婚姻、人工技术生育涉及的父母子女间权利义务等问题,也正在进一步研究。

婚姻家庭法律制度关系到每个公民和家家户户的切身利益,关系到经济发展和社会进步。修改婚姻法要广泛征求各方面意见,尤其要征求人民群众的意见。全国妇联等有关部门为此已做了大量工作,一些法律专家还提出了婚姻家庭法(法学专家建议稿)。我们要会同妇联、民政、法院等有关部门和法律专家,进一步走群众路线,认真总结实施婚姻法的经验和存在的问题,在婚姻法的基础上,对于经实践证明是正确、可行的基本原则和规定,予以肯定和保留,对于需要完善并达成共识的问题,加以修改和补充,对于尚有不同意见的问题,要抓紧调研和论证,尽快提出婚姻法修正案(草案)稿。

(作者为全国人大常委会法制工作委员会副主任)

我国的商事法律制度

王 保 树

商事法律制度是一项古老的法律制度，但在我国还是一项年轻的法律制度。在高度集中的计划经济体制下，没有也不可能有商事法律制度。在我国，商事法律制度的建立得益于改革开放，特别是得益于实行社会主义市场经济体制。

一、中国商事法律制度的几个基础性问题

（一）商事法律制度与商法

商法是商事法律制度的表现形式。它是调整平等商事主体之间的商事关系的法律规范的总称。在社会主义市场经济发展中，人们之间会发生各种各样的社会经济关系，不同的法律部门承担着不同的任务。其中，商法承担着调整商事关系的任务。换言之，商法通过调整平等商事主体（即市场经营主体）之间的商事关系，规范商事主体及其商事行为，确认交易顺利、可靠、安全的原则，保护商事主体实现营利的合法权益，进而促进社会主义市场经济的发展。所以，商法是社会主义市场经济发展中重要的法律部门。

商法有形式意义的商法和实质意义的商法。形式意义的商法是以商法为名称制定的法典,它着眼于规范的表现形式和法律的编纂结构。但是,由于各国的国情和法律编纂的原则不同,形式意义的商法也表现为不同的具体形式。实质意义的商法则是从规范的总合上把握的一定的法域。它着眼于规范的性质、规范的构成和作用理念的统一。从实质意义上考察,商法不仅可以存在于商法典中,也可以存在于其他形式的商事法律、法规中。在市场经济条件下,一个国家可以没有商法典,但不可以没有商法。我国虽然没有商法典,但在1992年以来,相继制定了海商法、公司法、票据法、保险法、商业银行法、合伙企业法、证券法和个人独资企业法。此外,国务院还颁布了相应的商事法规。这样,存在于这些法律、法规中的商事法律规范的总合就是我国的商法。

(二)中国商事法律制度的特点

前已述及,我国在计划经济体制下,不曾有商事法律制度。因为,商事法律制度的存在土壤是市场经济。1992年,邓小平同志的南巡谈话提出了社会主义市场经济的问题。之后,党的十四大作出了在我国建立社会主义市场经济体制的决策,并载入了宪法。社会主义市场经济的发展提供了商法在我国扎根、发展的土壤,因而商事法律部门快速发展起来了,并且形成了它自己的特点。

1.它调整的商事关系是人们基于营利目的而发生的经济关系。商法之所以能作为独立的法律部门存在于我国的社会主义法律体系之中,从根本上说,就是因为有商事关系的存在。无疑,商事关系和民事关系具有共性,它们都是平等主体之间建立的社会关系。但是,商事关系在民事关系的基础上发展出了它的特性,即营利性。所谓营利性，是指谋求超出投资的利益，并将其依法分配于投资者。商事法律制度不调整全部平等主体之间的经济关系，而只调整商事主体在商事活动中发生的具有营利性特征的商事关系。

2.具有私法的性质，但渗透着公法的因素。商法和民法一样，是私法的一个重要领域。首先，作为商法对象的企业，或是公司、合作社，或是个人独资企业、合伙企业，它们都是私法的主体，因而是私法对象的一部分；第二，商法调整的上述商事关系是个人之间的关系。缔结这种关系的个人不仅有自然人，也包括法人等，因而它们都是平等的主体。并且，这一关系是围绕企业（或自然人）经营发生的。这种平等主体之间发生的商事关系，无疑是私法调整对象的必要组成部分。第三，商法所保护的权利是企业从事商事活动的权利，其核心是保护企业的经营自由，其本质是保证企业实现其营利的动机。为了使企业实现其权利，必须确保企业的经营决策自由。这些，都是商法作为私法的任务。

当然，我国商法也和其他国家的商法发展趋势一样，渗透着公法的因素。如我国公司法关于公司登记、对公司违法行为的行政处罚和刑事处罚等，都表现了公法性质。这表明，商事权利需要多种法律规范的保护。

3.采用"民商合一"的编纂体制。就世界范围而言，商法的编纂体制有两种：一是采用"民商分立"的体制，即民事、商事分别立法，于民法典之外另立商法典，使民法典与商法典各自独立存在。如法国、德国、日本、西班牙、葡萄牙等国均采此制。一是采"民商合一"的体制，即民事、商事统一立法，有关商事的规定，或编入民法典，或以单行法颁行之，如瑞士、荷兰等国均采此制。立法的实践已表明,我国在商法编纂方面,也采用“民商合一”的体制。我国已有民法通则(应被视为现行的民事基本法),并已制定了合同法,正在草拟物权法。在此基础上,将制定具有中国特色的民法典。商法的编纂则不采取制定商法典的作法,而是采用公司法、证券法、票据法、保险法、商业银行法、海商法等分别颁布的作法。国内外的经验表明,商事法技术性强,适应市场经济瞬息万变的需要,适时修改将是十分必要的。并且,相对其他法律部门,其修改是较频繁的。因此,商事法以单行法颁行较以法典颁行适应性强。换言之,采用“民商合一”的编纂体制较采用“民商分立”编纂体制更适应市场经济的发展。

(三) 商法与民法、经济法的关系

在我国社会主义法律体系的不断完善和社会主义市场经济的发展中,商法和其他法律部门的关系将是引人注意的。尤其是商法和民法、经济法的关系,更加引人注意。

1. 商法和民法的关系。商法和民法是私法中的两大领域,关系十分密切。民法是对平等主体之间发生的社会关系做出规定的一般法,商法则是对其商事关系作出规定的特殊法,两者是一般法和特别法的关系。市场经济发展的实践表明,以企业为中心形成了许多特殊物质生活领域,从而出现了许多特殊的社会关系即商事关系。这些关系的调整需求,要求有一些特殊的规定予以满足。而这些规定,不可能完全在民法的框架内完成,需要以特别法的形式实现。所谓商事法的特别规定,主要是:

(1) 对民法个别规定的补充、变更。如票据法关于时效的规定。

(2) 对民法一般制度的特殊化规定。如公司法关于公司的规定就是对民法通则中企业法人的特殊规定,或者说,它是为了实现企业法人制度作出的更具体的规定。

(3) 创设民法所没有的特殊规定。如海商法关于共同海损的规定等。

基于这些特殊规定,在法律适用上,必须遵守以下原则:

(1) 民法的一般适用和补充适用。在商事关系的调整中,民法的一般适用是一个原则。同时,凡商法对某些商事事项未设特殊规定者,民法的规定均可补充适用。

(2) 商法的适用优先于民法。依照一般法和特别法的关系,特别法的适用应先于一般法。凡有关商事事项,应首先适用商法。如商法未予规定者,则依照前述的民法补充适用的原则,适用民法的有关规定。

(3) 商法的效力优于民法。商事法律中关于商事登记、行政处罚、刑事处罚的规定,涉及行政法、刑法、诉讼法等。此类规定,其效力优于民法。

2.商法和经济法的关系。商法和经济法都是规范有关企业经济活动的法律部门。因此,历来有将商法和经济法统一把握的主张。但是,商法和经济法在具体性质上是不同的。商法虽以企业为对象,但仅调整商事关系即企业经营关系,注重商事主体个别利益的保护;经济法则确认和规范政府对经济的适度干预,仅调整政府及政府部门以社会公共管理者的身份进行经济管理中发生的经济管理关系,注重社会公共利益的保护。因此,将两者分别把握的主张已成为人们的一种共识。

二、中国现行商事法律制度的基本内容

我国现行的商事法律制度包括两个方面,即规范商事主体的商事组织法律制度和规范商事行为的商事行为法律制度。

(一)商事组织法律制度

规范的商事主体是社会主义市场经济健康发展的必要条件,因此,有关商事主体的法律规范是现行商事法律制度的基本内容之一。而商事主体法律规范,除规定个人从事商事活动外,无一例外地表现为商事组织法,即各种企业法律制度。

1.公司法律制度

公司法律制度集中体现为公司法,于1993年12月29日通过,它是规范现代企业形式——公司的重要法律。该法规定了公司种类、公司的设立、公司的组织机构、股份有限公司的股份的发行与转让、公司债券、公司的财务会计、公司的合并、分立、解散和清算、外国公司分支机构等。公司法的颁布使我国企业立法进入了一个新阶段,它标志着我国企业立法从主要按照企业所有制的不同进行立法转向主要按照企业出资人的责任和资金组成结构的不同进行立法。我国公司法以建立规范的公司制度为其宗旨,摈弃了股份制试点中定向募集等不规范的作法,明确规定公司设立的条件,吸收国外通行的原则和作法,诸如股东平等原则、股东有限责任原则、公司组织机构合理分工与相互制约的原则、保护股东和债权人合法权益的原则等,都为我国公司法所采用。公司法还突出了公司信用在市场交易安全中的地位,明确规定公司注册资

本的最低限额,强调公司资本的真实性和不得任意减资,注意维持相当于公司资本额的财产。这些,都为保护公司债权人、股东的合法权益,提高投资者信心,维护公司的稳定和发展,发挥了重要的作用。

公司法根据我国的国情和各国的通例,采用公司形式法定的原则,仅规定了有限责任公司和股份有限公司两种公司。但是,这两种公司为投资者建立公司和国有企业改建公司提供了制度框架,即公司法人制度的结构:

第一,股东财产和公司财产的分离。公司法规定的公司财产权利结构与全民所有制工业企业法不同。依公司法第四条的规定,公司股东作为出资者按投入公司的资产享有所有者的资产受益、重大决策和选择管理者等权利。公司享有由股东投资形成的全部法人财产权。这意味着,包括国有出资人在内的公司的股东在出资后仅享有股东权,公司则对出资人出资形成的财产享有包括所有权在内的全部法人财产权。因此,公司可依法对其拥有的财产占有、使用、受益和处分,实现了公司财产和股东财产的分离。

第二,股东承担有限责任。依照公司法第三条的规定,有限责任公司,股东以其出资额为限对公司承担责任;股份有限公司,其全部资本划分为等额股份,股东以其所持股份为限对公司承担责任。这样,公司法就确认了股东有限责任原则。其含义是:股东仅对公司负责;股东以出资额为限负责;股东不对公司的债权人直接承担责任。这一原则无一例外地适用于所有股东,包括国家作为出资人的股东。由此,调动了投资者的积极性,也以法律形式解除了实际存在的国家对国有企业承担的连带责任。

第三,公司具有独立的人格。依公司法第三条规定,有限责任公司和股份有限责任公司是企业法人。又依公司法第五条规定，公司以其全部法人财产，依法自主经营，自负盈亏。换言之，公司具有权利能力和行为能力，能以自己的名义独立享有权利、承担义务，能独立承担民事责任。

公司法还依照合理分工、相互制约的原则，规定了包括股东大会、董事会和监事会在内的公司组织机构。

这些，为建立适应社会主义市场经济发展要求的现代企业提供了组织构造的模式。

2. 合伙企业法律制度

1997年2月23日颁布的合伙企业法是我国第一个全面系统规定合伙企业法律关系的法律。它规定了合伙企业的设立，合伙企业的财产，合伙企业的事务执行，合伙企业与第三人的关系，入伙、退伙，合伙企业解散、清算等。合伙企业是我国企业形态的一种，它是依照合伙企业法在中国境内设立的由各合伙人订立合伙协议，共同出资、合伙经营、共享收益、共担风险，并对合伙企业债务承担无限连带责任的营利性组织。合伙企业虽然是多投资主体举办的企业，但它不同于公司，其本质特征是出资人(合伙人)对合伙企业的债务承担无限连带责任。合伙企业对其债务，应先以其全部财产进行清偿。合伙企业财产不足清偿到期债务的，各合伙人应当承担连带无限责任。合伙企业存续期间，合伙人的出资和所有以合伙企业名义取得的收益均为合伙企业的财产，该财产由全体合伙人依照合伙企业法共同管理、共同使用。各合伙人对执行合伙企业事务享有同等的权利，可以由全体合伙人共同执行合伙企业事务，也可以由合伙协议约定或者全体合伙人决定，委托一名或者数名合伙人执行合伙企业事务。执行合伙企业事务的合伙人,对外代表合伙企业。不参加执行事物的合伙人有权监督执行事务的合伙人,检查其执行合伙企业事务的情况。合伙企业可以吸收新的入伙人,但新合伙人入伙时,应当经全体合伙人同意,并依法订立书面协议。为了保护债权人的利益,合伙企业法规定,入伙的新合伙人对入伙前合伙企业的债务承担连带责任;退伙人对其退伙前已发生的合伙企业债务,与其他合伙人承担连带责任。

3. 个人独资企业法律制度

个人独资企业法,是前不久才颁布的一部商事法律。它的宗旨是规范个人独资企业的行为,保护个人独资企业投资人的合法权益,维护社会经济秩序,促进社会主义市场经济的发展。个人独资企业是社会经济发展中最古老的一种企业形态,它是依照个人独资企业法在中国境内设立,由一个自然人投资,财产为投资人个人所有,投资人以其个人财产对企业债务承担无限责任的经济实体。个人独资企业的设立实行准则主义,其设立本身不需经过审批。但是,某些领域个人独资企业必要的营业审批是需要的。个人独资企业有两大特点:一是出资人控制严,个人独资企业投资人对本企业的财产依法享有所有权,其有关权利可以依法进行转让和继承;个人独资企业投资人可以自行管理企业事务,也可以委托或者聘用其他具有民事行为能力的人负责企业的事务管理。二是个人独资企业的投资人对企业债务承担无限责任,以其家庭共有财产作为个人出资的,应当依法以家庭共有财产对企业债务承担无限责任。

4. 其他企业法律制度。除上述三种企业外,我国还制定了全民所有制企业法、城镇集体企业暂行条例、农村集体企业暂行条例以及为特别公司——商业银行的运营制定的商业银行法。这些,都是规范市场经营主体的法律。

不同的企业法律规定了不同的企业法律形态，为我国实行以公有制为主体，多种经济形式共同发展的制度提供了法律框架，也为国有企业建立现代企业制度和各种投资者自由选择企业组织形式提供了方便。

（二）商事行为法律制度

商事行为法律制度是商法中的重要分支，它是规范和引导商事行为的规则。我国的商事行为法律制度主要由企业直接融资的法律规则、间接融资的法律规则、预防和分散商业风险的法律规则、票据与票据交换的法律规则以及海上运输法律规则构成。除由于我国实行“民事合一”的立法体制，一些重要的商事行为法律规范含于民事法律（如合同法）之中外，主要的商事行为法律制度有：

1. 证券法律制度

1998年12月29日制定的证券法全面规定了证券发行与证券交易，目的在于保护投资者利益，维护社会经济秩序和社会公共利益。为了达到这一目的，我国证券法实行一系列重要原则，包括：证券的发行、交易活动，实行公开、公平、公正的原则；证券发行、交易的当事人地位平等，遵守自愿、有偿、诚实信用的原则；证券业和银行业、信托业、保险业分业经营、分业管理的原则；对全国证券市场的统一监管与证券业协会的自律性管理相结合的原则。证券法对证券的发行、交易，上市公司收购，证券交易所，证券公司，证券业协会和证券监督管理机构等作出了较详细的规定。

依照我国证券法规定，公开发行证券，必须符合法律、行政法规规定的条件，并依法报经国务院证券监督管理机构或者国务院授权的部门核准或者审批。公开发行股票，必须依照公司法规定的条件，报经国务院证券管理机构的核准；发行公司债券，也必须依照公司法规定的条件，报经国务院授权的部门审批。证券交易当事人依法买卖的证券，必须是依法发行并交付的证券。非依法发行的证券，不得交易。依法发行的股票、公司债券及其他证券，法律对其转让期限有限制性规定的，在限定的期限内，不得买卖。经依法核准的上市交易的股票、公司债券及其他证券，应当在证券交易所挂牌交易。所有证券交易均以现货进行交易。

证券法还规定了上市公司的信息公开义务。发行公司股票、债券，应当公告招股说明书、公司债券募集办法。公司发行新股或者公司债券的，应当公告财务会计报告。上市公司发生可能对该公司股票交易价格产生较大影响，而投资者尚未得知的重大事件时，上市公司应当立即将有关该重大事件的情况向国务院证券监督管理机构和证券交易所提交临时报告，并公告说明事件的实质。公司披露的信息必须真实、准确、完整，不得有虚假记载、误导性陈述或重大遗漏。这样做，可以为保护投资者的利益和实现公正交易创造条件。

2. 票据法律制度

1995 年 5 月 10 日颁布的票据法，是我国第一个全面规定票据事项的法律。它的宗旨是规范票据行为，保障票据活动中当事人的合法权益，维护社会经济秩序。历来，票据立法体制有“分离主义”和“包括主义”之别。票据立法的“分离主义”是指将汇票、本票归于一项立法，将支票归于另一项立法；票据立法的“包括主义”是将汇票、本票、支票合于一项立法。我国票据法属于“包括主义”

的立法，其特点是采用汇票、本票、支票三票合一的编纂体制，即以汇票为主，将汇票、本票、支票的出票、背书、承兑、保证、付款等规则统一规定于票据法之中。票据是出票人依照法律规定签发的、约定自己或委托他人在见票时或指定日期无条件支付确定的金额给收款人或持票人的有价证券。票据有多种功能，包括支付功能、汇兑功能、信用功能、抵消债务和融资的功能。因此，票据交换是加速经济发展的重要因素。但是，在计划经济体制下，票据仅作为支付、汇兑手段。票据法的颁布和实施，为票据在市场经济条件下充分发挥它的各种功能创造了条件。

3. 保险法律制度

保险有商业保险和社会保险两种。1995 年 6 月 30 日颁布的保险法是规范商业保险的基本法，对保险合同、保险公司、保险经营规则、保险业的监督管理、保险代理人和保险经纪人等作出了具体的规定。保险法通过对保险关系和保险业管理关系的调整，充分发挥保险作为经济补偿制度的功能，分散危险、消化损失，确保经济和社会的安定。我国保险法主要实行下列原则：第一，财产保险业务和人身保险业务分业经营的原则，即同一个保险人不得同时兼营财产保险业务和人身保险业务。第二，保险利益原则。所谓保险利益，是指投保人对保险标的具有的法律上承认的利益。投保人对保险标的应当具有保险利益。否则，保险合同无效。保险利益原则的目的在于，限制损害填补的适用，避免赌博行为和防范道德危险。在人身保险中，则还在于维护被保险人的人身安全。第三，有利于弱者的原则。保险法实行法定解除权制度，除保险法另有规定或者保险合同另有约定外，保险合同成立后，投保人可以解除保险合同；除保险法另有规定或者保险合同另有约定外，保险合同成立后，保险人不得解除保险合同。同时，对于保险合同条款，保险人与投保人、被保险人或者受益人有争议时，人民法院或者仲裁机构应当作出有利于被保险人和受益人的解释。第四，保险公司稳健、安全运营的原则。保险公司的经营涉及千家万户，必须做到稳健、安全运营。适应其需要，保险法规定了保险准备金提取制度、偿付能力维持制度、资金运用制度等。

4. 海商法律制度

海商法律制度是调整海上运输关系和船舶关系的商事法律制度。我国 1992 年 11 月 7 日颁布的海商法是第一部规定海商制度的法律，它是我国海商法律制度的集中体现。该法系统规定了船舶、船员、海上货物运输合同、海上旅客运输合同、船舶租用合同、海上拖船合同、船舶碰撞、海难救助、共同海损和海事赔偿责任限制，为调整海商关系、解决海事纠纷提供了重要的依据。

海商法是国内法，但由于海上运输具有较强的国际性，因而各国在制定海商法时不得不参照国际立法和国际惯例，以求得国际海上运输法律规则的相对统一。我国的海商法是第一部大量将国际公约的规定引入国内立法的法律。其中，有些部分将公约的实质性条款全部引入，有些部分有选择地吸收。海商法还引入了国际惯例，诸如共同海损的确定、分摊和理算，均采用了国际惯例。由于海商法吸收了当前国际立法、国际惯例和国际海运实践的最新成就，受到国际海商法学界和实务界的好评，被人们认为是同国际社会接轨最好的一部法律。

我国的商事法律制度，就其主要部分而言，是 1993 年开始发展起来的。但它紧密结合社会主义市场经济体制的建立，在规范商事主体和其行为中发挥了重要作用。尤其是在建立现代企业制度中,为国有企业提供了公司法人制度框架,指明了国有企业成为市场经营主体的健康发展之路。

三、中国商事法律制度的完善

中国商事法律制度的建立和发展是迅速的,它以不到10年的时间,办了40多年没有办成的商事立法大事。但是,由于商事立法大发展的时期正处在经济体制转变时期,商事关系变动性强,不容易把握。加之,时间较短。因此,表现商事法律制度的商事法律不可避免地存在缺陷:一是在内容上,具有明显的过渡性。一方面,基于对市场经济的认识,注意到市场经济的国际性,我们在商事立法中借鉴了许多国外有益的经验;另一方面,我们的市场经济是发展中的市场经济,还不是成熟的社会主义市场经济,因而不可能完全吸收国外商事立法的先进经验。并且,在立法中不得不反映经济体制转轨的痕迹。但是,社会主义市场经济发展很快,具有过渡性特点的商事法律制度不可能完全适应商事关系调整的需要。二是在形式上,条文简单,不够详细,可操作性不强。因此,我国商事法律制度需要改革和完善。

(一)制定商事主体的一般规则

如前所述,我国在实际上实行的是"民商合一"的立法体制。因此,民事主体法律制度是商事主体法律制度的基础,完善民事主体法律制度也是完善商事法律制度的组成部分。在一点上,我们寄希望于将来制定民法典。但是,我国社会主义市场经济发展的实践也表明,民事主体不能够都成为商事主体。换句话说,我们不能够搞"全民经商"。之所以,多次纠正司法机关经商、军队经商、公安机关经商,而仍出现反复。除了认识问题、管理问题以外,缺乏商事主体规则不能不说是一个原因。同时,我们在经济法律中课以市场经营者更多的注意义务(如反不正当竞争法、消费者权益保护法的规定),就是因为他们不是一般的民事主体,而是在民事主体的基础上具备一定条件后成为商事主体了。所以,应该制定一部关于商事主体一般规则的法律,使人们明确什么是商事主体?什么是商事行为?等等。在这方面,深圳市人大常委会已作了一些探索,他们制定了一个商事条例,对商事主体(商人)等一系列一般规则作出了规定,值得认真总结。

(二)完善商事组织法

如上所述,我国已经有了各项商事组织的法律,各种企业的组建和运营做到了有法可依。但是,不能说都很健全。经济体制改革初期制定的关于国有企业、集体企业的法律,由于有着明显的计划经济的痕迹,已很难再继续实施,亟待修改。尤其应特别提及的是,公司法需要尽快进行修改,以适应社会主义市场经济发展的需要。

公司法存在的主要问题是:

1.制度不完整。一是公司立法本身留下了空白。譬如司法实践中出现了大批公司设立无效的案件,但现行公司法没有对公司设立无效作出规定。二是公司法多处授权由国务院另行作出规定,但国务院一直未做出规定。这表明,这些必要的规则需要由公司法直接作出规定。

2.公司制度不统一。现行的公司法律制度实际是两套:一是

1993年底颁布的公司法，一是外商投资企业法律确认的有限责任公司的规则。虽然，公司法中表述了两者的关系，但两者冲突甚多，需要统一。

3.公司法分设股份有限公司规则和有限责任公司规则的必要性，应充分突出出来而未充分突出出来。尤其是公司组织机构的规则，虽然是分别规定的，但差别性不大，使人难以感到分设的必要。甚至，区分这两种公司的意义被淡化了。

因此，有必要对其作出修改。如何完善和修改公司法？

首先，应明确一个指导思想，即借鉴制定统一合同法的经验，彻底修改公司法，实现公司法律规范的统一。一是废除公司法律制度上的双轨制，不再保留外商投资企业法。适应这一要求，在实现公司法的一元化同时，制定外资法，规定关于对外资进行管理、引导、监督的规则。二是将有关企业集团的规则纳入公司法框架之内，不对企业集团单独立法。

其次，完善公司法的重点应放在公司的设立和公司组织机构上。

在公司设立规则上，应进一步健全公司设立中责任的规定，补充公司设立无效的救济规则。

在公司组织机构的规则上应突出解决以下问题：

(1) 完善董事、监事的产生程序。所谓董事、监事的产生程序，包括董事、监事的提名程序和选举程序。现在，董事、监事的提名不规范，有政府部门提名的，也有在换届时由董事会提名的。显然，这些做法是和公司法的精神有距离的。前者，是政企不分在新形势下的表现；后者，等于自己提名自己为董事候选人。公司法应明确规定董事、监事的候选人的提名权属于股东。股东认为必要时，可以授权他人提名。

(2) 完善股东大会制度。进一步充实股东大会召集、举行和作出决议的规则，包括股东出席会议法定多数的规则和多种表决方式的规则。

就我国股东大会运作的实践而言，现在既有股东如何有效实现权利的问题，也有如何防止小股东在股东大会上“闹事”的问题。两者都需要加以解决。但两者相比，前者更重要。必须方便股东行使股东权，这是健全和完善公司法人治理结构的第一着眼点。股东利益最大化，是公司运营的核心，也是完善公司法人治理结构的最重要的目标。要提供各种有效途径，使股东能比较容易地行使表决权，要使股东有充分的机会，及时、定期地获得公司相关的信息，特别是公司经营中重大问题的信息。公司控制的市场运作应以有效和透明的方式进行。在完善公司收购制度的基础上，应及时披露证券市场上争夺公司控制权的程序、以及公司购并、重要资产出售等特殊交易，从而使投资者了解其权利。交易应该在透明的价格和公平的环境下进行，以保护所有股东的利益。在公司收购中，不能让经营管理者逃避他对股东的诚信责任。应完善股东向董事质询的规则，建立股东代表诉讼制度，以充分保护公司的利益，并进而保护股东的利益。

(3) 增强董事会规则的密度，强化董事责任。董事会是公司法人治理结构的核心，相对公司股东大会(股东会)的基本决策而言，它是业务执行机构，因而必须接受股东大会监督并对其负责；相对公司的日常经营而言，它是经营决策机构，经理由它聘任并对它负责。因此，董事会的质量如何，董事是否积极主动地履行义务，将是衡量公司法人治理结构优劣的标志，也是保证公司业绩，实现股东利益的关键。因此,必须进一步健全董事会制度,强化董事承担责任的机制。首先,必须改善董事会的结构,强调由懂经营、有足够时间和精力履行职责的人担任董事。采用"累计投票制",使中小股东能有机会选出他们信任的董事;大中型股份有限公司应有一定比例的外部董事。这样,加之依法产生的职工代表的董事,就能实现董事会的多元结构,有利于发挥公司治理的机制。其次,在强调董事会对董事长、经理监督的同时,应健全董事之间履行相互之间监视义务的规则,譬如非执行业务的董事可对执行业务董事的监督、执行业务的董事有定期向董事会报告工作的义务等。再次,应制定董事长因重大过错致他人损害,对第三人承担责任的法律规则,以使董事长为自己的过错与公司共同承担损害他人利益的责任,也避免董事长滥用公司法定代表人的权利。最后,必须强调董事(实际上也应包括经理)激励机制和约束机制的统一。现在,一方面,公司董事应该从公司得到的没有得到;另一方面,公司董事应该承担的责任特别是赔偿责任没有承担起来。为了改变这种既无对经营者的激励机制又无必要的约束机制的现状,应将现在大部分公司实行的经营者工资制改为公司法上规定的报酬制,并按照董事的贡献大小,分别由股东大会确定他们的报酬,包括奖励他们一定的公司股份。同时,要落实董事因自己的过错对公司的赔偿责任。鉴于我国公司法规定的董事赔偿责任制度执行困难,有必要建立相关的辅助制度,譬如设立董事责任保险,即董事向保险公司交保险费,待董事赔偿责任发生时,由保险公司支付赔偿金。或者,设立董事股权期权,将作为董事报酬的股份的一部分冻结起来,在董事任职期间不行使相应的权利,任职期间发生对公司的赔偿责任时,由其股份充抵;如任职期间没有此类责任,则任期届满时如数解冻。这样,既有对公司经营者的激励,也有对公司经营者的约束,则可鞭策他们为公司利益尽职尽责地努力工作。同时,应和合同法规定的精神相衔接,规定表见董事长的责任,以保护善意第三人的利益。

(4) 完善公司监事会的监督机制。目前,我国的公司普遍存在着监督机制不健全,监督不力的现象。甚至,许多被监事会监督的董事都认为监事会是"花瓶"。近几年,一些曾经享誉全国的企业家侵害公司利益,甚至堕落为犯罪分子的事实,也表明公司监督的链条上有空白。如何完善公司的监督机制?

首先,充分利用和开发监事会的监督资源,是健全和完善公司法人治理结构的关键。监事会对董事、经理的监督是公司法规定的法定监督方式,目前还没有被充分利用起来。其主要原因有二:一是监事的构成不合理,在选择监事候选人时,没有注意到监督工作的特殊需要,导致监事会无能力监督;二是监事会缺乏监督手段。因此,公司法虽有监事会职权的规定,却被流于形式。为了有效地发挥公司治理机制的作用,必须从注意外部监督转到注意内部监督,充分挖掘、利用和开发监事会的监督资源。一是要强调选配具有专业技能的懂经营、财务会计、法律的人,经过法定程序进入监事会。二是应强化监督手段,包括赋予监事会聘用注册会计师事务所检查公司财务的职权,以使对董事、经理的财务监督成为可能。三是赋予监事会在特定情况下代表公司的职权。当董事特别是董事长的利益和公司发生冲突,并因此而酿成诉讼时,董事长无法代表公司。也不可能由董事长指定副董事长、其他董事代表公司,只宜由监事会代表公司。四是建立外部监事的制度,即经过法定程序,由股东代表、公司职工代表以外的监事进入国有股控股的公司的监事会,特别是大中型公司的监事会。

(三) 尽快制定信托法、期货交易法,填补我国商事行为法的空白

信托业是我国经济体制改革中出现的一个新的产业,信托公司设立和其行为的不规范,表现得很突出。虽然,信托业已经过中国人民银行的整顿,但如无健全的信托法律规则,将会重新出现信托业的混乱。因此,必须尽快制定信托法,规范信托公司和信托行为。改革开放以来,全国人大常委会的工作部门已在信托立法方面作了许多基础性工作,全国人大常委会已经审议过一次,建议在此基础上加快步伐。信托法不仅在我国,即使在大陆法系的其他国家,也是一个较新的法律领域。在立法模式上,可借鉴我国制定保险法的经验,将信托业立法和信托行为立法合并进行,以利于在立法精神上的统一。关于信托业是否可以与其他业种一起经营,国外有不同的模式。但是,应注意到这些模式都有自己的背景。因此,结合我国金融业经营和管理的水平,似应以与其他业种分别经营为基本模式。

期货交易是商事活动中具有高度风险的快速交易,它较其他形式的交易对法律规则的需求更迫切。无庸讳言,我国期货交易曾经在几乎没有法律规则的环境中运作了一个时期,其期货市场出现混乱是难以避免的。由于期货交易没有必要的法律规则,以致出现期货纠纷无法解决,期货案件大量积压。这种状况,已经影响到了期货市场的发展。最近,国务院颁布了一个期货交易的法规,它无疑是至今规范层次最高的法律规则,为期货交易和期货市场的管理提供了法的依据。但是,期货交易是一种商事交易,需要

通过商事行为法的完善解决。而这种需求,很难在行政法规的构架中满足。因此,应将已有的期货交易法草案加以完善,加快其立法步伐。由于规范期货交易行为和健全期货市场是统一的,因此,我国的期货法应将期货交易行为法和期货市场管理法合并立法,借鉴证券法制定的经验,对期货交易程序、期货合同、期货交易所等作出系统、详细的规定,为期货交易提供充足的法律规则。

(四)制定调整范围较宽的破产法

我国的破产法律制度由全民所有制企业破产法和民事诉讼中的破产还债程序构成,立法精神和规则不统一,不便执行。并且规范的范围偏窄。根据实践的经验,应该打破现在按所有制界限分别制定破产法律规则的作法,制定一部调整范围较宽,能覆盖多种民事、商事主体的破产法。新的破产法应在调整债权人和债务人关系中,注重贯彻企业维持原则,重视破产重组在破产法中的地位,不要单纯追求满足破产还债的需要。

(作者为清华大学法学院教授)

现代企业法律制度

王 保 树

在社会主义市场经济发展中，现代企业法律制度是商事法律制度中最重要的制度之一。因为，它是规范商事主体，保护商事主体权利的法律制度。改革开放以来，特别是 1993 年以来，由于立法机关采取积极措施，我国的现代企业法律制度建设有了长足的发展。

一、现代企业法律制度的核心及主要特征

中共中央关于建立社会主义市场经济体制若干问题的决定(1993 年 11 月 14 日)提出，"建立现代企业制度，是发展社会化大生产和市场经济的必然要求，是我国国有企业改革的方向。"这是我国第一次正式提出"现代企业制度"。

何为"现代企业制度"？《决定》描述了它的基本特征，即"适应市场经济要求，产权清晰、权责分明、政企分开、管理科学"。无疑，现代企业法律制度是与此相适应的一种法律制度。但是，在如何认识现代企业法律制度上还有不同的看法。有人认为，现代企业法律制度即公司法律制度，现有的企业法律制度包括现代企业法

律制度和古典企业法律制度。有人认为,现代企业法律制度不仅包括现代企业组织制度,还包括现代企业会计制度、现代企业人事制度,是有关现代企业多种制度的总合。也有人认为,现代企业制度不等同于现代企业形式,现代企业形式应是现代公司。作为一种企业制度,应着眼于所有企业,即使是现代企业法律制度也必须是着眼于规范所有企业的。因此,它是适应社会主义市场经济发展要求,以公司为核心,多种企业形态并存,任出资者自由选择的企业法律制度。它的“现代”应表现在两个方面:一方面,它不同于市场经济发展初期时的企业制度;另一方面,也不同于高度集中的计划经济体制下的企业法律制度。同时,持这种看法的人还强调两个事实:一是《决定》明确指出“国有企业实行公司制,是建立现代企业制度的有益探索。”这表明,公司制仅是建立现代企业制度的一种途径,现代企业法律制度的范围应大于公司法律制度。二是现代市场经济发展的实践表明,虽然发达的市场经济国家非常重视现代公司的作用,但现代合伙企业、个人独资企业在这些国家仍然数量众多,作为现代企业法律制度不能拒绝对它们进行规范。从我国的情况看,我们也先后制定了合伙企业法和个人独资企业法,以满足企业形态多元化对法律规则的需要。

上述表明,不论人们对现代企业法律制度认识如何,但有一点是相同的,即都充分重视公司制度在现代企业法律制度中的地位和作用。虽然,市场经济的发展不拒绝任何一种适应市场经济要求的具体的企业法律制度,但公司(这里,主要指股份有限公司和有限责任公司)法律制度确实在促进市场经济发展中发挥着其他企业法律制度无法比拟的作用。因为,公司能最大限度地筹措资金,最大限度地分散经营风险。并且,公司实行所有与经营分离，采用科学的企业治理模式。因此，公司是诸多企业中最适应市场经济发展要求的现代企业形式。而公司法为公司的成立与发展提供规则和一般性条件。所以，它是现代企业法律制度的核心。

作为现代企业法律制度核心的公司法律制度，其主要特点是：

（一）确认股东财产和公司财产分离，使公司具有独立的财产权利。根据公司法的精神，公司的股东向公司出资后，不再对其所投入的财产享有直接控制权，而只享有股东权（股权），即公司股东作为出资者按投入公司的资本额享有所有者的资产受益、重大决策和选择管理者等权利。在强调出资人出资后仅有股权的同时，公司法强调公司享有由股东投资形成的法人财产权。这样，公司就有了独立的财产权利，即公司可依法对其拥有的财产占有、使用、受益和处分。并且，出资人的财产和投资于公司的财产分开了，从而实现了股东财产和公司财产的分离。

（二）确认股东承担有限责任。在有限责任公司，股东以其出资额为限对公司承担责任；股份有限公司，其全部资本分为等额股份，股东以其所持股份为限对公司承担责任。并且，在这两种公司中，都是公司以其全部资产对公司的债务承担责任。这样，公司法就确立了股东有限责任原则。其含义是：股东仅对公司负责；股东仅以出资额为限负责；股东不对公司的债权人直接承担责任。有限责任原则的出现促进了社会经济的发展，在国外曾引起一场轰动。有位美国学者曾这样评述，“有限责任公司是当代最伟大的发明，其产生的意义甚至超过了蒸汽机和电的发明”。应该肯定地说，有限责任原则无一例外地适用于公司（企业）所有股东，包括国家股股东、法人股股东和自然人股东。由此，它调动了所有投资者的积极性。需要说明的是,有限责任仅就出资人而言的,它不适用于公司,公司应以其全部资产承担民事责任。

(三)确认公司具有法律上的独立人格。有限责任公司和股份有限公司均为法人,国外称社团法人,我国依据民法通则称企业法人。换言之,公司具有权利能力和行为能力,能以自己的名义独立享有权利、承担义务,能独立承担民事责任。这种独立的人格表现为:公司以其全部法人财产,依法自主经营,自负盈亏。作为人格的独立性,还表现为独立于股东和其他人(包括自然人和法人),也表现为独立于政府。

人格的独立性和股东(出资人)的有限责任的结合,是公司作为现代企业的重要标志。企业只有具备了这样的特征,才能成为富有活力的市场经营主体。但是,公司的独立人格和股东的有限责任,又都是以股东和公司的财产相互分离为前提的。公司因其具有独立财产才具有独立人格;股东因其投资并放弃对公司投资的具体的直接的支配权,才享有股东权并享有了承担有限责任的待遇。相反,如果股东与公司的财产分离不存在了,股东承担有限责任和公司的独立人格也即成为不可能。

(四)突出对市场经济的适应性。从一定意义而言,现代企业法律制度的"现代"突出表现在对市场经济的适应性上。这种适应性,特别反映为法律规则的适应性上,即法律规则的密度能满足现代企业运营的需要。

二、我国公司法的基本制度

(一)公司法律制度在社会主义市场经济发展中的功能和作用

第一，有效平衡公司股东与公司债权人利益。

在市场经济的发展中，如何既满足企业出资人的利益，又满足企业的债权人的利益，这是企业法律制度设计必须注意的问题。如果要企业的出资人承担过重的责任，则不能刺激出资人投资的积极性，不能促进市场经济的发展。同样，如果不能使企业债权人的利益得到实现，债权人承担过大的风险，“信用”危机出现，市场经济也不可能健康发展。而公司法律制度通过对公司法人制度的设计，一方面如上述那样，使出资人成为公司股东之后，仅享有股权，不再直接控制其投入公司的财产，从而承担有限责任；另一方面，公司以其全部资产对公司债权人负责，使公司债权人的利益得到满足。因此，它成为平衡出资人利益与公司债权人利益最好的企业法律制度。

第二，公司法律制度是较好调整股东与经营者利益，实行科学管理的企业法律制度。

凡是稍微大一点的企业，出资人(股东)一般都不直接经营企业，而需交由经营者经营。这样，就不可避免地出现了如何调整出资人与经营者利益关系的问题。换言之，当出资人将企业交给经营者经营时，既要使企业经营有效率，实现出资人的利益，又要实现对经营者的监督和控制，使经营者忠于所服务的企业及其出资人。因此，企业需要有制衡关系的组织和科学的管理。而公司法律制度中的组织机构制度、法人治理制度，可以使公司的运营管理科学化，有利于调整出资人和经营者的关系。

第三，公司法律制度是国有企业走向现代企业的法律制度。

1979 年以来，国有企业改革一直是城市经济体制改革的中心环节。但是，多年的改革措施没有完全解决企业发展中的深层次矛盾。具体地说,企业没有独立的财产权利,不能真正独立地承担民事责任,企业不能成为在市场上竞争的市场经营主体。因此,中共中央关于建立社会主义市场经济体制若干问题的决定中提出,建立现代企业制度,着力进行企业制度的创新。而公司法通过公司法人制度为国有企业改建为名副其实的企业法人提供了较充分的规则。并且,使国有企业改建为公司之后具有法人财产权,进而独立承担经营中发生的民事责任,成为真正的市场经营主体。所以,公司法律制度是国有企业走向现代企业的法律制度。

(二)公司法律制度的主要内容

1.公司设立制度

公司设立人(包括公司法上的有限公司股东和股份有限公司的发起人)设立公司的目的是使公司成立。为此,公司法建立了公司设立制度。

公司设立须具备公司法规定的条件。根据我国公司法第 19 条和第 73 条的规定,设立公司应具备"人"、"物"、"行为"和"组织"方面的要件:(1)设立人应符合法定人数。设立有限责任公司,除国有独资公司外,应由 2 个以上 50 个以下股东共同出资设立;设立股份有限责任公司,应当有 5 人以上为发起人,其中须有半数以上的发起人在中国境内有住所,但是,国有企业改建为股份有限公司,采取募集方式设立,发起人可以少于 5 人。(2)设立公司必须符合物的条件,包括两个方面:一方面,公司的注册资本应达到法定资本最低限额。根据有限责任公司经营内容的不同,其法定资本最低限额分别为人民币 10 万元、30 万元和 50 万元。股份有限公司注册资本的最低限额为人民币 1000 万元。另一方面,公司都应有固定的生产经营场所和必要的生产经营条件。(3)设立人必须共同制定公司章程。章程是公司运营的自治法,在公司事项的审判和仲裁中,章程具有适用顺序优先的地位。因此,法律所要求的"共同制定公司章程",不仅要求设立人共同参加制定公司章程,还包括设立人应无一例外地同意公司章程的条款。(4)设立公司应符合公司组织的条件,即要有公司名称,建立符合有限责任公司(或股份有限公司)要求的组织机构。此外,股份有限公司的股份发行、筹办事项应符合法律规定,包括符合公司法、证券法的有关规定等。

设立公司必须履行公司设立的程序。根据公司法的规定,设立公司应在公司登记机关即工商行政管理机关进行设立登记。工商行政管理机关对符合公司法规定条件的,予以登记,发给公司营业执照。公司营业执照签发日期,即为公司成立日期。同时,也即为公司取得法人资格的日期。

仅具备公司设立条件,而不履行公司设立登记程序,公司不能成立,也不能取得法人资格。

2.公司资本制度

公司资本,是股东为达到公司目的所实施的财产出资的总额。公司资本制度是公司法确认的资本筹措与运营的重要制度。我国公司资本制度的特点是:

第一,资本法定。公司设立时,其资本必须以章程加以确定,并应由股东认足、缴足(或募足)。公司法第22条、25条、26条、79条、82条、88条、91条等均表明了这一原则的实质内容,其目的在于使公司成立时就有稳固的财产基础。

第二,强调公司必须有相当的财产与其资本总额相维持。公司法中关于非货币出资不得高估作价的规定,关于非货币出资的实际价额显著低于公司章程所定价额时股东责任的规定,关于股票发行价格不得低于票面金额的规定,均体现了这一精神。

第三,强调公司资本不得任意变更。公司增加或减少注册资本,需由公司股东会(或股东大会)作出决议,并由代表三分之二以上表决权的股东通过,并需进行相应的变更登记。

3.公司组织与公司治理制度

公司实行权责分明、管理科学、激励和约束相结合的内部管理体制。公司法根据所有与经营分离的精神和公司法人治理的要求,规定公司设立下列机构:

(1)股东会(或股东大会)

作为公司的权力机构,决定公司战略性的重大问题,选举和更换董事,选举和更换由股东代表出任的监事,决定公司组织变更、解散、清算,修改公司章程等。

股东会反映所有者的要求,有监督董事会和监事会的权力。

(2)董事会(不设董事会的公司为执行董事)

作为公司的业务执行与经营决策机构,负责召集股东会,并向股东会报告工作;执行股东大会决议,负责公司日常经营决策;聘任或者解聘公司经理(总经理),制定公司基本管理制度。董事会必须对股东会负责,接受股东会监督。

董事长由董事会选举产生,但不能将董事长看作是董事会的董事长,而应将董事长看作是公司的董事长。董事长主持股东会,召集并主持董事会;董事长为公司的法定代表人,在诉讼事务和非诉讼事务上对外均代表公司。

(3)经理(总经理)

为法定必设机构,这是中国公司法的特色之一。公司经理是由董事会聘任的、对公司日常经营管理负有总责的高级管理人员，对董事会负责。它是公司的代理人，不是公司的法定代表人。

(4)监事会(不设监事会的公司为监事)

为公司的法定监督机构。负责检查公司财务，并对董事、经理行为的合法性及是否损害公司利益进行监督。

国有企业改建为公司，其核心是使企业真正成为企业法人，并采用公司法规定的组织体制，完全采用公司法人治理机制。只要真正这样做了，而不是徒具形式，就能够收到改革的效果。

4.公司终止制度

公司因破产或解散而导致终止，丧失其企业法人资格。公司终止主要有两种情形：

一是公司破产。根据公司法的规定，"不能清偿到期债务"是公司破产的原因(或破产界限)。这里的"不能"是指持续的"不能"。"不能清偿到期债务"与"资不抵债"不同。如公司出现资不抵债，但仍能通过各种途径调动资金，清偿到期债务，则不构成"破产原因"。相反，如不能调动资金，则导致"不能清偿到期债务"，即构成公司破产原因。

二是公司解散。我国公司法规定，公司有下列情形之一，可以解散：(1)公司章程规定的营业期限届满或者公司章程规定的其他解散事由出现时；(2)股东会决议解散；(3)因公司合并或者分立需要解散的。公司违反法律、行政法规被依法责令关闭的，应当解散。上述解散情形出现时，除公司合并、分立免于清算外，公司均必须进行清算，清理债权债务。清算完结，完成公司注销登记，公司法人资格才告消灭。在行政执法的实践中，常有吊销公司法人营业执照的情形。公司被吊销营业执照，是否意味着公司法人资格消灭呢？否。公司被吊销公司法人营业执照，只是意味着公司被依法撤销。此时，公司不能再进行经营活动，但需要在清算后才能注销。否则，公司不进行清算就终止，将意味着对公司债权人的侵害。

三、现代公司法发展中值得注意的问题

20世纪是公司法现代化的世纪。现代公司法适应现代市场经济发展的要求，有了很大的发展。

(一)折衷授权资本制的普及

法定资本制在国外公司法中曾居主导地位。所谓法定资本制，即前述我国公司资本制度中的做法。这种制度的优点是，有利于健全公司的财务结构，稳定公司资本，有利于保护债权人利益。缺点是，由于公司成立之初就将大批资金集中到公司，而公司的经营是逐步开展起来的，易于造成公司资金闲置，导致不应有的低效率，不适应市场经济发展的要求。1937年，德国股份法首先借鉴英美法系授权资本制的经验，改变多年奉行的法定资本制，继而在第二次世界大战后为多数大陆法系国家所仿效。现在，授权资本制或折衷授权资本制已普及于大陆法系各国，即公司设立时由公司章程规定两个资本额，即公司资本总额和第一次发行股份的总额。公司设立时，股东仅需认购章程规定的第一次发行的股份。其余股份，在公司设立之后，由股东会授权董事会在规定的时间内募足。这种制度使公司较易设立，降低了公司设立成本，也避免了公司过早筹措过多资金造成公司资金闲置的问题，符合促进市场经济发展的效率原则。

(二)注重对法人股份进行规范

公司出现的初期,绝大多数公司的股份是由自然人个人持有的。从19世纪末的美国开始,公司股份法人持有的现象逐渐发展起来。现在,公司股份持有法人化的现象已相当普遍地存在于各国。所谓股份持有法人化,是指公司股份向法人集中。这里的法人不仅包括公司,也包括各种各样的基金组织。由于股份持有向法人集中,自然人持股占主导地位时期所没有的问题不可避免地出现了,譬如经济力量过分集中、侵害小股东利益、公司法人人格混同、欺诈债权人等。因此,各国公司法非常注重对公司或其他法人持有他公司股份进行规范。其主要规则有:

1. 规定持股的法人的通知义务,即要求持有他公司一定比例股份的公司履行通知被持股公司的义务,以防止一公司对他公司的任意支配。

2. 禁止相互持股,或者禁止子公司认购母公司的股份。

3. 规定在一定期限内持有一定比例股份的股东享有少数股东权,限制大股东的权利,防止大股东侵害小股东的权利。

(三)完善公司法人治理机制

各国公司法都规定了公司应建立的机构。但随着时间的推移,人们越来越认识到,仅有公司组织机构不足以构成良好的监督,还必须建立健全的公司治理机制。20世纪70年代[①],围绕企业所有与企业经营分离的公开性大型股份公司运营机构的运营状况提出了公司法人治理机制,即建立公司经营中的指挥和监督体

---

① 酒卷俊雄《日本的企业治理结构论与公司法的修改》,见李黎明主编《中日企业法律制度比较》,法律出版社1998年11版,第2页。

系。

1992年5月,美国法律协会经过10年的认真研究,发表了题为《公司治理的原理:分析和建议》的报告。该报告的一个重心是强化监督机制,引进具有独立性的外部董事(超过董事会成员的一半),在董事会内组成监督委员会,作为董事会的下位机关。同时,任命委员会等专门委员会的组成也需有过半数外部董事参加。

1991年5月,英国一系列公司倒闭事件促使该国财务报告委员会、伦敦证券交易所成立了一个由12人组成的世界上第一个公司治理委员会,于1992年12月发表了题为《公司治理的财务方面》的报告。该报告注重公司的财务控制和相应的风险管理,强调董事的控制与报告职能和审计人员的角色。该报告认为,一个有效的内部控制系统,是公司高效率管理的一个基本部分。基于此,委员会提出了一个公司治理的外部人模式,强调外部非执行董事在内控和审计委员会中的关键地位,突出董事会的开放性、透明性、公正与责任。

之后,关于完善公司法人治理的探索席卷了全球。许多国家和国际组织相继提出研究报告和规则体系。其中,最有代表性的是经济合作与发展组织(OECD)公司治理结构原则(1999年5月)。依据该文件,公司法人治理结构的具体原则是:

1. 治理结构框架应保护股东权利。

2. 治理结构框架应当确保所有股东,包括小股东和外国股东受到平等待遇。如果他们的权利受到损害,他们应有机会得到有效补偿。

3. 公司治理结构的框架应当确认利害相关者的合法权益,并且鼓励公司和利害相关者在创造财富和工作机会以及为保持企业财务健全而积极地进行工作。

4.治理结构框架应当保证及时准确地披露与公司有关的任何重大问题,包括财务状况、经营状况、所有权状况和公司治理状况的信息。

5.治理结构框架应确保董事会对公司的战略性指导和对管理人员的有效监督,并确保董事会对公司和股东负责①。

这些具体原则向人们揭示了公司法人治理结构的两个注意点:一是股东权的保护与股东的平等待遇,二是董事会的监督与董事会的责任。显然,这里的原则具有明显的英美法色彩,完全没有涉及大陆法系公司法中的监督机关。如果再肯定监事会对董事、经理的有效监督,则是一个较完善的原则。

(四)一人公司的迅速发展

"有限责任"待遇最早仅给予股份公司股东。而股份公司刚刚出现时,无疑都是多投资主体建立的企业,因而被称为社团法人。但是,市场经济的发展不仅需要大型的股份有限公司,也需要中小企业。而中小企业的出资人不享有"有限责任原则"所带来的利益,则无法刺激投资者的积极性,中小企业难以发展。所以,人们产生了扩大"有限责任原则"适用范围的需求。适应这种需要,1892年,德国人创造了有限责任公司,并为各国所仿效。但是,有限责任公司必须由两个以上股东建立。于是,一人建立的企业的股东对扩大"有限责任原则"适用范围的需求又于19世纪末、20世纪初突出出来了。开始,仅有个别国家允许设立一人公司,而多

---

① 《OECD公司治理结构原则》,见陈清泰主编《国企改革攻坚15题》,中国经济出版社1999年版,第128—137页。

数国家不允许设立一人公司,但允许公司设立后出资人将出资转让为一人占有。从20世纪50年代开始,允许设立一人公司的国家日益增多。当前,美国、德国、法国、日本、比利时、丹麦、荷兰、卢森堡、我国澳门等国家(或地区)以及欧盟均允许设立一人有限责任公司,日本等国还允许设立一人股份有限公司。在此情况下,各国公司法为了保护债权人利益,强化了一人股东对公司的义务和责任,如同一自然人不得设立数个一人公司,一人公司或其他法人不得成为一人公司的唯一股东。有些国家还规定了一人公司股东的特殊公示义务和与公司承担连带责任的特定情形。

(五)公司法的国际化

公司法本是国内法,但是公司法涉及资本流动和商事交易,而资本流动和商事交易不可能局限于一国之内。因此,20世纪中期以来,出现了公司法国际化的趋势。这种趋势一方面表现为国际公约,譬如1956年《承认外国公司、社团和财团法律人格的公约》(海牙);一方面表现为地区性的法律规范,其典型代表是欧洲公司指令,它起着协调欧盟国家公司法的实质性作用。公司法的国际化趋势还反映了英美法系公司法和大陆法系公司法的相互影响。由于公司法的发展是与国际贸易、国际经济技术合作的发展相伴而行。而国际贸易和国际经济技术合作对企业组织的客观要求,不可避免地会促进两大法系公司法的融合。这种趋势使人们不得不考虑一个问题,即每一个国家公司法的完善必须突破一个国家的范围,并注意吸收各国公司法发展的具有普遍意义的经验与成果。

四、完善我国公司法的几点思考

《中华人民共和国公司法》(以下称公司法)是我国立法机关制定的第一部系统规定公司事项的法律。自其1994年7月1日实施之日起,至今已有六年多。毫无疑问,它对我国恢复建立商事公司制度,推进国有企业走公司制之路,保护股东和债权人合法权益,起了很重要的作用。其意义应该充分肯定。但是,由于颁布公司法时,我国刚刚实行社会主义市场经济体制,许多矛盾尚未充分暴露,实践对公司法的规则需求不及今日,因而公司法不可避免地会留下缺陷。伴随社会投资和公司实践的迅速发展,人们也提出了许多应由公司法解决的新问题。譬如,依现行公司法的规定,股东大会应由董事会召集,董事会应由董事长召集,但实践中屡屡出现董事长不召集董事会,尤其是有的公司的董事长丧失了任职资格,或者涉嫌犯罪时,惟恐被罢免,自己不召集董事会,也不指定副董事长或董事召集董事会,因而股东大会也无法开成。这表明,现行公司法的规定还有缺陷。因此,公司法应尽快进行修改。

(一)进一步借鉴国外的成功经验,适应加入世界贸易组织的要求

无疑,我国公司法在起草时,已经注意到公司是世界各国普遍采用的企业形式,因而借鉴了国外许多经验或国际通例,诸如股东平等原则、股东有限责任原则和资本多数决定原则等。但是,当时对国外许多作法未来得及全面、认真地研究和考量,一些好的经验未能吸取。经过六年多的研究和实践中的比较,人们对有些经验的认识明朗化了,因而现在有可能在更大范围内借鉴国外成功的

作法。譬如：

1.降低注册资本的最低限额。现行公司法规定的有限责任公司和股份有限公司的注册资本最低限额偏高，不利于吸引国外的投资。现在，我国尚保留外商投资企业法律制度。一旦加入世界贸易组织，实行“国民待遇”，企业法律制度一元化，过高的注册资本最低限额将意味着过高的投资“门槛”，影响国外投资者的积极性，也不利于调动国内投资者的积极性。因此，应该降低注册资本最低限额。

2.股份有限公司实行授权资本制。现行公司法对股份有限公司注册资本的规定，不仅存在注册资本最低限额过高的问题，还存在着忽视公司资金使用效率的问题。换言之，股份有限公司实行法定资本制，使有些公司在募足资本后，不能将资金充分利用起来，导致部分资金闲置或者用于非经营活动。鉴于此，有必要借鉴国外实行授权资本制的作法，即在公司章程中规定注册资本总额和第一次应募足的资本额。只要第一次应募足的资本额募足了，公司即可合法成立。注册资本总额和第一次募足的资本额之间的差额，由公司股东大会授权董事会在一定期间内募足。该期间的长短，应由公司法作出明确的规定。

3.公司设立实行准则主义。为简化投资设立公司的手续，应在公司法修改中确认公司设立的准则主义，即公司依公司法规定的条件，在工商行政管理机关注册登记而成立。这种作法，废除的是政府主管部门对公司法人成立的审批，而不是废除公司登记机关的审查。为保证公司的成立符合公司法规定的条件，公司登记机关的形式审查仍是必要的。从公司设立的特许主义到公司设立的行政许可主义，再从公司设立的行政许可主义到公司设立的准则主义。无疑,每一次过渡,都是在纠正市场准入的限制竞争方面向前迈出一步。而公司设立的准则主义,是在市场准入上反对限制竞争的一大飞跃。因为,它不再给任何一个投资者以设立公司的特权。同时,由于设立公司的准则是载入法律的,最容易使社会公众知晓。因此,设立公司的准则主义极大地提高了公司设立的透明度。当然,在实行公司设立的准则主义之后,特殊行业的营业许可仍可存在。

4.进一步明确公司设立中的责任。现行公司法已经规定了公司设立中的有限责任公司股东和股份有限公司发起人的责任。无疑,这些规定在保护当事人的合法权益方面发挥了重要作用。但是,显得不够充分:一是没有注意到在公司设立的后期,董事已经选出,他们应承担公司设立中的一定责任;二是没有注意到发起人在募足股份方面的责任;三是没有考虑验资机构在验资中的民事责任。在此次公司法修改中,应在上述方面有所改进:(1)公司设立时发行的股份,在公司成立后仍未认足,或者虽认足而未缴足股款,发起人和公司成立时的董事负连带缴纳股款的义务;(2)董事、监事就任后,应立即调查公司设立事项。董事、监事未履行该义务而使公司和第三人受到损害的应承担损害赔偿责任。如发起人也承担责任的,该董事、监事、发起人承担连带赔偿责任;(3)法定验资机构因恶意或重大过失而出具不实的验资证明,应对公司或者第三人承担损害赔偿责任。

5.健全公司设立无效的规则。在社会实践中,已出现了公司设立瑕疵的现象,譬如公司注册资本虚假、章程记载事项违反强行性法律规范和社会公共利益等。在国外,这是典型的公司设立无效。但在我国公司法中无法找到救济当事人的规则。虽然,公司法规定了对注册资本虚假的行政处罚和刑事处罚，但对受害当事人的救济无济于事。即使根据商法和民法的关系，补充适用民法通则关于无效民事行为的规定[①]，也无法使受害当事人得到充分的救济。因此，在完善和修改公司法时，是否应考虑增加公司设立无效的情形，以有效保护相关当事人的利益。

6.引进国外“揭开公司面纱”的原则。虽然，我国商事公司制度恢复时间不长，但在实践中控股股东滥用公司法人人格、滥用股东有限责任原则，利用“公司”进行欺诈，规避合同义务、税收义务和社会义务的情况已绝非罕见。依照现行公司法，在出现上述现象之后，行为人仍可以以“承担有限责任”为由而逃避应承担的责任。如有的母公司设立几个子公司，财产、帐户、董事会的大部分组成人员都是混同的；又如，有的控股公司视子公司的财产为自己的财产，长期挪用子公司的资金为自己还债，并要子公司为自己的多项巨额债务提供担保，以致子公司被拖垮，显然，这是非常不公平的。如果我们注意到上述行为的实质是违反诚实信用原则和权利滥用禁止原则，就应总结我国公司实践的经验，借鉴国外行之多年的有效作法，采取相应对策，即规定股东在违反诚实信用和权利滥用禁止原则、滥用公司法人人格和股东有限责任原则时，应对公司的债务承担连带责任。

(二)简化有限责任公司的规则，突出有限责任公司和股份有限公司的区别

我国公司法规定了有限责任公司和股份有限公司两种公司形式，其用意是让投资者根据自己的判断对两者作出选择。但是，现

---

① 《中华人民共和国民法通则》第58条、第61条。

行公司法的规定,没有突出两者的差别。或言之,没有表现出有限责任公司是较股份有限公司简化的特点。譬如,虽然对有限责任公司组织机构实行了大小公司区别立法,但仍显得较复杂,其机构的构成、运作和每种机构的职权与股份有限公司几乎没有什么差别。为了突出有限责任公司简便易行的特点,可否在公司法修改中作如下改进:

1. 改革现行的有限责任公司股东会制度。自 1979 年 7 月以来,我国中外合资经营企业,即中外合资有限责任公司,一直实行董事会为公司权力机关的制度(国外均采用此种做法),没有在董事会之上设置股东会。无疑,这种体制不同于现行公司法规定的有限责任公司组织机构制度,但已运行了 20 年。现在有必要认真总结其经验,考量一下有无为公司法吸收之处。即使中外合资有限责任公司特殊性过多,不便为公司法上的有限责任公司所借鉴,也要充分注意有限责任公司股东人数少的特点,多设计一些召集股东会和股东议决的方式。譬如,全体股东以书面形式对应作出的决议表示同意,无需再召开股东会会议①;或者,经全体股东同意,可以不经过召集程序而召开股东会会议②。

2. 缩小有限责任公司设置董事会、监事会的适用范围,将其限制在规模较大、股东人数较多的公司内。同时,相应地扩大现行公司法中只设执行董事和一两个监事的适用范围。

3. 缓和对设立"一人公司"的限制。鉴于上述一人有限责任公司的发展趋势,应允许自然人和法人设立一人有限责任公司,实行

① 参见《德国有限责任公司法》第 48 条。
② 参见《日本国有限责任公司法》第 38 条。

投资主体平等待遇的原则。同时,应注意到我国目前的信用环境,规定作为"一人公司"的"一人股东"的特殊义务,加重其应承担的责任;限制一个自然人设立两个或两个以上的"一人公司"和"一人公司"成为另一个"一人公司"的股东。

(三)健全和完善公司法人治理结构

完善公司法人治理,应是此次公司法修改的一个重点。公司法人治理结构的核心是公司的管理监督机制,目标是最大限度地实现公司利益,进而满足股东长期的最大利益。因此,有人认为公司法人治理结构,即指公司经营中的指挥与监督的体系①。结合上述国外公司法人治理的经验,考虑到我国资本市场还不那么发达,很难立即如美国那样依靠证券市场对经营者进行监督。因此,当务之急,还是应通过修改公司法健全公司组织机构而加强公司法人治理。

1.提供一套方便股东行使股东权的规则。譬如完善股东行使表决权的方式,充实股东向董事、监事质询的规则,建立股东提案制度,建立股东代表诉讼制度,以追究董事、监事损害公司利益时应承担的责任。

2.改善董事会结构,强化董事责任,是健全和完善公司组织机构的基本要求。目前的问题:一是董事会构成不合理,缺少反映中小股东利益的董事;二是现行法律规则尚缺少董事不履行义务的救济措施;三是董事会内部的监督不足。所以,必须进一步健全董事会制度,强化董事承担责任的机制。一是采用"累计投票制",使

---

① [日]酒卷俊雄著《日本对企业治理问题所作的探索》(1999年3月2日在清华大学法律学系为民商法硕士专业研究生所作的讲演)。

中小股东能有机会选出他们信任的董事；二是实行独立董事制度，在上市公司中设置一定比例的独立董事，使公司的运营注意中小股东的利益和利害相关者的利益；三是健全董事会的监督机制。在对董事长、经理进行监督的同时，应制定董事履行相互监视义务的规则；建立董事（特别是董事长，以下相同）对第三人承担责任的规则。在实践中，公司致他人损害，往往是由于董事在执行职务中有过错。或言说，公司和董事实质上是损害他人利益的共同侵权人。仅由公司承担损害赔偿责任，不仅不足以填补受害人的损害，而且有过度宽容有过错董事和使董事逃避责任的问题。为了保护受害人的利益，应制定董事因执行职务中故意或重大过失致他人损害，对第三人承担连带赔偿责任的法律规则，以避免董事滥用职权，尤其是避免董事长滥用公司法定代表人的权利。同时，由于仅将董事承担责任的范围限定在因其故意和重大过失致他人损害，也避免了董事过度承担责任问题。

3. 健全监事会制度。应对监事任职的业务资格作出规定，强调其或懂经营，或懂财务会计、或懂法律；应强化监督手段，包括赋予监事会调查、聘用注册会计师事务所检查公司财务等职权，以使对董事、经理的财务监督成为可能；应赋予监事会在特定情况下代表公司的职权。当董事特别是董事长的利益和公司发生冲突，并因此而酿成诉讼时，董事长无法代表公司，应由监事会代表公司，以保护公司利益；应建立外部监事制度，即经过法定程序，由股东代表、公司职工代表以外的监事进入大中型公司监事会。由于他们具有独立性，较易实施监督职权；健全监事对公司承担责任的制度。为使监事忠于职守，应对监事不执行职务的法律后果作出规定，即监事应实施监督而未实施监督，当董事、经理对公司承担损害赔偿责任时,应承担连带损害赔偿责任[①]。

(四)公司立法与国有企业改革立法宜分别进行

制定公司法时,恰逢在我国实行现代企业制度。而国有大中型企业实行公司制作为国有企业实行现代企业制度的有益探索,又成为人们的一种共识。因此,公司法容纳了不少国有企业改革的内容。在当时的背景下,这是可以理解的。但是,也不能不注意到。由于公司立法与国有企业改革立法的混同进行,使公司法中出现了不少仅为国有企业改革或国有投资主体规定的规则,导致规则之间的不协调,不利于公司法的实施。国内外的经验表明,国有企业改革是一项自身特点很突出的问题,将其与其他立法(包括公司立法)一起进行,不利于解决这些问题。相反,单独立法则有利于解决国有企业改革的特殊问题。依此思路,有关国有企业改革的特殊问题,诸如国有企业改革中国有财产保护、国有职工的安置、土地使用权处置、国有资产的运营体制、国有股股权的行使等,可以单独制定为一个立法文件,譬如命名为“国有企业改制法”。而公司法修改则不必再与国有企业改革放在一起,只需完善公司应遵循的共同规则,包括国有企业改建为公司后遵循的规则。至于国有企业如何为成为公司创造条件,公司法则不必过问了。

与此相关的是国有独资公司问题。此次公司法修改如能缓和对设立一人公司的限制,则包括了对国有独资公司的规定,可以删除对国有独资公司的单独规定。如不能缓和对设立一人公司的限制,考虑到国有独资公司与一般公司的过多的差别性,最好采用国有独资公司单独立法的做法。

---

① 《韩国商法》第414条。

五、几点建议

(一)正确处理公司法和相关政策的关系

公司法无疑应反映相关政策的要求,但政策和法毕竟是两个范畴的东西。政策为了解决某种社会问题,它常常带有临时性和很强的针对性。而公司法则着眼于建立适应社会主义市场经济体制要求的公司法律制度,不仅仅考虑解决当前企业发展的社会问题。因此,不宜将所有相关政策都变成公司法规则,更不宜将经常变化的政策性提法直接表述为公司法。

(二)应着眼于公司法的逐步完善

公司法的完善不可能寄希望于公司法的一次修改。所以,国外公司法或包含公司法在内的商法需要结合变化了的社会经济情况不断进行修改,而不是为了法律的稳定放弃必要的修改。我国公司法律制度恢复时间较短,完善公司法的路还比较长。因此,公司法的健全不要仅着眼于即将进行的修改,还应着眼于我国公司法的更加完善。应将近期将要进行的修改和完善公司法的长期目标结合起来,将近期公司法修改要解决的问题和留待今后解决的问题统筹考虑。

(三)公司法的完善应注意发挥专家群体的作用

无疑,公司法的制定和其他法律的制定一样,都比较注意了专家的作用,这已经成为我国立法的一个经验。可否进一步总结经验,借鉴日本法制审议会商法部会的做法,将有关的专家(包括法学家、经济学家、会计专家、审计专家、著名律师)组织起来,跟踪系统研究我国公司法的实践,分期分批地解决公司法尚存的未决的问题，以使今后公司法的完善建立在更加科学的基础上。

（作者为清华大学法学院教授）

依法保障和促进国有企业改革

王 卫 国

第一部分　依法保障和促进国有企业改革的必要性

一、深化国有企业改革迫切需要法制的保障和促进

二、依法保障和促进国有企业改革是我国20年改革经验的总结

三、用法律保障和推进企业改革是国际上的通行做法

第二部分　现阶段国有企业改革若干问题的法律思考

一、关于建立科学的产权制度

1. 现代企业的产权构造模式

2. 企业中的国家出资人代表

3. 投资主体多元化与职工持股

二、关于完善公司法人治理结构

1. 合理配置公司机关职权是完善法人治理结构的前提

2. 强化监督机制是完善法人治理结构的当务之急

3. 加强董事会职能是完善法人治理结构的关键环节

4. 落实股东大会制度是实现法人内部制衡的必要条件

三、关于创设治理企业困境的法律机制

党的十五届四中全会通过的《中共中央关于国有企业改革和发展若干重大问题的决定》,是一个意义重大、影响深远的纲领性文件。国有企业是我国国民经济的重要支柱,是我国现代化建设的主力军。当前国有企业改革和发展正处于关键时期,如何运用法律手段,依法保障和促进国有企业改革,是贯彻落实党的十五大确立的依法治国方略和十五届四中全会精神的重大理论问题。然而,这一课题需要研究的问题很多,这里,我主要围绕现阶段国有企业改革面临的一些重点和难点问题,从法学角度提出一些见解。

第一部分　依法保障和促进国有企业改革的必要性

一、深化国有企业改革迫切需要法制的保障和促进

市场经济就是法制经济。国企改革是建立社会主义市场经济体制的中心环节,需要依靠法制的保障和促进来推行。

当前国有企业改革正处于攻坚阶段，随着国内外形势的发展变化，国有企业改革越来越触及到一些深层次的矛盾和问题，需要采取一系列重大政策措施予以调整。但法律手段也是不可或缺的。现阶段国企改革的目标是建立现代企业制度，这是一场伟大的制度创新，需要充分发挥法律的规范、引导、调节、保障的功能。新制度的设计需要应用法律科学，新制度的建立需要采用法律形式，新制度的推动需要运用法律手段，以保障国有企业改革的顺利进行。

国企改革是一场深刻的社会变革，涉及方方面面的利益关系，必然伴随着复杂的利益冲突，需要运用法律手段来调整。比如，企业的破产、兼并就需要一整套的法律法规来加以规范。企业减员增效，下岗分流，就需要加快社会保障方面的法制建设。要运用法律来建立准则、调整关系、维护秩序、稳定人心，妥善地协调各方面的利益要求，正确处理好改革、发展、稳定三方面的关系，为国企改革创造良好的法制环境。

二、依法保障和促进国有企业改革是我国20年改革经验的总结

党的十一届三中全会以来，国企改革取得了重大进展。纵观国有企业改革的历程，我们不难发现，改革的每一项举措都有相关的法律法规相呼应，改革的每一步前进都离不开法律的保障和促进。例如，在“扩权让利”阶段，1979年国务院发布了《关于扩大国营工业企业经营管理自主权的若干规定》。随后，制定了《国营工业企业暂行条例》。1984年，国务院又颁布了《关于进一步扩大国营工业企业自主权的暂行规定》、《国营企业第二步让利改税试行办法》等法规。依据这些法规,从1984年起,短短一年内,全国各地实行扩大自主权试点的企业便达2.2万个,为进一步改革和立法打下了基础。在“两权分离”阶段,1986年颁布《民法通则》,建立了企业法人制度。1988年颁布《全民所有制工业企业法》,规定国家依照所有权和经营权分离的原则授予企业经营管理权。同年国务院发布了《全民所有制工业企业承包经营责任暂行条例》,90%的国有企业在当年实行了承包制。1992年国务院发布《全民所有制工业企业转换经营机制条例》,进一步扩大了企业经营权范围,促进了政企分开和转变政府职能。在“制度创新”阶段,1993年11月,党的十四届三中全会通过了《关于建立社会主义市场经济体制若干问题的决定》。同年12月,颁布了《公司法》,为国有企业进行公司制改革,建立现代企业制度提供了法律依据。

实践表明,国有企业改革的历程,是运用法律法规管理经济的探索过程,也是我国市场经济法律体系建立和完善的过程。在国有企业改革进入攻坚战的关键时期,更需要发挥法制的保障和促进作用,使改革的成果获得法律的确认,使改革措施上升为法律规范,使国企改革的制度建设在权威性、普遍性和稳定性各方面都上升到一个新的水平。

三、用法律保障和推进企业改革是国际上的通行做法

本世纪70年代末以来,为了实现国有经济的战略调整和国有企业的改组、改造,一些发达国家纷纷掀起国有企业改革浪潮。由于重视发挥法律制度的作用,这些改革不同程度地实现了预期目标。

各国在国有企业改革中的一个普遍做法,就是尽可能地把国

企改革纳入已有的民商法制度框架。与此同时,一些国家还制定特别法律,对不同类型的国有企业进行分类规范。德国将国有企业分为公法上的国有企业和私法上的国有企业,前者指担负特别社会职能的企业(如邮政、铁路等),后者指参与市场竞争的企业。意大利将国有企业分为直接公有企业和间接公有企业,前者指所有权完全归政府所有的企业,后者指国家控股的公司。法国则分为全额股份控制企业、多数股份控制企业和少数股份控制企业。

颁布新法律也是对国有企业进行改造的重要手段。新西兰1986年颁布《国有企业法》,以法律手段促使国有企业改善内部结构和经营机制。规定将国有企业组建为有限责任公司,由财政部和国有企业部充当持股人,公司董事会由这两个部任命。政府不干预公司事务,但通过多种方式对公司进行严格监督。该法实施后,国有公司普遍取得了显著的经济效益。各国还十分注意运用法律武器维护改革的正常进行。法国在80年代末90年代初的国企改革中,针对国有企业民营化过程中可能出现的种种异常行为,制定了一系列的法律,如规定国有资产出让必须公开招标并且经会计师事务所评估,以防止国有资产的流失;规定企业股份公开和分批出售,严禁垄断和投机;限制外资股,以维护本国资本在关键领域的主导地位。

总之,世界上不论是发达国家还是发展中国家,都由立法机关制定法律或由政府颁布法令进行国有企业改革,这已成为国际上通行的成功做法。相比之下,我国国有企业量多面广,市场经济立法又起步较晚,因而依法保障和促进国有企业改革的任务显得更为繁重和紧迫。

第二部分　现阶段国有企业改革若干问题的法律思考

一、关于建立科学的产权制度

在建立现代企业制度的“产权清晰，权责明确，政企分开，管理科学”的基本要求中，产权清晰居于首要地位。在国企改革中，如何实现产权清晰？我认为，一是要采用现代企业的产权构造模式，二是要实现国家出资人代表到位。此外，在实现投资主体多元化过程中的职工持股问题也需要研究。

1. 现代企业的产权构造模式

政企分开，是实现企业产权清晰化的重要目标。当前，在这个问题上，要防止两种倾向：一是政府干预过多，企业不能充分地自主经营；二是国家出资人虚位，导致国有资产流失。

按照现代公司法的产权制度原理，公司作为一个社会化的资本实体，必须在产权上和人格上与投资者之间划出明确的界线。为此，需要作出一种制度安排，把投资者的财产所有权转换为两种权利：股权和法人财产权，从而形成“投资者拥有企业，企业拥有财产”的现代产权结构。

股权在整体上代表着全体投资者对企业这一财产集合体的所有权。投资者只能通过股东大会，作为一个团体来对企业这一整体财产享有和行使所有权。从个别意义上讲，股权代表着单个股东基于投资而享有的一系列的权利，其中主要包括股东参与利润分配的权利，出席股东大会并就公司经营方针和投资计划、任免董事和监事等一系列重大事项参加表决的权利，以及了解企业经营情况和财务情况、对经营者的违法行为提出异议的权利。但是，个别股东无权决定公司的具体事务和支配公司的具体财产。股东对企业债务的责任以其出资额为限。

今后，政府只要在法律规定范围内行使国家在公司中的股权，就能够实现政企分开和出资人到位。这样，长期存在的所有权干涉企业经营权、政府对企业实际上承担无限责任等政企不分的问题就可以得到比较妥善的解决。同时，通过采取进一步的制度性措施，实现国家出资人代表到位，保证国家股权的充分行使，也可以有效地避免国有资产流失的问题。

由投资者所有权转换而来的另一种权利是法人财产权。这是一种直接支配企业现实财产、包含了所有权全部权能的权利地位。这种权利地位使企业获得了作为法人所必要的财产基础。公司通过它的法人代表机构(董事会)，独立地运用企业财产，从事自主经营。其经营行为的法律后果完全归属于公司法人。公司的法人代表机构由股东大会任命，承担着谋取公司利益、维护股东权益的诚信义务和注意义务。

今后，企业只要依照法律规定行使其法人财产权，就能够充分实现自主经营、自负盈亏。这样，我们长期为之努力的落实企业经营权的目标就可以得到有效的实现。

以上就是我国《公司法》采用的产权模式。按照这种产权模式，股权与法人财产权在两个不同平面上各自展开。股东依法行使自己的股权，不会削弱企业的法人财产权；企业依法行使自己的法人财产权，也无损股东权益。因此，国家在法律规定的范围内充分享有和行使股权,既无“政企不分”之嫌,也无“所有者虚位”之虞。可以说,采用现代企业的产权构造,是实现政企分开和确保国家所有权到位的两全之策。

这里要补充两点:第一,党政机关同所办的经济实体和直接管理的企业在人财物方面彻底脱钩,是推进政企分开的一项重要举措。但脱钩以后,还需要按照上述产权结构的要求,落实国家出资人的权利。第二,国有企业产权多元化需要有一个过程,而且,在国家垄断经营的情况下采用国有独资的形式是不可避免的。但是,这类企业应该尽可能地少。这类企业中国家所有权的实现,可以采用一些特殊方式(如国有国营、两个以上政府部门持股、计划合同制等等),为此需要制定专门法规。

2. 企业中的国家出资人代表

十五届四中全会提出:“政府对国家出资兴办和拥有股份的企业,通过出资人代表行使所有者职能”。从制度上落实这一要求,就必须实现企业中的国家出资人代表主体到位、职权到位和责任到位。其中,首先要解决的是主体到位问题。

从国企改革的现行做法看,充当国家出资人代表的主体,主要有以下三种形式。

第一是政府授权的国有企业集团或者国有独资公司。这种形式是由已有的国有企业发展而来。实践证明,这是落实国家出资人代表的成功做法。目前,已经有一批国有企业通过发展壮大,成为具有多级资本结构的“金字塔”式的大型企业或企业集团。处在“塔尖”的公司(例如,中石油、中石化、国家电力公司、上海汽车),通过独资或控股方式,拥有众多的下属企业。这些公司具有很强的资本经营能力和市场竞争能力。它们作为国家出资人代表,能够有效地行使其下属企业中的国家出资人权益,实现国有资产保值增值。对这些公司,应当授予《公司法》第12条规定的"投资公司和控股公司"资格(其转投资不受法定比例的限制)和《公司法》第64条规定的"国家授权投资的机构"资格(有权设立国有独资公司)。但是,这种资格授予应以"塔尖"为限。而且,"金字塔"的层次不宜过多(一般以三层为宜)。

第二种形式是地方政府组建的国有资产经营公司。这类公司实际上是由政府主管部门转变而来。实践中,不少这类的公司在不同程度上还带有原来的行政色彩。目前,有些地方已经制定了地方法规(例如,《上海市国有资产授权经营公司管理暂行办法》),对这类公司的设立、权利和职责、投资决策、资产收益、运行监控等事项作出了规定。我们认为,对于国家出资人代表的这种新形式,可以在实践中继续探索、总结和完善,并在条件成熟的时候制定相关的法律法规。

第三种形式是由政府直接充当国有企业的国家出资人代表。这在国外有大量先例。根据我国国企改革的经验,对于少数国有独资的大型、特大型企业,可以由国务院或省级人民政府直接行使国家出资人权利。这种形式主要适用于两种情形:一是对于充当下属企业中国家出资人代表的上述两种公司,需要由政府来对它们行使国家出资人权利;第二,对于少数必须由国家垄断经营的企业,需要由政府来行使国家出资人权利。

在上述第一、二种情况下,我们可以从法律上把国家出资人代表与政府之间的关系界定为一种资产信托关系。前者应当以国有资产为受益人,独立地行使出资人的资本收益、重大决策和选择经营者等权利，并承担国有资产保值增值的责任和上交投资收益的义务。后者负责向前者委派董事、监事，并对前者实施必要的监督。这样规定，有利于实现国家所有权到位和政企分开的目标。

3.投资主体多元化与职工持股

建立现代企业制度，打破了由国家单一投资兴办企业的模式。除少数必须由国家垄断经营的外，大多数国有企业要改制为投资主体多元化的公司。职工持股，就是投资主体多元化中的一个新情况。

职工持股在国外是较为普遍的做法。西方国家在实行雇员参与制时，以法律的特别规定，允许职工购股和公司给职工送股，以加强企业与职工的利益连带关系，实现资本要素与劳动力要素的互济共存。有些公司还通过以股权换取职工减薪避免了破产。

我国国企改制中出现的职工持股，是国有企业产权制度改革的一种有益尝试，可以积极而稳妥地加以推行。实践中，职工取得股份的方式，较为可行的大体有两种：一是个人出资购股，二是将公益金等企业积累的一部分量化为职工股。对于这些方式，需要在调研、论证的基础上，制定法规加以规范。同时，也要注意对职工持股中可能出现的短期行为和其他消极现象采取必要的防范措施。

二、关于完善公司法人治理结构

十五届四中全会指出："公司法人治理结构是公司制的核心"。全会对形成"各负其责、协调运转、有效制衡的公司法人治理结构"提出了具体要求。落实这些要求是当前国企改革法制建设的一项十分紧迫的任务。

1. 合理配置公司机关职权是完善法人治理结构的前提

现代企业的法人治理所遵循的基本原则就是分权制衡。实现分权制衡的基本要素是结构、程序和责任。具体说,就是以科学的职权配置形成法人内部各机构间的功能互补和权力制约,以周密的程序安排形成各机构的高效有序运行,以严格的制约措施对各机构人员加以有效的行为规制。

有关企业法人治理的制度建设,主要是企业内部的组织结构和管理机制。在股份制公司的法人机构中,股东大会是最高权力机构,但不是常设机构。在股东大会之下的公司常设机关,其职权大体包括决策、执行和监督三部分。对这三部分职权的配置方式,从世界各国的情况看,主要有三种模式。

第一种模式是设两个机关,一是董事会,负责决策和执行,二是监事会,负责监督。多数西欧国家采用这种模式。这种模式有利实现议行合一,提高经营效率,而且经营者队伍精干,管理成本较少。

第二种模式也是设两个机关,一个负责决策和监督,称为董事会,另一个负责执行,称为经理或高级职员。这是英美采用的模式。这种模式有利于形成对执行机关的强有力的鞭策和监督。

第三种模式是设三个机关,即董事会为决策机关,经理层为执行机关,监事会为监督机关。少数西欧国家对股份有限公司规定了这种模式。这种模式实行比较彻底的分权制衡,但机构较复杂,对人才资源需求较大。

我国现行公司法对股份制的公司一律采用第三种模式。这种

"一刀切"的做法值得商榷。对于一些企业,特别是股东少、规模小和经营单一的企业,采用这种模式不仅费用高,而且监督职能较难发挥。在修改《公司法》的时候应增加前两种法人治理结构模式,以利于企业根据自己的实际情况加以选择。比如,象中石油、中石化、国家电力公司这样的国有独资公司,其常设机关可以借鉴第一种模式,但应辅之以集体决策制度和外部监督制度。

在合理配置法人机关职权的基础上,要对各机关运行的程序规则和责任机制给予高度重视。目前,在国有企业改制成立的公司中,公司各机构的职权在章程中都写得很清楚,但实际上往往没有形成各负其责和有效制衡。其制度方面的原因,除职权配置不尽合理外,在很大程度上要归结为程序保障和责任制约的欠缺。因此,在修改《公司法》时,需要对法人机关的工作程序和个人责任作出更加明确和严格的规定。

2.强化监督机制是完善法人治理结构的当务之急

现代公司制度发展的一个重要特点,就是管理职能同资本所有权相分离,公司管理者掌握越来越大的权力。这对实现管理科学化和提高企业经济效益是必要的。但是,管理者权力的膨胀导致了"内部人控制"问题,从而引起了各国公司法改革对投资者保护和银行债权人保护的严重关切。正如一位澳大利亚学者在1997年指出:"我们由过去二十年的经验看到,公司常常被当作公司内部人通过牺牲投资者和其他资本供应者(如银行)的利益而发财致富的工具。"在我国的国企改革中,也存在着"内部人控制"的问题。目前,在大部分国有企业的改制中,董事会、监事会、经理层均产生于原企业,他们利害相关,使董事会、监事会代表出资人进行决策、监督的功能大大削弱。在这种情况下，要确保国家出资人行使权力到位和完善公司法人治理结构，当务之急是强化监督机制。

第一，实行外部监督职能在组织上内部化，使国家委派的专职监督人员成为公司监事会成员。目前试行的对大型企业派遣稽察特派员的制度，取得了明显成效。在总结《国务院稽察特派员条例》实施经验的基础上，可在《公司法》中作出相应的补充，规定对国有独资公司实行外派监事会制度。同时，规定国有控股、参股公司监事会中的国有股代表可以由政府专门机构委派和管理的外部监事担任。为此，可以考虑在市级以上人民政府设立监事局，负责国有企业外部监事的委派、考核，并负责外派监事会的薪酬支付。监事会有权聘用注册会计师和律师。

第二，强化企业审计机构。通过立法设置企业审计机构并赋予其独立的地位和特别的权力，是国外完善法人治理制度的一条成功经验。建议对国家没有委派外部监事的国有控股、参股公司，实行由股东大会任命公司审计员的制度。审计员对股东大会负责，其报酬由股东大会决定。审计员有责任查清公司帐目是否依法制作，并对其失职造成的后果承担法律责任。法律应采取措施保护审计员依法独立行使职权。

第三，强化公司信息披露制度。信息披露制度是保护投资者和债权人的一项重要制度，也是制约“内部人控制”的一项重要措施。信息披露的主要义务人和责任人是董事会及其成员。对于在信息披露中弄虚作假的人员，要给予严厉制裁。

第四，建立企业财务信息监测体系。其要点为：建立中央、地方各级企业财务信息监测机构和计算机系统；企业按照法定的制作规范定期向监测机构报送财务信息;监测机构通过计算机分析和人工分析发现企业财务的异常情况,并及时通报有关部门以便调查处理。

3.加强董事会职能是完善法人治理结构的关键环节

经验证明,公司治理结构要完善,董事会是关键。因为,董事会是股东的代理人,既享有决策权,又握有经理层的任免权,起着“承上启下”的作用。加强董事会的职能,需要采取以下一些措施。

第一,从制度上保证董事会职权由董事会集体行使,而不是董事长个人行使。董事会必须作为一个整体来行动。这是各国公司法公认的原则,也是我国公司法遵循的原则。按照这一原则,董事会的一切决定,都应该以整体名义和整体行动作出。董事长是董事会的召集人,他只有在获得授权的情况下并且在授权范围内,才能单独行使董事会职权。我国现行《公司法》将董事长规定为法定代表人。这实际上是工厂制观念的延续,不能体现董事会集体行使权力的原则,也不符合国际上通行的“董事均有权对外代表公司”的规则。建议在修改《公司法》时取消这一规定,确定董事均可经章程或股东大会授权对外代表公司。

第二,理顺董事会与经理层的关系。目前,国企改制设立的公司中,董事会形同虚设的现象比较常见。解决这个问题的办法,就是在修改《公司法》的基础上,让公司根据自身具体情况在章程中对董事会和经理的职权划分作出切合实际的规定。在经理层为独立执行机构的公司中,董事长和总经理应当由二人分任。在这种情况下,法律应当承认总经理在处理日常业务时对外代表公司的权力。如果公司选择法人决策机关与执行机关合一的模式,可以由董事会任命执行董事。执行董事可以聘任经理作为助手(此时的经理不是一级法人机构)。

第三,优化董事会内部结构。首先,实行外部独立董事制度。外部独立董事应享有某些特别权力。担任公司外部独立董事的人员,必须是本人及其亲属未曾在该公司任职、兼职,并且与公司无任何利害关系的公民。其次,规定上市公司的董事会中必须有一至二名小股东推选的董事。这有利于决策时集思广益,并有利于公司境外上市。

第四,实行董事持股制度。规定上市公司的董事个人出资购买并持有本公司股份的义务。在公司亏损或者不能清偿到期债务的情况下,董事所持的本公司股份应予冻结。

第五,强化董事义务,实行董事责任追究制度和董事资格取消制度。董事应当以高度的谨慎和勤勉,忠实地履行职责。董事会决策失误给公司造成损失的,有过失的董事应承担赔偿责任。有弄虚作假、以权谋私等不端行为的董事,应当依法被取消董事资格并不得在任何公司担任董事或经理。

在采取以上措施的同时,还应当完善对管理者的选拔和激励机制。应当明确,选拔公司董事、经理是任用企业家,其用人标准和选拔程序有别于提拔党政机关干部。对于企业高级管理人员的报酬和利润分配,可采用与个人能力和经营业绩挂钩的各种办法,如年薪、配售股、奖励股、股票期权等。对此,应出台相应的法规加以规范。

4. 落实股东大会制度是实现法人内部制衡的必要条件

目前,国企改制后成立的公司,普遍存在着权力单极化即国有股“一家说了算”的问题。这种情况阻碍了法人内部制衡的实现，也不利于吸引社会投资。对此，除了从产权结构上进行调整，从严限制设立国有独资公司的范围外，一项根本性的对策，就是落实股东大会制度，使股东大会真正成为公司的最高权力机构，成为全体股东平等行使股东权的场所。为此，需要从法律上加以完善。建议采取以下措施。

第一，切实保障股东大会选任董事的权力。在法人治理结构中，股东大会选任董事的权力是投资者保护自身权益的法宝，也是选拔经营管理人才和提高企业素质的保证。因此，无论是政府部门还是各级党组织，都要尊重股东大会的这项法定权力。政府和党组织可以通过出资人代表向股东大会推荐人选、提出建议，但任命董事的权力只能由股东大会行使。

第二，在表决程序制度上采取适当保护小股东的措施。这对于维护股东大会决策民主是必要的。如，维护小股东了解公司经营情况和查阅公司账簿的权利；设立能够使小股东集体行使权利的表决代理制、累积投票制等等。

第三，设立董事向股东大会述职制度和股东大会对董事质询、调查和罢免制度。这有利于加强对董事的监督制衡。

第四，规定个别股东代表公司对董事会的违法行为提起诉讼的权利。在公司权益受到公司内部人侵犯时，可能出现董事会、监事会不加追究的情况，这时，持续拥有公司股份达一定期限和一定比例的股东有权出面代表公司提起诉讼。

三、关于创设治理企业困境的法律机制

以无力偿债为基本标志的企业财务困境，是一个全球性的经

济难题。在我国,企业困境是长期以来困扰国企改革的一个重要因素。解决这个问题,除了运用必要的行政手段外,要充分发挥市场机制和法律机制的作用。

1.当代国际性破产法改革给我们的启示

本世纪70年代以来,出现了一场世界范围的破产法改革运动。这场改革的主题之一,就是企业拯救。美、英、法、德等许多发达国家以及一些发展中国家纷纷颁布新破产法,将重整制度置于显著地位。重整是在企业无力偿债但有复苏希望的情况下,依照法律规定的程序,保护企业继续营业,实现债务调整和企业整理,使之摆脱困境,走向复兴的再建型债务清理制度。与破产清算制度相比,重整制度的优越性在于:它可以使债务人的营业得以不间断地继续,从而避免了破产清算情况下的财产损失、经济连锁反应和其他消极后果;它可以使债权人获得公平的、并且往往高于破产分配的清偿;它可以把债权让步与营业改善、财产出让、企业兼并、资本变更等措施相结合,在债务重组的同时实现企业再建。

重整制度的出现导致了一系列的观念更新。首先,人们认识到,企业在持续营业状态下的价值(营运价值)高于它的清算价值。如果把困境企业比作一匹病马,那么,我们在治好它以后得到的是活马的价值,而通过破产清算得到的只是马肉的价值。如果能够以较小的成本治好病马,就不应该"杀马分肉"。其次,在企业困境的情况下,债权人和债务人是利益与共的,企业复兴则为双赢,企业倒闭则为双输。第三,受企业破产事件影响的还有包括劳动者在内的其他社会群体的利益和社会整体利益,立法者不能置之不顾。

我国在 1995 年起草新破产法时,对重整制度的设计突出了以下要点:(1)重整程序可以在企业出现财务困境但尚未陷入破产状态的时候启动;(2)重整期间,债务人可以继续营业,而且可以委托原经营者负责营业事务;(3)重整期间对所有的债权(包括有担保的债权)实行冻结,以保护企业继续营业;(4)建立包括债务人、债权人、出资人、职工在内的多方协商机制,由此产生的重整计划,应是一个含有债务重组、企业改组、人员裁减、产权变动等等内容的综合性的企业复兴方案;(5)重整计划在符合法定条件的情况下,即使某些债权人不同意,法院也可以强行批准。

我国目前对部分困境企业实行的"债转股",是国际上通行的一种企业解困手段。它通常是重整计划中一揽子拯救措施的一种。同其他企业拯救措施一样,"债转股"也存在一定的风险,应严格规范操作。在实施"债转股"时,需要有一套综合性的治理方案,其中应包括以下配套措施:第一,要分析困境原因,预测营业前景,提出企业改制、转换机制、减员增效、加强管理和改善经营的措施;第二,要对所有的企业债务作出通盘的清偿安排,这种安排通常应包括其他的债权让步措施(如延长偿债期限、免除利息、减少本金等),同时要制止个别债权人"捷足先登"的追债行为,防止银行债权人的让步成果在一哄而起的个别讨债中化为乌有;第三,要设法通过新的贷款、政府资助、出售部分资产、追加投资等多种方式,注入维持和改善营业所必要的增量资金;第四,要保证金融资产管理公司有权派出自己的董事和采取其他必要措施,监督企业的经营和财务。

目前,国际上的企业拯救制度还在发展完善中。关键的问题是如何减少拯救成本和提高成功率。1994 年,法国颁布《企业困境防治法》，本着“早预防、早治疗”的思想，创立了一种旨在使债权人与债务人在法院指定的调解人的指导下达成偿债安排的协商解决程序。与这一程序相联系的，是一套法律规定的企业财务预警系统。近年来，在国际范围内，通过协商解决的方式实现企业拯救的理论和实践也有显著的发展，目前正成为各国破产法专家讨论的热点。

最后，需要特别强调的是，在任何一个国家，破产清算制度都是必不可少的。在我国，长期以来，积累了一大批应该破产而未破产的企业，对于那些应被淘汰的落后企业和病入膏肓甚至名存实亡的困境企业，清算倒闭是明智的选择。这也符合市场经济优胜劣汰的规律。在当今各发达国家，适用清算程序的案件数量在法院受理的破产案件中仍然高居榜首。需要注意的是，我国目前因破产法制不完善，规范破产难度较大，欺诈破产、浪费破产和违反程序等现象多有发生。因此，必须建立完善的破产清算程序，规范破产操作，惩治破产犯罪。

2. 建立综合治理企业困境的法律框架

治理企业困境，需要有一套综合性的法律框架。其中最重要的，就是要有一部包含多种债务清理程序和企业拯救机制的破产法。

我国现行《企业破产法》，是1986年颁布的试行法，现已严重滞后，既不能满足规范破产的要求，也起不到拯救企业的作用。1995年，八届全国人大曾起草了一部新破产法草案。该草案扩大了适用范围，设立了重整制度，完善了程序规则，在国内外获得很高评价。但是，它至今仍未被提交常委会审议。我们认为，我国新破产法早日出台，对于拯救企业、规范破产和维护经济秩序，意义重大。如果目前颁布新破产法确有困难，可考虑先出台《企业重整法》。这部法律可以在现有破产法草案有关内容的基础上，吸收近几年来国际国内的新经验（如防治早期困境、制止破产欺诈等），加以进一步完善。

治理企业困境，需要同调整产业结构和企业组织结构结合起来。在这方面，企业兼并立法的作用不可低估。我国现有的兼并法规和有关政策性规定还很不完善。目前，国务院有关部门已经起草出《企业兼并条例》草案。该条例在规范企业兼并中的政府行为，保护债权人和职工合法权益，以及提供具有可操作性的程序方面，都有较详细的规定。

增加企业资本金是改善企业资产负债结构，帮助企业摆脱困境的重要环节。除了必要的财政、信贷支持外，还可以在改革国有土地使用权制度上做一些文章。按照现行的国有土地出让制度，企业若要将自己使用的划拨土地用于市场经营，必须向政府支付土地出让金。这对困境企业来说是勉为其难。我们建议，对于一些有拯救希望的困境企业，可将其现有的划拨土地使用权以国家投入的方式界定为出让土地使用权。这样，一方面企业账面的资产负债结构可以改善，从而使企业恢复从事经营和融资所必要的信誉。另一方面，企业还可以将这种土地使用权投入二级地产市场，以转让、出租、抵押、作价出资等方式进行经营，获得解困和发展所需的资金。这种土地使用权资本化的方式，也可以用于扶持优势企业进一步发展壮大。

第三部分　依法保障和促进国企改革需要注意的几个问题

一、保障和促进国企改革的法律法规要系统化配套化

法制建设是一项系统工程。要实现依法保障和促进国企改革,就必须实现有关法律法规的系统化、配套化。首先,各项基本法律必须有完整和周密的体系。其次,围绕各项基本法律,要有一系列配套的法规。第三,相关的法律之间要建立有机的联系和协同。应该说,我国现有的经济立法还远未达到这些要求。为此需要建立起比较完备的市场经济法律体系。

为此,需要尽快建立健全比较完备的市场经济法律体系。当前要抓紧与国企改革有关的立法工作。(1)制定新破产法(并可考虑先行出台企业重整法)、企业兼并条例、企业关闭条例、金融机构关闭与清算条例、国有资产法、中小企业促进法、工商企业登记法、信托法、反垄断法、反倾销法、商业秘密保护法和社会保险法;(2)修订公司法、证券法、劳动法、国有企业财产监督管理条例(包括增设国有独资、控股公司外派监事制度);(3)采取进一步的立法措施,加大对金融诈骗、破产欺诈和公司内部人犯罪的防范和打击。此外,对于已经不适应深化国企改革要求的行政法规和部门规章,也要加以清理、废止。

现在,我国加入 WTO 已指日可待,在国内市场进一步开放和国际竞争加剧的新形势下,对我们完善有关问题法律制度,提高企业素质,增强企业适应竞争和抗御风险的能力,提出了更高的要

求。同时,我们在制定规范市场秩序的法律时,一方面要遵守国际条约和国际惯例,另一方面也要采取必要的措施,对我国的企业给予充分的保护。

二、严格执法,公正司法,为国企改革提供有力的法律保障

国企改革的法律保障要落到实处,法律实施至关重要。当前,要坚决打击借改革之机侵吞国有资产和扰乱正常市场经济秩序的经济犯罪活动。重点查办贪污、贿赂、挪用公款、玩忽职守、滥用职权造成国有资产流失的职务犯罪;查办走私贩私、经济诈骗、偷税抗税和伪造、倒卖、虚开增值税发票、制售伪劣假冒商品等犯罪案件,加强对企业商标权、专利权的保护,维护其合法权益。要下力气解决诉讼难、执行难、地方保护等问题,创造一个公正司法、严格执法的良好环境。要充分发挥律师、公证等专职法律服务机构的功能,为国企改革提供优质、高效、全方位的法律服务。

三、认真抓好依法治企工作

国企改革的各项立法,在很大程度上要靠企业落实。以依法管理、依法经营和依法保护自身权益为主要内容的"依法治企"工作,不仅是依法治国的要求,也是企业自我完善和发展的需要。在依法治企的过程中,要着重抓好以下三个环节。

第一,抓好规章制度建设,提高企业管理水平。在国企改制过程中,企业应当根据《公司法》和其他有关法律、法规的规定,结合自身实际情况,制定和完善有关企业内部管理秩序和对外经营活动的各项规章制度。同时,企业要通过规章制度的贯彻落实,不断增强法律意识,增强信用观念,要使我们的企业都明白一个道理:

对内讲制度、守规章与对外讲信用、守合同，是企业面对未来激烈市场竞争的安身立命之本。

第二，抓好企业经营管理人员的法律培训。据了解，国有企业现有的领导人和高级管理人员，懂经济懂技术但不懂法律的为数不少。有很多企业在经营上的重大失误和违规行为，都与其决策者缺乏法律意识和法律知识有关。因此，要将学习市场经济法律知识作为他们的必修课。建议将法律培训纳入《"十五"企业经营管理者培训纲要》。

第三，抓好企业法律顾问制度的推行。企业的内部管理和市场运作，存在着大量经常性的法律事务工作，需要有专职化的企业法律顾问队伍。欧美和日本的大公司普遍设有法律部。从总体上看，我国企业依法管理和依法经营的水平目前还比较低。企业因不懂法、不用法而造成的经济损失十分严重。近年来，有关部门在建立企业法律顾问制度方面做了不少工作，取得显著效果。大力加强企业法律顾问的制度建设和队伍建设，将是下一步推行依法治企的一项重要工作。

四、发挥政治优势，保证国企改革的健康发展

根据发达国家的经验，市场经济下的企业制度，总是长期受到两大难题的困扰。这两大难题，一是劳资关系，即企业及其资本所有者与劳动者之间的利益冲突问题。二是所谓"代理人道德风险"，即董事、经理滥用职权谋取私利的问题。长期以来，西方法学专家们千方百计地试图找出解决这两大难题的有效对策，但至今仍在"上下求索"。

我国在建立现代企业制度过程中，也不可避免地要面对和解决这两大难题。我们除了借鉴发达国家的经验外,还应当重视我们已有的制度性资源。这些资源中,首先是企业党组织在凝聚先进、团结群众、树立正气、鼓舞士气方面的传统优势。其次是实现劳动者主人翁地位的种种组织形式在加强民主管理、维护职工权利和建设企业文化等方面的巨大潜力。我们要积极探索在我国的现代企业制度下发挥企业党组织的政治核心作用,加强思想政治工作,完善企业民主管理,协调企业内部利益关系和建设高素质经营管理者队伍的新路子,确保国企改革健康、有序地进行。

(作者为中国政法大学教授
课题组其他成员:管晓峰 赵旭东 李曙光)

我国的证券法律制度

周 正 庆

证券法律制度是现代金融法律制度的重要组成部分,在市场经济法律体系中占有重要地位。从若干行政法规和部门规章的逐步建立,到以《证券法》为核心的证券法律制度的初步形成,我国的证券法律制度建设贯穿证券市场发展的全过程,为证券市场规范运行并充分发挥积极作用提供了重要保障。

一、证券立法的宗旨与证券市场的地位和作用

《证券法》第 1 条开宗明义地阐述了我国证券立法的宗旨。即规范证券发行和交易行为,保护投资者合法权益,维护社会经济秩序和社会公共利益,促进社会主义市场经济的发展。这一立法宗旨的形成与确立,是我国证券市场的地位、作用及十年来实践经验在证券立法方面的综合体现。

中国证券市场是适应我国改革开放和国民经济发展需要形成和发展起来的。1990 年 12 月和 1991 年 6 月,上海和深圳两地相继成立了证券交易所,开启了新中国发展证券市场的先河。但在当时,对于能否借鉴发达国家的经验发展证券市场,一些同志仍然

心存疑虑，主要表现在对社会主义国家能不能发行股票，股份制姓“资”还是姓“社”，国有企业改制上市是不是搞私有化，会不会造成国有资产流失等问题认识不清。这种思想认识上的顾虑和分歧，在很大程度上制约了我国证券市场的发展。针对上述情况，邓小平同志在1992年初的南巡讲话中指出：“证券、股市，这些东西究竟好不好，有没有危险，是不是资本主义独有的东西，社会主义能不能用？允许看，但要坚决地试。”“总之，社会主义要赢得与资本主义相比较的优势，就必须大胆吸收和借鉴人类社会创造的一切文明成果，吸收和借鉴当今世界各国包括资本主义发达国家的一切反映现代社会化大生产规律的先进经营方式、管理方法。”这些论断，在一些重大理论和实践问题上解除了认识上的禁锢，带来了又一次思想解放，为中国证券市场的发展创造了新的机遇。

股份制是不是人类社会创造的文明成果？是不是反映现代社会化大生产规律的先进经营方式和管理方法呢？回答是肯定的。马克思在《资本论》中对此做了精辟的论述。他认为，股份制度是在资本主义生产方式本身范围内产生的，通向一种新的生产形式的过渡形式。“它是在资本主义体系本身的基础上对资本主义的私人产业的扬弃；它越是扩大，越是侵入新的生产部门，它就越会消灭私人产业。”马克思还高度评价了股份公司在集中社会资金、促进经济发展方面的独特作用，它指出：“假如必须等待积累去使某些单个资本增长到能够修建铁路的程度，那么恐怕直到今天世界上还没有铁路，但是，通过股份公司转瞬之间就把这件事完成了。”因此，可以说发展股份制、发展证券市场符合马克思主义。党的十五大报告在总结实践经验的基础上，从理论的高度对股份制和发展证券市场作出了科学的结论：“股份制是现代企业的一种资本组织形式，有利于所有权和经营权的分离，有利于提高企业和资本的运作效率，资本主义可以用，社会主义也可以用。不能笼统地说股份制是公有还是私有，关键看控制权掌握在谁手中。"党的十五大报告还明确提出了要着重发展资本市场等要素市场。

在邓小平理论指引和党中央、国务院领导下，我国证券市场规模日益壮大，在国民经济中的地位和作用日益突出。截至2001年3月底，境内上市公司1122家，市场总市值达5万多亿元，约相当于2000年GDP的60%，累计筹资5732亿元，上缴印花税总计1547亿元。境外上市公司54家，红筹股公司69家，累计筹资575亿美元。从经营业绩看，上市公司主营业务收入10398亿元，净利润总额731亿元，经营状况明显好于其他国有企业。

总结证券市场对我国社会主义市场经济发展的积极作用，可以归纳为"四个有利于"：

一是有利于巩固和增强公有制经济的主体地位。在已公布年报的1086家上市公司中，国有股和法人股占70%以上。通过股票发行上市，国有上市公司资产负债率降低到46.3%，比一般国有企业平均水平低19个百分点。并且，通过三个途径实现了国有资产的保值增值：第一，国有企业改制时国有资产评估增值，通过评估资产增值率一般为33%；第二，溢价发行增值，A股市场向社会公众发行股票的价格每股平均为6元左右，是发行前企业每股净资产的4倍，国有资产享受的增值率为84%；第三，配股增值，上市公司配股价格一般比每股净资产值高50%以上。这表明，公有制经济不仅保持了对国有企业的控股权，而且还吸纳了大量的社会资金，壮大了公有制经济的实力。

二是有利于促进国有大中型企业转换经营机制、建立现代企业制度。占上市公司中76%的企业是由国有企业改制而成的,上市后,这些企业的法人治理结构、决策和经营机制、监督和制约机制以及法律责任等方面,都较上市以前发生了很大变化。企业通过上市,建立了市场硬约束,压力加大了,动力增强了,促进了国有企业改善经营管理,提高经济效益。

三是有利于推动投融资体制改革。我国长期以来实行单一的间接融资体制,企业融资几乎全靠银行贷款,国有企业资产负债率居高不下,资本金严重不足,不利于企业发展和防范金融风险。发展证券市场,开辟直接融资渠道,改善了传统国有企业主要依靠银行贷款支持生产经营的局面,既改善了企业财务状况,也缓解了金融风险。

四是有利于促进社会资源优化配置和产业结构调整。十年来,上市公司通过境内外证券市场共计筹集资金逾万亿元人民币,其中80%投入到了新建和技改项目,支持了国家重点建设,促进了国民经济支柱产业发展,培育了一批有相当规模和实力、有一定竞争力的上市公司。从上市公司2000年年度报告数据看,总资产超过100亿元的特大型公司有15家;主营业务收入超过100亿元的公司有8家;市值在100亿元以上的公司有35家;净利润超过5亿元的公司有22家。

1998年,江泽民同志在《证券知识读本》的批示中,充分肯定了证券市场的地位和积极作用,他指出:“实行社会主义市场经济,必然会有证券市场。建立发展健康、秩序良好、运行安全的证券市场,对我国优化资源配置,调整经济结构,筹集更多的社会资金,促进国民经济的发展具有重要作用。”证券市场十年的发展实践表明,证券市场作为社会主义市场经济的重要组成部分,对促进我国国民经济持续、快速、健康发展具有重要作用。

二、证券法律制度的基本内容及相应拓展

我国的证券法律制度以《证券法》共 12 章 214 条内容为核心，辅之以《公司法》相关内容以及 300 多件相关的行政法规、部门规章及规范性文件构成。目前，我国证券法律制度的调整范围主要是股票、公司债券和国务院依法认定的其他证券的发行和交易。其基本内容包括四个方面：(一)证券发行上市的法律规范；(二)证券交易的法律规范；(三)证券服务的法律规范：(四)证券市场监管的法律规范。

(一)股票发行与上市的法律规范

股份有限公司进入证券市场发行股票上市后成为上市公司，在这个过程中，必须依法经历证券发行和上市两个阶段。我国证券法律制度的基本内容之一，就是对上市公司在这两个阶段的主要行为和活动进行法律规范，其核心是保证和提高上市公司的质量。

1.股票发行上市的条件与核准制度

股票发行分为设立时的首次发行和新股发行，新股发行又分为增发和配售两种方式。以募集方式设立的一般股份有限公司，在公开发行股票、向社会募集资金时，必须符合法定的基本条件，主要包括：公司注册资本的最低限额为人民币 1000 元；应当有五个以上的发起人并且其认购的股份不得少于公司股份总数的 35%；必须向证券监管部门递交募股申请，并报送公司章程、批准

设立公司的文件、经营估算书、出资种类及验资证明和招股说明书等相关文件。

经过公开发行股票而设立的股份有限公司申请股票上市并成为上市公司，则必须符合有关上市公司的法定基本条件，主要包括：股票经证券监督管理机构核准已向社会公开发行；公司股本总额不少于人民币5000万元；持有股票面值达人民币1000元以上的股东人数不少于1000人；向社会公开发行的股份占公司股份的25%以上；公司股本总额超过人民币4亿元的，向社会公开发行股份的比例为15%以上；公司在最近3年内无重大违法行为，财务会计报告无虚假记载；开业时间需在3年以上，并且最近3年需连续盈利。为了有利于国有企业融资上市，法律还特别规定，原国有企业依法改建而设立的股份有限公司，或者公司法实施后新组建成立的，主要发起人为国有大中型企业的股份有限公司，经营业绩可依原企业连续计算，而不必等待3年时间。股份有限公司向证券监督管理机构提出股票上市交易申请时，还应当提交：公司章程、公司营业执照、申请上市的股东大会决议、上市报告书、经法定验证机构验证的公司最近3年的或者公司成立以来的财务会计报告和最近一次招股说明书等文件。

股份有限公司成为上市公司，除必须满足上述法定的基本条件外，还必须依法经过证券监督管理机构的股票发行和股票上市核准程序。其基本环节为：第一，发行人依法提交公开发行股票的申请文件；第二，由证监会内部和外部共80余名成员组成的证券发行审核委员会，依法对股票发行进行审核，以投票方式对股票发行申请进行表决，并提出审核意见；第三，证监会自受理证券发行申请文件之日起3个月内作出决定，不予核准的，应当作出说明；

第四，股份有限公司依法提交股票上市交易的申请文件；第五，证监会或经授权的证券交易所根据国家产业政策和法定上市条件，依法核准股票上市申请；第六，证券交易所自接到股票上市交易申请和核准文件之日起的6个月内，安排该股票上市交易。

《证券法》颁布实施后，我国的证券发行与上市管理制度进行了重大变革。证券发行与上市由原来的“有规模、有家数、指标分配”的审批制，转变为“无预设指标，无行政审批”的核准制。发行人也由原来的先“跑指标、报批准”，后找主承销商，转变为先找主承销商，并在其辅导下进行为期一年的改制运行，具备证券发行与上市条件后，由主承销商作为保荐人，向证券监管机构作出证券发行上市推荐，由证券监管机构按程序核准。在这一过程中，发行人提交的发行申请文件必须真实、准确、完整；为证券发行出具有关文件的会计师事务所、律师事务所及资产评估等专业机构和人员，必须严格履行法定职责，保证其出具文件的真实性、准确性和完整性；主承销商作为保荐人，必须承担信誉和承销费损失风险；股票发行后，发行人经营与收益的变化，由发行人自行负责，由此变化引致的投资风险，由投资者自行负责；证券监督管理机构只是依法对有关申请文件进行合规性的程序审核。

为了更好地贯彻实施《证券法》，国务院制定了《中国证监会股票发行审核委员会条例》、《中国证监会股票发行核准程序》等行政法规，证监会相继制定了《拟发行上市公司改制重组指导意见》、《股票发行上市辅导工作暂行办法》、《关于进一步完善股票发行方式的通知》、《上市公司向社会公开募集股份操作指引》、《上市公司检查办法》等近30件规章和规范性文件。这些行政法规、规章和规范性文件与《证券法》和《公司法》的有关规定相配合，形成了较完备的证券发行与上市的法律规范。

2.持续信息公开制度

持续信息公开指的是证券市场中的信息披露。其主要内容包括:发行人和证券公司公告的招股说明书、财务会计报告、年度报告、中期报告和临时报告等。持续信息公开制度是维护投资者权益的重要法律制度。它以“公开、公平、公正”为原则,使证券市场参与者通过公司披露的信息监督公司的经营活动,促进上市公司改善管理、提高质量。

《证券法》第三章第三节对信息披露作出了专门规定。首先是关于信息披露原则的规定,即公告的证券发行和上市文件必须真实、准确、完整,不得有虚假记载、误导性陈述或重大遗漏;其次是关于信息披露内容的规定,包括中期报告和年度报告的5项法定内容及临时报告的11项法定内容;第三是关于违反信息披露原则使投资者遭受损失的赔偿责任规定,包括发行人、承销的证券公司应当承担的赔偿责任,以及负有责任的董事、监事、经理应当承担的连带赔偿责任;第四是关于公告信息刊登方式和公众查阅场所。

在贯彻执行《证券法》过程中,一些上市公司为了掩盖其财务状况恶化的事实,谋求新股发行、配股或避免其股票暂停或终止交易,不惜进行虚假信息披露,欺骗广大投资者。为加强对上市公司的监督力度,更好地执行信息持续公开制度,《证券法》颁布实施后,证监会制定和修改了有关《公开发行证券的公司信息披露内容与格式准则》等14项规章,就首次公开发行股票申请文件、新股发行申请文件、招股说明书、股票上市公告书、中期报告、年度报告等依法需要披露的信息,从内容到格式,作了详细的规定。同时针对商业银行、保险公司、证券公司及房地产公司发行上市的新情况,专门制定了有关信息披露编报规则的13项规范性文件,从而细化和拓展了《证券法》关于持续信息公开的规定,对防范和查处虚假信息披露,发挥了重要作用。目前,已有相当多的律师事务所和会计师事务所在上市公司的信息披露中,拒绝出具无保留意见或者声明具有保留意见。

3. 上市公司收购和退市制度

上市公司收购方式包括两种:即要约收购和协议收购。要约收购是指通过证券交易所的证券交易,有收购意图的投资者以市值价格购入目标公司的股票,在达到法定比例时,向目标公司的所有股东作出购买其所持股份的书面意见,并依法公告包括收购条件、收购价格、收购期限等内容的收购要约,最终实现对目标公司的收购。

协议收购是指收购人通过与目标公司的管理层或者目标公司的股东进行磋商,达成协议,并按照协议所规定的收购条件、收购价格、收购期限及其他规定事项,收购目标公司股份的收购方式。

依法进行的上市公司收购,是运用市场机制在证券市场进行主动性结构调整的一个重要环节,它不仅有利于资源优化配置、产业结构的调整,而且有利于建立和完善上市公司治理结构、提高上市公司质量、促进证券市场健康发展。

上市公司经营持续恶化,质量低劣,并且不能被依法"重组、收购"时,就将面临退市。为此,我国《证券法》、《公司法》对暂停上市和终止上市作出了原则性规定。为落实这方面的规定,建立和完善我国证券市场的退市机制,证监会和证交所于1998年和1999年对亏损的上市公司股票采取了"特别处理(英文简称ST)"和"特别转让(英文简称PT)"两种措施。其目的是向投资者提示风险,抑制过度炒作。根据沪深两地证券交易所《股票上市规则》的规定,ST 股票是指亏损 1 年的上市公司的股票。对它的特别处理办法包括:证交所公开宣布对该类公司进行特别处理,股票简称前加"ST"以示区别,另板公布交易行情等;PT 股票是连续 3 年亏损的上市公司的股票。对它采取特别转让措施包括:PT 股票只在每周星期五集中进行一次交易,其价格上涨不得超过 5% 等。今年 2 月,证监会发布了《亏损上市公司暂停上市和终止上市实施办法》及其《通知》,对暂停上市、恢复上市、终止上市的情形、条件、期限和方法等,作出了具体规定,使《证券法》和《公司法》的原则性规定具备了可操作性,形成了比较完整的上市公司退市制度。

(二)证券交易的法律规范

我国证券法律制度中关于证券交易的法律规范分为两类,一是关于证券交易的一般规定;二是关于禁止的交易行为。对此,《证券法》作出了两节共 24 条的规定。其核心是保护投资者合法权益,维护证券市场秩序和社会公众利益。

1. 关于证券交易的一般规定

证券交易一般规定包括两方面内容:第一,证券的交易场所及其依照"价格优先,时间优先"原则而采用的公开集中竞价交易方式,以及证券交易只能采取现货交易,证券公司不得以信用交易方式向客户融资或者融券等。第二,关于证券交易的限制性规定。包括:(1)证券交易所、证券公司、证券登记结算机构从业人员、证券监管机构工作人员等,在任期或者法定限期内,不得直接或者以化名、借他人名义持有、买卖股票;(2)为股票发行出具审计报告、资产评估报告或者法律意见书等文件的专业机构和人员,在该股票承销期内和期满后6个月内,以及自接受上市公司委托之日起至上述文件公开后5日内,不得买卖该种股票;(3)持有一公司已发行股份5%的股东,其股票在买入后6个月内卖出或者在卖出后6个月内又买入,由此所得收益归该公司所有;(4)收购人对所持有的被收购的上市公司的股票,在收购行为完成后的6个月内不得转让;(5)发起人持有的本公司股份,自公司成立之日起3年内不得转让;(6)交易或转让涉及国家授权投资机构持有的股份,应当按照国务院的规定,报经有关主管部门批准。

2.关于禁止的交易行为

《证券法》规定的禁止交易行为,指的是内幕交易、操纵价格、恶意炒作,扰乱市场秩序,损害中小投资者利益等违法证券交易行为。

内幕交易是指内幕信息的知情人员利用内幕信息进行证券交易的活动,它是法律明确规定的禁止交易行为。凡涉及公司的经营、财务或者对该公司证券的市场价格有重大影响的尚未公开的信息,均属内幕信息。《证券法》规定了8种信息为内幕信息:如公司分配股利或增资的计划;公司股权结构的重大变化;公司债务担保的重大变更;上市公司收购的有关方案等。《证券法》还规定了7类人员为内幕信息的知情人员,如发行证券的公司董事、监事、经理、副经理及有关的高级管理人员;持有公司5%以上股份的股东;证券监管机构的有关工作人员;参与证券交易的社会中介机构及证券交易服务机构的有关人员等。

操纵价格也是《证券法》规定的禁止交易行为。操纵价格的目的是为了获取不正当利益或者转嫁风险。关于禁止交易行为的法律规范对操纵价格的情形与手段,作出了法律界定和描述。它包括:(1)通过单独或者合谋,集中资金优势、持股优势或者利用信息优势联合或者连续买卖,操纵证券交易价格。(2)与他人串通,以事先约定的时间、价格和方式相互进行证券交易或者相互买卖并不持有的证券,影响证券交易价格或者证券交易量;或者,以自己为交易对象,进行不转移所有权的自买自卖,影响证券交易价格或者证券交易量(对敲、对倒)。(3)以其他方法操纵证券交易价格。此外,关于禁止交易行为的法律规范中,还对证券公司及其从业人员损害客户利益、违法恶意炒作的情形,作出了禁止性规定。主要包括:禁止挪用客户所委托买卖的证券或者客户账户上的资金(保证金);禁止法人以个人名义开立账户买卖证券;禁止任何人挪用公款买卖证券;国有企业和国有资产控股的企业,不得炒作上市公司的股票等。

我国关于证券交易的法律规范,通过执法实践的检验,有关规定是比较准确的。由于违法证券交易活动严重扰乱市场秩序,损害投资者利益,挫伤投资者信心,因此,必须严格执法,予以及时、有效查处。

(三)证券服务的法律规范

证券服务机构包括证券交易所、证券公司、证券登记结算机构以及证券投资咨询机构和资信评估机构等。《证券法》以 4 章共 62 条的内容对其分别作出了规定。其核心是通过对证券发行与交易提供合法的优质服务,维护和促进证券市场的安全运行。

我国的证券交易所是提供证券集中竞价交易场所,不以营利为目的的法人,实行会员制。证券交易所的设立和解散,由国务院决定。证券交易所应当为组织公平的集中竞价交易提供保障,即公布证券交易行情，并按交易日制作证券市场行情表，予以公布；对在交易所进行的证券交易实行实时监控，并按照证监会的要求，对异常的交易情况提出报告；负责对上市公司披露信息进行监督，督促上市公司依法、及时、准确地披露信息；经中国证监会授权，证券交易所可以核准公司的上市申请等。

证券公司是经过证监会批准、专门从事证券经营业务的有限责任公司或者股份有限公司。证券公司分为综合类证券公司和经纪类证券公司。综合类证券公司可以经营证券经纪业务、自营业务、承销业务及证监会核定的其他证券业务，其设立条件为：注册资本不低于人民币5亿元；主要管理人员和业务人员必须具有证券从业资格；有固定的经营场所和合格的交易设施；有健全的管理制度和规范的自营业务与经纪业务分业管理的体系。经纪类证券公司只允许专门从事证券经纪业务，其注册资本的最低限额为人民币5000万元。证券公司为证券发行与交易提供服务时，严禁挪用客户交易结算资金（保证金）；其自营业务必须使用自有资金和依法筹集的资金，不得违规利用银行资金；不得为客户提供融资、融券等信用交易服务等。

证券登记结算机构是指为证券交易提供集中的登记、托管与结算服务且不以营利为目的的法人。其法定职能包括：1.证券账户、结算账户的设立；2.证券的托管和过户；3.证券持有人名册登记；4.上市证券交易的清算和交收；5.受发行人委托派发证券权益；6.办理与上述业务有关的查询；7.经证监会批准的其他业务。《证券法》规定，我国证券登记结算依法采取全国集中统一运营方式，证券登记结算机构的设立必须经中国证监会批准。今年3月21日，中国证券登记结算有限公司正式依法成立，全国统一的证券登记结算系统基本形成。

为了更好地实施有关证券服务机构的法律规范,《证券法》通过后,证监会先后制定了《证券公司检查办法》、《证券公司财务制度》、《证券公司内部控制指引》、《关于归还挪用客户交易结算资金方案初审工作的通知》、《证券投资咨询机构检查制度》等20多件规章和规范性文件。以加强对证券公司的持续监管为重点,补充和拓展了关于证券服务机构的法律规范。

(四)证券市场监督管理的法律规范

我国证券市场的监督管理,以国务院证券监督管理机构即中国证监会为主体。证券交易所除提供证券服务外,还依法承担部分一线监管职责。证券业协会是证券业的自律性组织,对证券公司进行自律监督管理。《证券法》第五章、第九章和第十章分别对证券交易所、证券业协会和国务院证券监督管理机构作出了专门规定。其核心是建立比较完备的我国证券市场的监督管理体系,并以此维护证券市场秩序,保障其合法运行。

国务院证券监督管理机构依法履行8项法定职责:1.制定有关证券市场监督管理的规章、规则,并依法行使核准权或审批权;2.对证券的发行、交易、登记、托管、结算,进行监管;3.对证券发行人、上市公司、证券交易所、证券公司、证券登记结算机构、证券投资基金管理机构、证券投资咨询机构、资信评估机构,以及从事证券业务的律师事务所、会计师事务所和资产评估机构的证券业务活动进行监管;4.制定从事证券业务人员的资格标准和行为准则,并监督实施;5.监督检查证券发行和交易信息公开情况;6.对证券业协会的活动进行指导和监督;7.对违反证券法律、法规的行为进行查处;8.法律、行政法规规定的其他职责。国务院证券监督管理机构在履行职责时,可以采取4项法定措施:1.进入违法行为发生场所调查取证;2.询问当事人和与被调查事件有关的单位和个人,要求其对与被调查事件有关的事项作出说明;3.查阅、复制当事人和与被调查事件有关的单位和个人的证券交易记录、登记过户记录、财务会计资料及其他相关文件和资料;对可能被转移或者隐匿的文件和资料,予以封存;4.查询当事人和与被调查事件有关单位和个人的资金账户、证券账户,对有证据证明有转移或者隐匿违法资金、证券迹象的,可以申请司法机关予以冻结。

《证券法》颁布实施以来,证券监督管理机构不断加强依法治市、依法监管。从1999年到2000年,共查处各种违法违规案件83起,有92家机构和251人受到了警告、没收非法所得、罚款、暂停或撤销从业资格等各种行政处罚,罚没款总额达4.9亿元。此外,《证券法》还对证券监管机构及其工作人员在履行职责时,所应承担的法定义务和遵守的准则,作出了规定。

我国证券法律制度的基本内容除包含上述四个方面的法律规范外,《证券法》和《公司法》还就与证券发行和交易有关的法律责任,作出了详细规定。

三、加强证券法律制度建设的几点思考与建议

多年的实践情况看,《证券法》是一部既具有前瞻性,又符合中国国情,能够对推动中国证券市场的法制化、规范化进程发挥重要作用的根本大法。但是,由于我国证券市场发育程度不高,很多方面还需要在实践中逐步规范,一些法律制度规定只能比较原则,并

暂以一系列的配套法规和细则作为补充，这在一定程度上影响了《证券法》的约束力。同时，在《证券法》的定稿阶段，正值亚洲金融危机爆发，因而对防范金融风险考虑较多，对推动市场发展考虑较少，特别是对我国加入世贸组织后，证券业面临的机遇与挑战基本未予考虑。上述因素影响，使我国证券法律体系中的某些法律条款存在一定的局限性。

通过这次《证券法》执法检查，使我们深刻认识到，进一步加强证券法律建设，牢固树立法律意识，努力提高依法治市、依法监管水平的重要性和迫切性。下面谈几点不成熟的看法。

（一）抓紧搞好《证券法》的配套法规建设

1.关于上市公司治理结构问题

高质量的上市公司是证券市场健康发展的基石，而目前我国上市公司质量还存在诸多值得重视的问题：一是经营业绩不理想，不少公司缺乏持续盈利能力，ST 和 PT 公司呈逐年增多趋势。二是运作不规范，包括擅自改变募集资金使用方向；大股东掏空上市公司资金，损害中小股东利益等等。三是不能及时、完善、准确地披露信息，甚至编造虚假信息欺骗投资者。四是资产重组行为不规范，以保壳、配股为目的账表重组较多，真正实质性的资产重组较少。以上问题的存在，根本原因在于法人治理结构不健全，缺乏完善的监督和制约机制，这在很大程度上影响了上市公司质量的提高。

解决上市公司治理结构问题，一是要通过调整持股结构，分散上市公司股权，建立不同持股者之间的相互制衡机制，从根本上解决由于股权过于集中对决策机制带来的不良影响；二是要建立健全独立董事制度,明确独立董事职能作用和选择聘用的程序,增强董事会内部的制约机制。同时要解决好股东会、董事会和监事会职能划分不清、责任不明的矛盾。这些问题都需要在立法调研的基础上,通过建立健全相应的法律制度,制定相应的《证券法》配套法规加以规范。

2. 关于上市公司退市问题

不具备持续上市条件的公司股票退出交易,建立上市公司优胜劣汰机制,是我国证券市场规范化建设的重要内容。

《证券法》第49条规定,上市公司丧失公司法规定的上市条件的,其股票依法暂停上市或终止上市。《公司法》第157条、第158条规定了暂停上市或终止上市的具体条件,其中明确规定公司股本总额、股权分布等发生变化不再具备上市条件,公司最近3年连续亏损等两种情况在限期内未能消除,应由国务院证券管理部门终止其股票上市。以上规定虽然为建立上市公司退市机制提供了基本法律依据,但由于规定过于原则,缺乏操作层面的法律规范,致使不少投资者对上市公司退市的相关规定不了解,甚至由此产生了法律纠纷,亟需完善与之相关的证券法律制度。

这方面需要配套的法规大致包括两个方面:一是公司退市的法定标准和条件。二是公司退市后相关问题处理的法律规范,包括退市公司股份转让的相关规则;退市公司信息披露规范;退市公司的持续监管和投资者的权益保护;退市公司恢复上市的条件和程序等等。所有这些问题,都需要制定实施细则加以规范。

3. B股市场对境内居民开放后的法律规范问题

《证券法》第213条规定,境内公司股票供境外人士、机构以外币认购和交易的,具体办法由国务院另行规定。今年2月证监会出台有关规定，允许境内居民以外币认购和交易B股股票，使B股市场的功能定位从吸引境外资金转变为吸引境内外外汇资金。面对新的情况，应尽快制定新的有关B股交易、发行和管理的具体法律规定，以便在法律上解决B股发展方向、上市发行、市场监管、风险防范等一系列问题，促进B股市场规范发展。

（二）亟需立法规范证券市场发展出现的新情况、新问题

1. 国有股和法人股场外交易问题

《公司法》第144条规定，股东转让其股份，必须在依法设立的证券交易场所进行。但从这次执法检查的情况看，目前有相当一部分国有股和法人未流通股进行场外交易，并呈日趋活跃态势。由于目前对国有股和法人股的场外交易没有制定具体的法规，没有明确谁是监管部门，没有对股权交易机构进行资格审查，没有颁布具体的交易细则，无法保证交易行为的合法性和定价的合理性，更不能保证国有股和法人股的权益和防范可能产生的风险。如果不抓紧解决这个问题，场外交易必然冲击证券市场，甚至可能引发部分国有资产流失。

2. 关于投资类公司从事委托理财业务问题

目前我国存在相当数量的投资类公司，他们私下募集大量资金，买卖股票，从事代客理财业务。其受托资金主要是企业集团、上市公司、事业单位的自有资金和居民个人资金，也有部分资金来自于银行信贷资金。从这类公司管理的资产规模看，数额之大估计已超过现有基金公司和证券公司自营业务的总和，但由于这种行为缺乏法律依据，基本处于无监管状态，加大了对内幕交易、操纵市场等违法违规行为的处理难度，蕴含着极大的市场风险。建议在认真调查研究的基础上，充分借鉴国外经验，尽快以法律的形式加以规范和引导，将其纳入监管范围。

3.加入世贸组织后证券法律制度的调整问题

加入世界贸易组织之后，我国证券市场必将面临进一步开放的机遇与挑战，现行证券法律制度亟需作出相应调整与规范。

(1)外资金融机构进入国内市场问题。现行证券法律制度没有关于中外合资、中外合作证券机构市场准入和监管的法律规定，应抓紧研究制定有关涉外证券机构的法律和行政法规。

(2)关于如何调整分业管理和混业经营矛盾的问题。我国《证券法》确立的银行、保险、证券、信托业"分业经营、分业管理"原则，是国务院证券监督管理机构对证券市场实施监管的重要基础。但近年来，国际上普遍实行混业经营，不少国家还建立了银行、证券、保险统一监管体系。随着我国金融业务的拓展，商业银行开展中介业务、股票质押贷款业务，证券机构进入银行间同业市场，保险资金进入证券市场，以及"一卡通"、"银证转账"的出现，表明我国金融领域已在一定程度上出现了混业经营倾向。

建议对《证券法》、《商业银行法》、《中国人民银行法》、《保险法》中确立的"分业经营、分业管理"原则通盘考虑，适应新的情况进行法律调整。

(3)交易工具创新问题。目前我国证券市场交易工具单一，没有涉及股指期货和股票期权这两种金融工具。股指期货是20世纪80年代发展起来的金融创新产品，是一种金融衍生工具，也是证券机构和投资者不可缺少的避险工具，在金融竞争中的作用日益显现。它能起到套期保值的作用，有利于减少大盘震荡、缩小震幅，保持市场相对稳定。股票期权是对上市公司主要管理人员实行的一种认股权制度，它是增强上市公司凝聚力，激励公司主要管理人员和技术人员责任意识的一种有效手段。建议对股指期货和股票期权这两种创新工具进行立法研究，提出相应的调整意见。

（三）牢固树立法治意识，提高执法水平

目前从执法主体到参与市场的机构和投资人，都不同程度地存在法律意识淡漠现象，有法不依、执法不严、违法不纠的问题时有发生，投资者的合法权益得不到有效保护，这些都制约着我国证券市场健康发展。

江泽民总书记指出："一种观念的树立，一种意识的培养，需要一个相当长的过程，要充分认识法制宣传教育的长期性、艰巨性。"

李鹏委员长指出："加强法制，重要的是要进行教育，根本问题是教育人。"

贯彻执行《证券法》，就是要加强法律宣传、培养法制观念，把依法治市、依法监管作为重要任务常抓不懈。

目前我国证券市场持续信息披露的真实性、完整性、及时性依然不够；内幕交易、操纵价格、恶意炒作等违法违规行为依然存在；证券机构挪用客户保证金、开设非法网点、允许透支或为客户提供担保等现象依然没有杜绝。这些都说明贯彻实施《证券法》应紧紧围绕依法治市、依法监管这一中心环节加大力度。要增强持续信息披露的透明度，提高信息披露水平；要用法律手段督促上市公司、证券机构管理人员认真履行职责；要强化律师事务所、会计师事务所、资产评估机构等中介机构的诚信责任。对证券市场的各类违法违规行为要及时依法查处，加大处罚力度，真正做到：有法必依、执法必严、违法必纠。只有这样，我国证券市场才能真正得

到健康发展。

（作者为全国人大财政经济委员会副主任委员）

依法保障和促进农村的改革、发展与稳定

李 昌 麒

一、加强农村法治，是建设有中国特色社会主义新农村的迫切需要

（一）加强农村法治，是实施依法治国方略的重要组成部分

（二）加强农村法治，是贯彻落实党在农村基本政策的重要保障

（三）加强农村法治，是建立、完善农村社会主义市场经济体制的内在要求

（四）加强农村法治，是保持农村社会稳定，推进民主政治建设和精神文明建设的根本保障

（五）加强法治，是国外保护和支持农业发展的通行做法

二、我国农业、农村法制建设面临的几个主要问题

（一）关于依法稳定土地承包关系问题

（二）关于农民负担法定化问题

（三）关于依法保障和促进农业产业化经营问题

（四）关于农业可持续发展的法律保障问题

（五）关于农村基层组织建设问题

三、思考与建议

(一)健全和完善适应农村改革发展需求的法律制度

(二)加强行政执法和司法工作

(三)加强农村的法律服务

(四)加强农村的法律宣传教育

农业、农村和农民问题是关系我国改革开放和现代化建设全局的重大问题。党的十一届三中全会以来,我国农村经济和社会发展取得了举世瞩目的巨大成就。为了推动农村改革的进一步深化,实现农村的稳定与发展,党的十五届三中全会又通过了《中共中央关于农业和农村工作若干重大问题的决定》,提出了新时期建设有中国特色社会主义新农村的奋斗目标,确定了实现这些目标必须坚持的方针,为农业和农村的发展指明了方向。今天,我就"依法保障和促进农村的改革、发展与稳定"这一题目,讲以下三个问题。

一、加强农村法治,是建设有中国特色社会主义新农村的迫切需要

在农村实行法治,就是要在党的领导下,运用法律手段管理农村的各项事务,为农村的改革、发展和稳定提供强有力的法律保障,促进我国农业和农村跨世纪的新发展。

(一)加强农村法治,是实施依法治国方略的重要组成部分

党的十五大明确提出依法治国,建设社会主义法治国家的基

本方略，九届全国人大二次会议又将“依法治国，建设社会主义法治国家”庄严载入宪法，这是党的领导方式和治理国家方式的重大发展，在我国民主法制建设史上，具有划时代的重大意义。

江总书记在党的十五大报告中指出：“依法治国，就是广大人民群众在党的领导下，依照宪法和法律规定，通过各种途径和形式管理国家事务，管理经济文化事业，管理社会事务，保证国家各项工作都依法进行……。”我国是农业大国，农业是国民经济的基础，9亿多农民是中国最大的社会群体。这一基本国情决定了加强农村法治在依法治国的方略中居于特殊地位，具有十分重要的作用。依法治国，根在基层、在农村。

鉴于历史和现实的原因，在农村实行法治是当前我国法制建设工作的重点，也是难点。我国传统农村社会以小农经济为基础、以宗法家长制的家庭为社会的基本单位，历来缺乏民主法制传统。这就使得我国农村地区成为法制建设的薄弱环节。因此，努力实现农业和农村工作的法制化，为农村经济发展、社会进步提供良好的法治环境，为依法治国奠定坚实的基础，已成为当务之急。

（二）加强农村法治，是贯彻落实党在农村基本政策的重要保证

在我国农村各项改革的启动和深化过程中，党的方针政策发挥了极其重要的指导和推动作用。可以说，没有适时、正确的党的农村政策，就不会有当今中国农村的稳定和繁荣。

在实施依法治国基本方略的新形势下，在农村发展社会主义市场经济，党对农村工作的领导方式也应相应地转变，领导农业和农村工作，既要靠政策，更要靠法律。要适时地把党的农村政策上升为法律，使之定型化、法律化，具有强制力和普遍约束力，以增强

党的政策的连续性、稳定性和权威性，形成政策与法律的良性互动机制。

（三）加强农村法治，是建立、完善农村社会主义市场经济体制的内在要求

当前，我国农业正由传统农业向现代农业转变，由计划农业向市场农业转变。法治作为现代化大生产的产物，是保障市场经济健康有序运行的重要手段。

农村市场的培育和健康发展，需要强有力的法治保障。因为只有通过法律机制，才能有利于塑造符合市场经济要求的市场主体，有效地保护市场主体的合法权益；才能有利于确立公平的市场竞争和交易规则，打破地区封锁，建立统一、开放、竞争、有序的市场体系；才能有利于规范国家对农村经济的宏观调控，实现农村经济的可持续发展。

农业的产业地位和特点，要求法律予以特殊保护。农业是国民经济的基础，但又是社会效益高、自身效益低，自然风险和市场风险大的弱质产业，需要国家和其他产业的保护、扶持。法律是配置权利、义务和责任的有效形式，通过设立必要的差别待遇，对农业实行倾斜和支持，才能确保农业的基础地位。

农业开放与国际合作，需要有符合国际通行做法的农业法律制度。世贸组织的规则本身就是一种国际经济法则。前不久，美国与欧盟的“香蕉贸易战”所产生的结果，就说明这一点。因此，健全我国农业法制，使之与国际的通行惯例相契合，是我国农产品进入国际市场，参与国际竞争所必须的。

(四)加强农村法治,是保持农村社会稳定,推进民主政治建设和精神文明建设的根本保障

确保农村社会稳定需要加强法治。当前,农村治安形势严峻,严重影响农民安居乐业,必须依法从重从快打击严重刑事犯罪,加强社会治安综合治理,为农村的改革发展创造良好的社会环境。农业和农村的急剧变革使农村市场主体多元化,国家、集体、个人各个利益主体之间的摩擦、碰撞、冲突大大增加,而且更多的表现为一种法律关系和利益上的法律冲突。据有关部门统计,目前群众在来信和上访中提出的问题,70%左右都与法律有关。显然,解决新时期农村的社会问题和社会矛盾,既需要运用行政的、经济的和思想教育的手段,更需要运用法律的手段,发挥法律的调节、规范、惩戒、保护的功能,维护农村的社会稳定。

加强农村民主政治建设需要加强法治。始于80年代中国农村的村民自治,是党领导亿万农民建设有中国特色社会主义民主政治的伟大创造。其特征就在于将农村各项事务纳入法制化、规范化、程序化的管理轨道,逐步形成一套民主选举、民主决策、民主管理、民主监督的制度及运行机制,实行依法建制、以制治村,推进基层民主制度化、法律化的进程。

农村精神文明建设需要加强法治。目前我国农村有些地方,家族、宗法恶势力有所抬头,黄赌毒、封建迷信、非法宗教活动等社会丑恶现象死灰复燃,干扰了农村的改革、发展和稳定。清除一切社会丑恶现象,治理恶习、陋习,树立社会主义的新道德、新风尚,约束农村社会成员遵守共同行为准则,都需要加强法治,以保障两个文明建设的顺利进行。

（五）加强法治，是国外保护和支持农业发展的通行做法

世界上很多国家，都比较重视通过立法来保护和支持农业的发展。目前美国有80多部、日本有200多部农业方面的法律，越南也将农业改革和新体制的建立纳入法制化轨道。美国30年代因农产品大量过剩而爆发了严重危机。为了减少危机带来的损失，帮助农民摆脱困境，政府于1933年颁布了《农业调整法》，其目的就是解决农产品过剩问题，稳定农业生产。通过这项法律，美国确立了以土地休耕制度和以农产品价格支持计划为核心的农业保护政策。自此以后，美国通过不断修改《农业调整法》和制定新的农业法规，为农产品的有效供给和农民获得合理收入提供了法律保障。法国也在农业高度发达的背景下，于1960年制定了《农业指导法》，其主导思想是：保证农业与其他产业的平等，消除农民与从事其他行业人员在收入上的差距，使农民公平地分享经济发展所带来的利益。日本、韩国等东亚国家则在工业高速增长、农业相对萎缩、工农业比例严重失调的情况下，于60年代初开始，先后制定了农业基本法，其目标在于提高农业劳动生产率，增加农产品供给，促进工农业协调发展。对这些做法可以根据我国实际，有选择地借鉴吸纳。

二、我国农业、农村法制建设面临的几个主要问题

新中国成立初期，有关农业、农村方面的法律法规屈指可数。诸如：1950年颁布的《中华人民共和国土地改革法》、1955年的《农村粮食统购统销暂行办法》、1956年的《高级农业生产合作社示范

章程》、1958年的《中华人民共和国农业税条例》等。之后由于“左”的错误路线影响，农业和农村立法长期处于停滞状态。十一届三中全会以来，党中央、国务院制定了一系列改革开放、搞活农业和加强农村工作的重大政策，使经济体制改革率先在农村突破并取得巨大成功。伴随着农村经济的发展、改革的深化，农业、农村法制建设有了长足进步。20年间，我国已先后制定了10多部调整农村各类社会关系的重要法律，40多部行政法规以及和农业、农村工作相关的一系列法律法规和地方性法规。一个具有中国特色的农业、农村法律制度框架已初步形成，在一些重要方面做到了有法可依。特别值得一提的是，1993年八届全国人大常委会第二次会议审议通过的《中华人民共和国农业法》。《农业法》把十一届三中全会以来党和国家关于农业发展的一系列行之有效的方针、政策和改革的成熟经验进一步规范化、法律化，是调整促进农村生产力、农业生产关系发展的基本法，它的颁布实施是我国农业、农村法制建设史上的一个里程碑。此外，以土地、农业、农村特定的经济、社会关系为调整对象的新修订的《土地管理法》、《村民委员会组织法》也以其立法过程的广泛参与性和较高的质量而产生了重大影响。

当前，我国农村体制正处在向市场经济体制转轨，农业小生产经营方式向产业化、现代化经营方式转变的过程之中，农业与农村出现了许多新情况、新问题，而法制建设尚不适应急剧变革带来的复杂局面，这主要表现在：1、农业、农村方面的法律法规还不健全、不完善。如土地承包这一创新的农业生产经营体制在我国已有20年的历史，虽然在《宪法》和《农业法》中作了确认，但至今还没有一部具体规范土地承包经营行为，调整土地承包经营关系的法律。2、现有的调整农村经济的法律规范的立法层次低。不少仍停留在行政法规、地方法规和部门规章的层次上，缺乏较高的法律效力。3、法律法规的内容过于原则，规范性、可操作性差，特别是缺乏必要的法律责任，难以发挥法律规范的强制功能。4、有些法律法规没有适时修改。如1958年颁布的《中华人民共和国农业税条例》是计划经济体制下制定的，实施40多年一直沿用至今。5、法律实施机制不够健全，农村的行政执法和司法工作难以适应形势发展的需要。

农业与农村法制建设是一项庞大的系统工程，涉及的问题很多。这里，我想着重从法律角度对农村改革发展稳定有关的几个主要问题，提出一些看法。

(一)关于依法稳定土地承包关系问题

土地既是农业最基本的生产要素，又是农民最基本的生活保障。党的十五届三中全会《决定》指出，稳定完善双层经营体制，关键是稳定完善土地承包关系。同时指出，要抓紧制定确保农村土地承包关系长期稳定的法律法规，赋予农民长期而又有保障的土地使用权。土地承包涉及到方方面面的利益关系，亟需法律予以调整规范。而现实中，法律对农民土地使用权的保护力度还不够。《民法通则》只是笼统地规定农村的土地承包经营权受法律保护。《土地管理法》进了一步，明确规定“土地承包经营期限为三十年”，给农民吃了定心丸。但《土地管理法》主要规范的是政府对土地的行政管理行为，而非规范农户作为民事主体的土地财产权利关系。目前，农村土地承包合同近3亿份，我国颁布的《合同法》条款对其并不完全适用，大量的合同纠纷，缺乏处理的法律依据，致使农民的土地使用权极易受到侵害。其表现:第一,土地承包经营中的权利义务关系不稳定,以至出现任意撕毁、变更承包合同,随意缩短承包期,擅自提高承包费的问题。第二,现行法律对土地承包经营权的具体内容没有作统一规定,而是由发包方和承包方协商约定,极易产生随意性。第三,土地承包经营制度和运行机制不规范,以致一些农村干部滥用权力,侵害农民的合法权益。第四,土地承包经营权流转机制尚未建立,难以实现土地的优化配置和集约化经营,实践中,还存在违反自愿、有偿原则,强制农户转让土地承包经营权的现象。

上述问题的存在,挫伤了农民向土地长期投资的积极性,造成土地经营短期化,忽视土地地力的维持和改善;同时也影响了农村干群关系,影响了农村的稳定与发展。据不完全统计,1998 年全国涉及土地承包合同的纠纷达 30 多万件。去年有一个省,因土地承包问题到省农业厅上访的数量竟占全部上访量的一半。一些地方还因土地承包纠纷发生了群体性的械斗事件。因此,抓紧制定确保农村土地承包关系长期稳定的法律法规势在必行。

(二)关于农民负担法定化问题

党中央、国务院高度重视农民负担问题,先后制定了一系列有关减轻农民负担的法规和政策,各级地方党委、政府也采取了一些政策措施,建立了减轻农民负担的领导机构,加强了对农民承担费用和劳力的制度化管理,取得了明显成效。但是农民负担问题还没有从根本上解决,在有些地方还相当严重。

一是某些地方税种的征收带有很大的随意性。如农林特产税、屠宰税、车船牌照税等计提数额随意定,计提方法不科学,简单地按地亩、种田人口或按户分摊,而且重复征收。二是“三乱”屡禁不止,名目繁多,政出多门,“搭车收费”。三是农民人均纯收入计算不实,提取基数加大。四是透明度低,使用难以监督。对此农民有个说法:“头税(农业税)轻,二税(各种提留、统筹)重,三税(乱集资、乱摊派、乱罚款等)是个无底洞。”过重的农民负担造成的危害是极其严重的,导致农民收入下降,增产不能增收,挫伤农民积极性,阻碍农村生产力的发展;导致干群关系紧张,损害党在群众中的形象,影响农村社会稳定和基层政权的巩固,也易滋生腐败。据了解,由农民负担引发的群体事件和恶性案件比较突出,1997 年全国有 10 个省、1998 年有 7 个省因农民负担问题而引发了致死人命的恶性案件。

农民负担过重有很多深层次上的原因,从法律上分析,主要是我国农村目前尚未完全建立起公平、科学、合理的分配和再分配的法律机制。这突出地表现在以下几个方面:1、没有依法规范国家、集体、农户三者之间的收益分配关系。交够国家的,留足集体的,剩下全是自己的,这种带有浓厚计划经济色彩的分配原则仍在实行。国家的农业税收有界限、额度,而税外费用则无章法,没深浅,随着基层政府本身的经费需求而变化。有些乡镇政府机构庞大,人员严重超编,财政不堪重负,只有增加农民负担。2、没有完全依法确定合理的负担项目及限额。尽管《农民承担费用和劳务管理条例》规定村提留、乡统筹控制在 10 项之内,额度控制在上年农民纯收入的 5% 以内,但仍不足以堵住“三乱”的口子,因此需要加快农村税费体制改革的立法步伐。3、没有依法建立公开、透明的征收程序和使用监督机制,使征收、使用规范化、公开化。4、没能有效依法加强对农民合理负担的征收管理。目前,在农村出现了另一种倾向,有些农民以抵制不合理负担为名,拒绝履行应该负担的义务,以致法定的税费收不上来。5、法律未对加重农民负担和拒不缴纳合理税费等行为的法律责任作出明确规定,致使解决农民负担问题成为一个老大难问题。亟需加快农民负担费用和劳务的立法。

(三)关于依法保障和促进农业产业化经营问题

农业产业化经营是我国农业逐步走向现代化的现实途径之一。农业产业化经营作为生产经营的社会化组织方式,其实质就是以家庭经营为基础,以市场为导向,以企业为龙头,实行生产、加工、销售一体化,使企业与农户形成利益均沾、风险共担的利益共同体。随着农村改革的逐步深入,我国农业产业化经营的进程也在逐步推进。

目前,由于种种原因,农业产业化经营的进程受到许多因素的制约。首先,随着农业产业化经营的发展,出现一些新型经济组织,如农业专业经营组织,农业产业化经营合作经济组织,农工商一体化组织等。这些平等的市场主体间的经济行为、经济利益越来越多元化、复杂化,而现行法律尚不足以规范这些市场主体间平等的经济关系。其次,"公司+农户"作为实现我国农业产业化经营的一种重要形式,规范化和法制化程度不高,公司与农户之间签订的合同往往因一方违约而不能履行。第三,农业产业化经营主体之间既表现为分工协作的关系,又是相互竞争的关系,必须按照一定的规则运行。而我们尚缺乏对维护契约、维护市场公平竞争、维持市场秩序、排解各种纠纷的有效的法律制度。第四,政府对农业产业化经营的宏观调控和管理、干预市场、防止地区封锁和部门分割、反对垄断和不正当竞争等还没有完全纳入规范的法制轨道，致使农业产业化经营的进程缺乏强有力的法律支撑。因此，依法促进和保障农业产业化经营，应着重加强与农业产业化经营有关的立法工作。

（四）关于农业可持续发展的法制保障问题

按照联合国粮农组织的表述，农业可持续发展是指：管理保护自然资源基础，并调整技术和机构改革方向，以便确保获得和满足目前几代人和今后世世代代人的需要，这种持续发展能保护土地、水资源、植物和动植物遗传资源，而且不会造成环境退化，同时技术上适当，经济上可行，能够被社会接受。在当今世界，坚持可持续发展战略已经成为各国政府的共识。我国的许多纲领性文件中，也把可持续发展作为国家基本战略提了出来。1994 年国务院通过了《中国 21 世纪议程》，对我国可持续发展战略的实施作出了全面的安排。作为农业大国，实现农业的可持续发展，对我国可持续发展战略目标的全面实现具有重大的意义。

农业可持续发展战略的实现需要许多条件的配合，法律在实现农业可持续发展的战略中无疑具有重要的维护、保障、促进作用。我国现行一些法律在一定程度上体现了可持续发展的精神。通过法律的保障机制实施可持续发展战略，关键是要正确处理以下几方面的关系：

第一，发展经济与保护资源的关系。我国已经制定实施了《土地管理法》、《矿产资源法》、《森林法》、《草原法》、《水法》等保护资源的法律。主要问题是相关法律不配套，衔接得不够好，执法力度不够。毁林开荒、毁荒种田、围湖造田的做法普遍存在。去年的长江特大洪水给了人们以严重的警示。尤其应当指出的是,农村滥占耕地的现象相当突出,这加剧了人口越来越多、土地越来越少的矛盾。据国土资源部统计,近两年我国耕地净减面积竟达 595 万亩,国土资源形势相当严峻。土地利用总体规划、保护耕地、控制建设用地、农地转用调控机制、基本农田保护区制度、土地产权制度、征地中农民补偿安置、土地权属纠纷等问题,都亟需通过完善法律予以解决。新修订的《土地管理法》规定了最严格的土地用途管制制度,为土地资源的保护提供了强有力的法律保障。今后,应当抓紧制定与此有关的配套法规,保证这一制度能够得到切实贯彻。

第二,发展经济与保护环境的关系。在现阶段,我国还存在着工业化初期那种因发展工业而导致的侵害农村环境的情况,如城市的污染向农村转移,小化肥、小造纸、小冶炼厂等企业对农村环境造成破坏。对这些问题的解决,现行法律显得软弱无力。

第三,发展经济与农村人口控制的关系。我国农村人口众多,资源十分有限,要实现农村的可持续发展,就必须认真贯彻计划生育的基本国策,对农村人口增长进行严格控制。同时要按照农村实际情况将社会保险制度逐步推向农村,以解除农民"养儿防老"的传统观念和"老无所依"的后顾之忧。

第四,城市乡村协调发展的关系。党的十五大提出要"搞好小城镇规划建设",十五届三中全会提出了小城镇、大战略的重要思路。这是保障我国农村改革、发展和稳定的重大举措。通过小城镇建设可以加速农业产业化的进程;可以推进农业适度规模经营;可以吸纳转移农村剩余劳动力,使他们离土又离乡,进厂又进城,更多地消化在小城镇的第二、第三产业中。因此,发展小城镇将是我国今后改善产业结构、就业结构和人口分布的一条重要途径,也是逐步缩小城乡差别、促使城乡协调发展,建设有中国特色的农业现代化的必由之路。目前小城镇建设尚在规划起步阶段,我们要避免先发展、后治理的教训,优先考虑制定适合国情和农村实际的法律法规,保障小城镇建设在法制规范的轨道上顺利进行。

(五)关于农村基层组织建设问题

农村基层组织包括农村基层政权组织、党组织、经济组织和村民自治组织。农村基层组织对于落实党在农村的各项方针政策,对农村的改革、发展和稳定发挥了重要作用。随着农村经济体制改革的深化、社会的文明进步,农村基层组织建设也亟待改善和加强,以适应新形势的需要。

第一,依法加强乡镇政权的建设。目前乡镇政权建设存在的主要问题:一是乡镇政权组织机构的设置没有完全纳入法制化轨道。我国现行的地方各级人大和地方人民政府组织法对乡镇政府的规定过于原则、简单,其组织机构及运行方式尚无具体的法律可依。二是乡镇政府机构编制没有法定化。乡镇政府既要有完整的政府职能,又要求有上下对口部门的组织机构;既有大量专编财政供养人员,还有大量自聘编外人员,机构臃肿,这也是农民负担加重的原因之一。三是基层政权组织和村民自治组织关系没有完全理顺。尚未实现从领导到指导和服务职能的转变,行政干预、包揽、代替村民自治组织和农村经济组织事务的现象普遍存在。鉴于此,要健全乡镇政权组织管理方面的法律制度,将乡镇政府的各项活动纳入法制轨道。

第二,依法推进农村基层民主和村民自治组织建设。同经济体制改革发端于中国农村一样,村民自治这种基层民主也启动于中国农村。以制定《村民委员会组织法》为标志,我国的基层民主政治建设进入了新阶段。但是,该法在实施中也存在一些问题。主要表现在:一些地方村民的民主法制观念不强,自治程度不高,不会、不能、不善于正确行使民主权利。在民主选举方面,有的地方出现指定候选人"上边定调调,下边画圈圈"的现象,使选举流于形式,有个地方竟把一个五保户老人选成了村干部,还有的地方甚至出现了宗族势力和流氓恶势力控制选举以及贿选等情况。个别地方,对涉及农民利益的重大问题缺乏民主决策,少数干部说了算。在民主管理、民主监督方面,一些地方村务、财务不公开、不透明,"暗箱"操作较为严重,为少数基层干部的腐败提供了滋生的温床。当前,加强基层组织建设,应全面、深入地宣传贯彻执行《村民委员会组织法》,促使基层政权组织切实改变管理农村事务的方式,严格依法行政,一定要把法律交给农民,把权利交给农民。要不断完善保障农民直接行使民主权利的法律法规,并以此为依据指导基层健全各项民主制度,推动农村基层民主政治建设不断发展。

三、思考与建议

(一)健全和完善适应农村改革发展需求的法律制度

加强农村法制建设,必须健全和完善与农业、农村和农民有关的法律法规,使农村的经济、政治、文化等多方面的生活做到有法可依。

1、应当把农业和农村立法作为建立我国社会主义市场经济法律体系的重要组成部分,放在突出位置上。要以《农业法》为龙头,建立起门类齐全、结构合理、相互配套、操作可行的法律体系。

2、在立法原则和指导思想上,应当坚持法制统一的原则,明确划分中央和地方立法权的分工;坚持改革和立法相统一的原则,力争做到立法进程和改革进程相适应;坚持保障权利和义务相统一、相对应的原则;坚持以保护农业的基础地位,维护农民的合法权益,解放和发展农村生产力为中心的原则。

3、要抓紧研究制定农村经济发展方面的法律法规。包括:规范农业市场主体方面的立法,如合作社法等;规范农村市场运行方面的立法,如土地承包经营法,荒山、荒沟、荒丘、荒滩使用权拍卖法等;规范宏观调控和保障可持续发展方面的立法,如农业投入法、农产品价格保护法、绿色食品法等;保护农民合法权益方面的立法,如农民权益保护法、农业灾害补偿法、农村养老保险法等。

(二)加强行政执法和司法工作

农村行政执法和司法工作面广量大,涉及的部门非常多,农、林、牧、渔、水、电、路、教育、计划生育等等,上面千条线,下面一根针。应该说,农村的行政执法和司法工作取得了较大的成绩,人民是基本满意的。但必须看到农村法律实施机制还很不健全,很不规范,行政执法主体也比较混乱,政、事、企不分,有的部门集执法、经营、农技推广于一身,一事多罚,重复处罚,滥用执法权侵害农民合法权益的现象比较严重。农村基层的司法机构比较薄弱,专业力量严重不足,农民"打官司难"的问题比较普遍存在。因此,我们建议:

1、要努力提高行政执法人员和司法人员的法律素质，加强业务培训，推行持证上岗制度和错案追究制度，建立监督机制，提高行政执法和司法工作水平。

2、严格规范行政执法主体，依法明确各行政执法部门的权力、职责，做到执法主体、执法内容、法律责任法定化。

3、坚决实行政企分开，行政执法权与经营权要完全分离，严禁“既当裁判员，又当运动员”的情况继续存在。

4、加强人民法庭、公安派出所、司法所等基层政法机构的建设，充实力量，完善相关制度，下大力气解决农民“告状难”问题，力争将各种矛盾和问题解决在基层，消灭在萌芽状态。

(三)加强农村的法律服务

基层法律服务是帮助广大农民了解法律、运用法律手段化解矛盾和纠纷，依法维护自身合法权益的一项重要工作。

要建立健全法律服务工作机制，律师、公证员、基层法律服务工作者要树立为党的中心工作服务意识，积极主动地为县乡政府和领导干部当好法律顾问，为依法行政提供法律咨询。要进一步提高为农民服务的意识，特别是在土地承包、农民负担等涉及农民切身利益的问题上，为农民提供必要的法律帮助。目前在全国各地建立的法律服务专用电话，即“148”，开辟了为农村提供快捷法律服务的新领域，应大力扶持和推广。同时要为农民提供法律援助。法律援助是国家和社会为贫者、弱者和残者无偿提供的法律帮助制度。这项制度对于农民特别是经济困难、无钱诉讼的农民来说，显得特别重要。它能够使农民的权利得以维护，充分体现社会公平、正义，体现法律面前人人平等。我们应大力发展这一制度，不断加强法律援助机构建设，切实为农民利益服务。

(四)加强农村的法制宣传教育

经过三个五年普法规划的实施，广大基层干部和农民学到了一些法律知识，法律意识、法制观念有了一定程度的提高，电影《秋菊打官司》正是从一个侧面反映了农民维护自身合法权益意识的觉醒。但是，我国农村人口多，地域广，发展不平衡，一些地区经济、文化条件比较落后，农村法制宣传教育工作仍然是普法工作中的重点和难点，需要长期不懈地努力。要继续深入持久地开展法制宣传教育工作，努力提高基层干部法律素质，树立依法行政、依法办事自觉性和人民公仆意识，防止长官意志、强迫命令、以言代法、以权压法现象的滋生，实现领导方式的转变。要切实提高广大农民的法律意识，使农民自觉守法，遇事找法，既要正确行使法律赋予的权利，同时也要严格履行法律规定的义务，做具有较高法律素质的社会主义新农民。

我们坚信，在以江泽民同志为核心的党中央领导下，在邓小平理论指引下，坚持不懈地实践依法治国方略，就一定能把一个充满生机与活力的具有中国特色的社会主义新农村带入21世纪。

(作者为西南政法大学教授

课题组其他成员：许明月、卢代富、高宽众、鲁篱)

关于我国农业法制建设的几个问题

曹 康 泰

根据全国人大常委会领导的安排,现就我国农业法制建设的基本情况、我们在工作中的一些体会以及适应新形势进一步加强农业法制建设的几点思考,作一简要汇报。

一、我国农业法制建设的基本情况

(一)农业立法不断加强、成效显著,农业领域基本上做到了有法可依

农业是国民经济的基础,农业、农村和农民问题始终是关系我们党和国家全局的根本性问题。党中央、全国人大常委会、国务院历来高度重视农业、农村和农民问题,制定了一系列方针、政策和法律、行政法规。建国以来,我国农业领域同其他领域一样,经历了革命战争时期主要依靠党的政策办事逐步向既依靠政策、又依靠法律办事转变的过程。建国 50 多年来,我国农业领域的立法工作,大体上可以划分为以下两个时期:

1. 以政策调整为主、法律调整为辅的时期(建国以后到党的十一届三中全会)。

这个时期又可分为两个阶段:

第一阶段,从建国以后到"文化大革命"开始之前。这一阶段,由于在当时历史条件下农业问题所处的重要地位,加上三大改造任务较重,国家政权需要进一步巩固,农业法制建设虽然也有起伏,但总体来看,特别是建国初期,党和国家还是比较注意运用法律手段促进农业和农村经济的发展,保护农民的合法权益。

建国初期,为了解决民主革命遗留的任务,创建和巩固各级人民政权,恢复和发展国民经济,党和国家对法制建设是比较重视的。当时的立法重点首先是制定有关国家机构的基本法律;在农业法制建设方面,又侧重于变革、调整生产关系的立法。1949 年 9 月 29 日通过的《中国人民政治协商会议共同纲领》,对土地改革、保护农民的经济利益和私有财产、保护农民已得的土地所有权、实现耕者有其田以及恢复和发展农林渔牧业生产等作了明确规定。为了保证土地改革这场翻天覆地的农村生产关系的大变革能够有步骤、有规则、有秩序地进行,中央人民政府在新解放区全面土地制度改革展开之前颁布了《中华人民共和国土地改革法》(1950 年 6 月),从而在两年多时间里在全国范围内基本上完成了土地制度改革,把延续了数千年的封建地主土地所有制改革为农民个人所有制,实现了亿万农民长期以来梦寐以求的"耕者有其田"的愿望,极大地调动了农民的生产积极性。1954 年 9 月 20 日,第一届全国人民代表大会第一次会议通过的《中华人民共和国宪法》第一条规定:"中华人民共和国是工人阶级领导的、以工农联盟为基础的人民民主专政的社会主义国家。”第八条规定：“国家依照法律保护农民的土地所有权和其他生产资料所有权。”“国家指导和帮助个体农民增加生产，并鼓励他们根据自愿的原则组织生产合作、供销合作和信用合作。”为了把土改中焕发出来的农民的生产积极性组织起来，增强农业抗御自然灾害的能力，1953 年中共中央发布了“关于发展农业合作社的建议”，到了 1955 年夏秋，全国性的农业合作化出现高潮。为了正确引导农村合作化运动，进一步改革农业生产关系，提高农业生产组织化程度，全国人大常委会分别于 1956 年 3 月、1956 年 6 月制定了《农业生产合作社示范章程》、《高级农业生产合作社示范章程》。在这两部章程中，都规定了自愿互利、退社自由、民主办社的原则和制度，因此，在合作化前期，农业得到了比较平稳的发展。但到了合作化后期，章程中的这些制度和原则受到了破坏，特别是 1958 年在全国推行的大规模的人民公社化运动，严重破坏了农村生产力，造成粮食大幅减产，农民生活严重困难，国民经济被迫调整。为了纠正农村工作中的“左”倾错误，党中央于 1961 年 3 月制定了《农村人民公社工作条例草案》(即“农村工作六十条”)，确立了“三级所有，队为基础”的体制。“农村工作六十条”虽然没有通过法定程序上升为法律，但在当时历史条件下为调整农村生产关系、保障和促进农业和农村经济的发展发挥了十分重要的作用。

第二阶段，“文化大革命”十年动乱时期。这一阶段，整个法制建设遭到破坏，农业法制建设也不例外，农业领域几乎没有制定过新的法律、法令。

这个时期农业领域的法律、法令经过清理现行有效的已经不多，主要是：农业税条例、屠宰税暂行条例等。

这一时期农业领域立法的主要特点是：前一阶段比较重视，后一阶段受到严重破坏，农业法制建设停滞不前，农业管理主要依靠政策、行政命令和指令性计划进行。前一阶段农业立法的针对性比较强，注重解决当时存在的实际问题，不拘泥于法律的结构要求和完整性；法律语言比较通俗易懂，但发布形式、章节体例等不太规范；基本上没有设定法律责任，法律的贯彻实施主要是依靠党和政府在人民群众中的崇高威信。

2. 既依靠政策调整、又依靠法律调整时期（党的十一届三中全会至今）。

党的十一届三中全会以来，党和国家出台了一系列有关农业的方针、政策，极大地调动了农民的生产积极性，有力地推动了农村改革，促进了农业和农村经济的迅速发展。80 年代，党和国家的农村政策重点是稳定和逐步完善以家庭联产承包为主的生产责任制和统分结合的双层经营体制，并以此为基础逐步深化农村经济体制改革，促进农村各项事业的健康发展。1985 年党中央、国务院制定了关于进一步活跃农村经济的十项政策（中发[1985]1号），提出改革农产品统派购制度；1987 年中央下发把农村改革引向深入的通知，提出了发展多种形式的经济联合以及对个体经济和私人企业的方针。进入 90 年代以后，党和国家按照建立社会主义市场经济体制的目标，通过政策手段进一步深化农村改革，突出抓好粮棉生产和"菜篮子"工程，加强农业基础设施建设，加大农业投入，推进科教兴农战略，保障和促进了农业和农村经济的持续发展。特别是到了 90 年代后期，为了适应我国农产品供给由长期短缺到总量基本平衡、丰年有余的历史性转变的新形势，党中央及时作出了农业和农村经济发展进入新阶段的重要判断，提出新阶段发展农业与农村经济，必须适应变化了的新形势，转变农业增长方式，由过去主要追求产量增长转到在保持总量平衡的基础上，更加突出质量和效益，更加注重全面发展农业和农村经济。因此，中央在部署2000年农村工作时，进一步作出了对农业和农村经济结构进行战略性调整的重大决策，并对结构调整的内涵作了深刻的论述：这次结构调整，不是农产品数量的增减，而是稳定总量，保障供给，全面优化农产品品种质量；不是局部地区的封闭式调整，而是发挥比较优势，优化全国农业的区域布局；不是原有生产能力的简单扩张，而是以先进技术改造传统农业，努力提高农业的劳动生产率和土地产出率；不是单纯调整农业的生产结构，而是在发展农业生产的基础上，大力发展农产品加工业，发展二三产业，促进城乡经济社会协调发展。2001年中央更加明确地提出，推进农业和农村经济结构战略性调整，要把努力增加农民收入作为基本目标。今年的中央农村工作会强调，千方百计增加农民收入，提高农村购买力水平，是当前农业和农村工作的中心任务。

在依靠政策调整的同时，党和国家还十分注重运用法律手段来保障和促进农业和农村经济的发展，取得了显著成绩。就农业立法而言，截止2002年4月底，全国人大及其常委会制定法律和有关法律问题的决定19件，国务院制定行政法规63件（现行有效）。可以说，我国农业领域的法律、法规体系框架已经基本形成。主要是：

(1)为保障农业在国民经济中的基础地位，发展农村社会主义市场经济，维护农业生产经营组织和农业劳动者的合法权益，促进农业的持续、稳定、协调发展，制定了农业法。

(2)为加强农业资源和环境保护，促进农业可持续发展，制定了土地管理法、森林法、草原法、渔业法、水法、水土保持法、水污染防治法、野生动物保护法、防沙治沙法等法律，制定了基本农田保护条例、草原防火条例、水产资源繁殖保护条例、野生植物保护条例、森林采伐更新管理办法、野生药材资源保护管理条例、森林防火条例、森林病虫害防治条例、陆生野生动物保护实施条例等行政法规。

(3)为促使农业科研成果和实用技术尽快应用于农业生产，促进农业的发展，实现农业现代化，制定了农业技术推广法、植物新品种保护条例等法律、行政法规。

(4)为预防和减少农业自然灾难，保障农业生产安全，制定了防洪法、气象法、动物防疫法、进出境动植物检疫法等法律，制定了农业转基因生物安全管理条例、水库大坝安全管理条例、防汛条例、蓄滞洪区运用补偿暂行办法、人工影响天气管理条例等行政法规。

(5)为保护和合理利用种质资源、防治病虫害，制定了种子法、种畜禽管理条例、农药管理条例、兽药管理条例、饲料和饲料添加剂管理条例等法律、行政法规。

(6)为规范农业生产经营主体，提高农业组织化水平，制定了乡镇企业法、乡村集体所有制企业条例等法律、行政法规。

(7)为规范农产品流通和市场交易，制定了粮食收购条例、棉花质量监督管理条例、粮食购销违法行为处罚办法等行政法规。

(8)为保护农民合法权益，制定了村民委员会组织法、农民承担费用和劳务管理条例、耕地占用税暂行条例、农村五保供养工作条例等法律、行政法规。

除这些规范农业领域的专门法律、行政法规外，还有54件法律和有关法律问题的决定、100多件行政法规涉及农业、农村或者农民问题。如：民法通则、民族区域自治法、教育法、职业教育法、执业医师法、节约能源法、环境保护法、海洋环境保护法等法律，高等教育自学考试暂行条例、人民调解委员会组织条例、征收教育费附加的暂行规定、私营企业暂行条例、民族乡行政工作条例等行政法规。

总之，经过改革开放20多年的努力，我国农业领域基本上做到了有法可依。从总体上来看，这些法律、行政法规对规范、引导、保障和促进农业和农村经济的发展，保护农民的合法权益发挥了十分重要的作用。

（二）农业行政执法不断加强，行政执法水平逐步有所提高

随着农业领域法律制度的不断建立、完善，农业领域的行政执法不断得到加强，农业行政执法水平逐步有所提高。目前，我国已经初步建立了包括土地管理、森林保护、植物检疫、渔政管理、畜禽防疫检疫、种子管理、农机监理和农业环境保护等在内的农业行政执法体系，在维护农民的合法权益，保障农业和农村经济的发展方面发挥了积极作用。随着依法治国、依法行政进程的不断推进，各级涉农行政机关规范行政执法行为，完善行政执法程序，整顿行政执法队伍，逐步将行政执法本身纳入法制化的轨道。

（三）农业行政执法监督不断有所加强

各级涉农行政机关在自觉接受本级人大及其常委会的监督、群众监督、舆论监督的同时，进一步加强和完善行政复议等行政系

统内部的层级监督和政纪、审计、财政等专项监督。一些地方和部门还认真研究、积极探索行政执法责任制和评议考核制，上级行政机关推动下级行政机关依法行使职权，推动行政机关合法、公开、公正、高效执法。

在肯定成绩的同时，我们也清醒地看到，我国农业法制建设，同建设社会主义法治国家的战略目标相比，同农业和农村经济发展的客观要求相比，还有不小差距。在立法方面，有些急需的法律、行政法规还没有制定出来；有些法律、行政法规已经不能完全适应农业与农村经济发展的新形势。比如，有些法律、行政法规带有计划经济的痕迹，体现转变政府职能、实行政企分开的原则不够，对农民权益保护、为农业和农村经济的发展提供服务不够；有些法律、行政法规过于原则，缺乏可操作性，不能有效地解决实际问题；有些规定针对性不强等。在行政执法方面，农业行政执法主体和执法行为不够规范，多头执法、多层执法，执法中的地方保护主义比较突出；有些行政执法部门"自费"执法，执法权力与利益挂钩，有法不依、执法不严、违法不究甚至滥用职权、执法犯法、徇私枉法的现象时有发生；一些乡镇干部的法治观念还比较淡薄。同时，行政执法的监督机制也还不够健全。

二、加强农业法制建设的几点认识和体会

我国的农业法制建设在改革开放的 20 多年里取得如此显著的成就，原因是多方面的。总结多年来，特别是最近几年的工作实践，在加强农业法制建设方面，我们有以下几点粗浅的认识和体会：

(一)农业法制建设在整个社会主义法制建设中具有十分重要的地位和作用

这是由我国的基本国情决定的。我国人口多,耕地少,近13亿人口中有9亿多是农民,农村人口占绝大多数,这是最基本的国情。农业不仅为我们提供生存的必要条件,而且为工业提供主要原料。我国是一个农业大国,农业和农村的发展状况关系着国民经济的发展和社会的进步,关系到国家政权的稳定和社会的安定。没有农业的现代化,就难以实现整个国民经济的现代化,就难以满足人民群众日益增长的物质文化生活的需求。农业的发展固然离不开自然条件、技术条件、劳动力资源,但也离不开与之相适应的社会环境。法律作为上层建筑,对促进农业发展、保障农业在国民经济中的基础地位,有着重要作用。因此,只有加强农业法制建设,不断为农业的资金投入、科技投入和农产品的产、供、销、运等提供良好的法制环境,才能适应农业和农村经济发展的需要,才能保障国民经济的健康、稳定、持续发展。

(二)农业法制建设要以发展农村经济、提高农业生产力水平为中心

一是,农业法制建设要有利于促进农业经济结构调整,提高农业综合生产能力,保障农业和农村经济的发展。通过农业立法,进一步规范农村土地流转制度,长期稳定以家庭承包经营为基础、统分结合的双层经营体制;积极稳妥地推进农村税费改革;深化以市场取向为目标的农产品流通体制改革,发展农产品销售、储运、保鲜等产业,发挥各类中介组织的作用;理顺水资源管理体制,建立

合理的水价形成机制,提高用水效率。

二是,农业法制建设要尊重经济规律,有利于实现生产要素的合理配置,确定合理的利益格局,改革不合理的生产关系,建立健全国家对农业的宏观调控机制。无论是农业生产力的发展和生产要素的配置,还是农业生产活动,都必须尊重经济规律,发挥市场机制的基础性作用。但是,市场不是万能的,本身存在着盲目性、自发性、滞后性;农业生产活动和农业资源有其特殊性,农民这一弱势群体还没有成为成熟的市场主体。这就要求我们在充分发挥市场机制基础性作用的同时,加强对农业的宏观调控,充分发挥宏观调控机制的作用。农业领域立法只有充分尊重市场规律,保障市场机制在生产力的发展和生产要素的配置中起基础性作用,并强化国家对农业的宏观调控力度,才能进一步促进农业和农村经济的发展,确保农业在国民经济中的基础地位。

三是,要依法强化对农业的投入和扶持,保护农民的合法权益,调动农民的积极性和创造性。由于农业受自然条件的影响较大,我国农业生产手段又比较落后,农民生产技术水平不高,从事农业的比较效益较差,农业在整个国民经济中仍然是一个脆弱的产业;农民的经济实力较弱,在市场经济的大潮中,农民也必然是一个弱势群体,尤其是我国已经加入世贸组织,将在更大范围内和更深程度上参与经济全球化,面对国际国内两个市场,作为弱质产业的农业和弱势群体的农民,更需要国家在世贸组织规则允许的范围内,通过建立健全相应的法律制度加强对农业和农民的特别保护。

（三）农业法制建设要体现改革的精神，把体制创新摆在突出位置

当前，我国经济体制改革还在深化，政治体制改革继续推进。改革也是革命，必然触及上层建筑和经济基础诸多领域深层次的矛盾，涉及错综复杂的权利和利益关系，在前进中出现这样或者那样的问题和矛盾是难免的。从根本上解决这些问题，越来越需要运用法律、法规推进整体的和配套的改革。就农业领域而言，影响农业和农村经济发展的因素是多方面的，其中，很重要的一点就是体制问题。适应这一新的形势，农业法制建设、特别是农业立法要注意体现改革的精神，把体制创新摆在突出位置，突破影响农业生产力发展的体制性障碍，进一步解放和发展生产力。要按照发展社会主义市场经济的要求，转变政府职能，实现政企分开。通过加强农业法制建设来规范、引导、促进和保障农业管理体制的改革，建立运转协调、灵活高效、政策透明、管理科学的农业管理体制，使农业行政管理职能切实转变到经济调节、市场监管、社会管理、公共服务上来。要按照精简、统一、效能的原则，调整农业行政组织结构，实行精兵简政。要按照权责一致的原则，调整职责权限，明确职能分工，下决心解决政出多门、多头管理、多层管理的弊端。

（四）农业法制建设、特别是农业立法要体现党中央有关农业、农村和农民问题的一系列重大决策

我国的改革率先从农村突破，并以磅礴之势迅速推向全国，取得了举世瞩目的伟大成就。认真总结 20 多年来农村改革积累的丰富经验，把党中央关于农业、农村和农民问题的一系列行之

有效的方针、政策法律化、制度化，对全党和全国各族人民自觉坚持党的十一届三中全会以来的路线、方针、政策，进一步推动农村乃至全国的改革和发展，具有十分重要的意义。因此，要通过立法程序，把符合我国国情，符合广大农民的意愿，符合生产关系适应生产力发展规律的党在农村的一系列方针、政策、特别是党在农村的基本政策上升成为法律、法规，使有关农业、农村问题的立法进程同农业、农村改革、发展的进程相适应，以确保党的农村政策的长期性、稳定性，保护农民的合法权益，保持农村的稳定，促进农村经济的发展，从而进一步增强广大农民对党和政府的信任和信心，提高党和政府在农村中的威信，从根本上保障党对农村工作的领导。

(五)农业法制建设、特别是农业立法要促进和保障农业和农村经济的可持续发展

农业生产具有不同于其他产业的特点，除了劳动力和生产工具外，自然要素是其必不可少的条件，生产意味着人们对自然资源的开发、利用，意味着向自然界的索取，而自然资源是有限的，有些是不可再生的，有些虽然可以再生但需要很长的时间。因此，为了保证农业发展的可持续性，利用最少的资源生产出最多的产品，就必须认真研究和正确处理农业生产中对自然要素的开发利用与保护之间的关系。这既是农业和农村经济发展中需要高度关注的问题，更是农业领域立法中应当高度重视的问题。我们只有正确处理好这个关系，实现农业生产要素的最佳配置，农业生产才能持续发展；反之，我们就可能受到大自然的惩罚。例如，长期形成的漫灌的农业灌溉方式，不仅浪费了大量水资源，而且增加了农业生产

成本,最终导致了水资源的短缺和土地盐碱化的加重;再如,由于管理不力,长期以来超载放牧、滥砍乱伐,导致了草场的退化和环境的恶化,最终使我们尝到了沙尘暴的恶果。由于多方面的原因,农业生产要素的最佳配置和合理使用仅靠生产者自身是难以实现的,必须依靠国家的引导,有些必须依靠法律的强制。这就要求我们在设定基本的法律制度、措施时,不仅要考虑生产的需要、农民的利益,更要考虑这项制度、措施是否符合自然规律,是否符合自然要素自身的特点和要求;不仅要考虑到这项制度、措施在本行业的作用,还要考虑到它的确立和实施是否会对其他相关行业产生影响,把一项具体制度、措施放到整个农业领域、农村经济的大局乃至国民经济大局和农村社会稳定中去考虑。做到两利相较取其重,两害相较取其轻。

(六)在农业法制建设中,要善于运用政治的观点分析、解决"三农"问题

农民问题是中国革命和建设的根本问题,农民占我国人口的绝大多数,要把我国的事情办好,必须首先解决好农民问题。农民与农业、农村又是密不可分的,因此,说到底,农业、农村和农民问题,既是一个重大经济问题,又是一个重大政治问题,是我国经济发展与社会稳定的根本性问题。研究和解决农业、农村和农民问题,必须有强烈的政治责任感,以国家的根本利益为一切问题的出发点和落脚点,从大局出发,运用马克思主义的辩证唯物主义和历史唯物主义的立场、观点和方法,客观地分析问题,解决问题。农业的发展关系到国民经济的可持续发展,农村的稳定关系到整个社会的稳定,农民的富裕关系到国家的富强。这就需要我们从全

局的高度,通过建立健全有效的法律制度,积极稳妥地解决农业、农村改革、发展、稳定中出现的问题和矛盾,并且加大行政执法力度,强化执法监督,努力为农业、农村改革、发展、稳定提供有力的法制保障,创造良好的法制环境。

三、适应加入世贸组织的新形势,进一步加强农业法制建设需要研究处理好的几个问题

当前,我国农业和农村经济发展面临着许多新的形势和任务,主要是:国内农产品的生产相对过剩,粮棉等重要农产品均出现阶段性的供大于求;农产品价格下跌,农民增收难度大;农业产业结构和产业布局不合理;农业生产经营规模小,科技含量低,农民的组织化程度和抵御市场风险的能力不高;除园艺、水产品和部分畜产品外,主要农产品的国际竞争力较弱。加入世贸组织后,我国农业面临的形势更为严峻:外国农产品有可能大量涌入,直接影响国内农产品的生产和价格,供大于求的矛盾将会更加突出;原有优势农产品的国际竞争力有可能相对下降,出口难度会增大;农民增收将进一步放缓,农村劳动力就业将受到一定的影响。

加入世贸组织,对我国农业和农村经济发展,总的来说是有利有弊,利弊共存,既是机遇,又是挑战。适应加入世贸组织的新形势,关键是要正视现实,抓住机遇,以积极的态度迎接挑战。我们考虑,就农业法制建设来说,应当根据"趋利避害、减少冲击、善用权利、扩大出口"的总体思路,充分反映世贸组织规则中所确立的基本原则,建立一套既有利于保护和支持农业发展,又有利于促进农业市场化公平竞争的农业法律制度。既要注重农业实体方面的

立法，又要注重农业程序方面的立法；既要注重农业资源保护和农业生产安全方面的立法，更要注重有关市场主体、政府对农业的支持与保护、农产品贸易和农业利用外资等方面的立法；既要履行世贸组织规则，又要灵活、综合地用足用好世贸组织规则以及其中的例外条款，把农业发展与扩大农产品出口、增加农民收入、实现农村稳定结合起来。具体来说，需要研究处理好以下几个问题：

（一）通过法律手段进一步推进农业和农村经济结构战略性调整，建立和完善我国农业的支持和保护体系，强化市场体系建设，尽快建立适应加入世贸组织新形势的农村经济体制和运行机制

一是，通过法律手段进一步推进农业和农村经济结构战略性调整，提高农产品质量，增强农业的国际竞争力。对农业和农村经济结构进行战略性调整，是新的历史条件下我国农业和农村经济发展的必然要求，也是积极应对入世挑战的根本性措施。通过农业区域布局调整，优化资源配置，发挥各地的比较优势，构建具有一定竞争力的优势产业带；通过农产品结构调整，全面提高农产品质量和安全水平，切实提高我国农产品的质量竞争力；通过农村产业结构调整，加快发展农产品加工业，大幅度提高农产品的附加值，提高农业综合生产能力；通过农村就业结构调整，加快转移农村劳动力，拓宽农民增收渠道。今后，农业法制建设要充分体现新形势下农业和农村经济结构战略性调整的要求和目标，促进和保障这一战略性调整的顺利进行，从而使我国农业发展达到一个新的水平，整个农村经济形成一个新的局面。

二是，建立健全我国农业支持和保护方面的法律制度。一方

面,要利用世贸组织《农业协议》对发展中国家的特殊和差别待遇,健全农业保护措施立法。同时,要利用《农业协议》例外条款,健全农业间接保护措施立法,主要是:(1)建立健全援助贫困地区的法律制度。利用世贸组织规则中的“绿箱”政策,实现政府对贫困地区援助计划下的合法支付,进一步加大对贫困地区的援助力度,促进贫困地区尽快脱贫致富。当前,我们面临的任务之一就是要加强对西部大开发立法工作的研究,通过立法为西部大开发创造良好的投资和发展环境。(2)建立健全农业环境保护方面的法律制度。重点加强面源污染的控制、改善农产品生产环境,通过实现政府在环境计划下的支付,达到为农业提供多种支持的目的。(3)建立健全农业灾害救济方面的立法。通过对自然灾害的救济支付,保障农业生产者的最低利益。(4)完善农业投入方面的法律制度。加强农业设施建设方面的立法研究,加大农业基础设施的投资力度,改善农业生产条件,降低成本,提高效益;利用世贸组织规则中的“绿箱政策”、“黄箱政策”和“微量允许标准”条款,建立健全农业投资援助和补贴方面的立法,通过对农业结构性缺陷的支付补偿,为农业生产者提供必要的资金支持和技术服务,特别是要重点研究改革农业补贴的方式、环节、对象,将原来流通环节的补贴,重点转移用于生产环节,并补贴给农业生产者。(5)加强农业保险方面的立法研究,通过政府支持,降低农业生产风险,保障农民收入。同时,还要抓紧完善农产品进出口管理、农产品质量标准、动植物检疫、野生动植物进出口管理和农业转基因生物安全等方面的法律、行政法规。

三是,通过法律手段规范和培育农产品市场主体,强化市场体系建设,提高农民的组织化程度和抵御市场风险的能力。在坚持农村土地家庭承包经营制度不动摇的前提下，不断探索新的组织形式和生产方式，培育具有市场竞争力的生产、经营主体，推进农业产业化经营和规模经营。尤其是要注重通过法律手段加强对不同规模、不同所有制形式的市场主体的培育，鼓励有国际竞争力的企业到国外创办农业企业。要重点扶持龙头企业、专业性服务组织和市场中介组织等市场主体，实现农业的规模效益；尽快研究制定规范农民专业合作社方面的法律、行政法规，引导、鼓励和规范农民专业合作经济组织的健康发展，提高农民在市场竞争中的组织化程度。同时，通过政府对合作社提供的合法补贴，降低农业生产成本；整顿和规范市场秩序，尽快形成一个统一、开放、竞争、有序的农产品市场体系；坚持依法、自愿、有偿的原则，建立和完善土地流转制度；不断提高农业生产率和农业竞争能力。

四是，通过法律手段促进建立适应加入世贸组织新形势的农村经济体制和运行机制。通过法律手段促进和保障以粮棉为重点的农产品流通体制改革，建立统一、开放、竞争、有序的流通市场；积极稳妥地推进农村税费改革，在总结经验的基础上，修改和制定有关法律、行政法规，巩固农村税费改革成果，切实减轻农民负担；通过法律手段促进农村金融体制改革，改善信贷服务，鼓励投资农业；通过法律手段保障和促进农业技术推广体制改革，消除农业科技成果转化的体制性障碍，推广应用农业先进适用技术，为农业生产者提供优质的技术服务，降低农产品生产和流通成本。

（二）把可持续发展的思想切实贯穿于农业法制建设中，重视生态保护和环境建设

自然资源是最重要的农业生产要素。农业领域的许多立法项

目涉及自然资源的开发利用和环境保护，有些立法本身即属于典型的自然资源立法，如森林法、草原法、水法、水土保持法、野生动物保护法等等。现行农业领域的一些资源立法由于受当时立法认识的局限，未能充分体现可持续发展的要求。1992 年召开的世界环境与发展大会，提出了可持续发展的战略思想，要求人类在利用环境和资源的过程中认真协调好社会、经济和生态等各种因素之间的关系，这是人类认识和发展战略的一个重大转折。我国政府高度重视可持续发展问题，专门制定了《中国 21 世纪议程》和有关的行动方案，并明确提出实施科教兴国战略和可持续发展战略。可持续发展战略要求在相关的立法中引入符合市场经济规律和市场机制要求的法律调整手段，突出经济、社会和环境之间的协调与统一。但是，如何在农业法制建设中全面体现可持续发展的要求，确实需要我们认真研究。

（三）进一步发挥市场机制在农业资源配置中的基础性作用

我国现行农业领域的法律、行政法规，许多是在 20 世纪 80 年代和 90 年代初制定的。由于当时，改革还处于由计划经济体制向有计划的商品经济体制转变、并探索建立社会主义市场经济体制的过程中，这些法律、行政法规必然带有计划经济体制的色彩，例如：以行政权力配置资源，忽视市场机制在资源配置中的基础性作用，导致自然资源利用效率低下；注重对资源的一般性管理，而对资源的资产性管理重视不够，导致自然资源的经济价值得不到真实的体现，使资源性资产长期处于粗放利用的状态，浪费比较严重等。在社会主义市场经济条件下，必须高度重视市场机制在资源配置中的基础性作用，实行自然资源的有偿使用，显化自然资源的经济价值,建立自然资源使用权流转制度,充分发挥价格杠杆的作用。农业法制建设如何全面体现社会主义市场经济的客观要求,以及如何强化政府对农业的干预和宏观调控,促进经济、社会和环境之间的协调和统一,需要我们进一步认真研究。例如,如何使农业承包成为合理配置农业生产力和生产要素的重要手段,以促进农业生产要素流转,提高资源配置效率;如何实行水资源的有偿使用,充分发挥取水权转让在合理配置水资源中的积极作用等,需要在将来的农业立法中认真处理、逐步完善。

(四)应对科技发展所引发的新的法律问题,运用法律手段引导和规范农业科技进步

科学技术的发展与进步,特别是信息和生物技术所引发的高科技革命,给社会和经济的发展带来了新的活力,同时也产生了一些新的法律问题。法律在为科技进步创造良好环境的同时,应当积极引导和规范科技的发展。农业科技要发展,法制保障必不可少。当前,在农业立法领域,迫切需要高度重视并抓紧研究科技发展给农业带来的影响、特别是可能带来的负面的影响,以兴利除弊,因势利导。既要利用最新的农业科技成果造福于人类,又要避免其对环境和人类可能产生的直接危害或者潜在危害。建立、健全促进和规范农业科技发展的法律制度和措施。在农业科技领域,农业生物技术得到了迅猛的发展,特别是转基因生物技术的出现,使生物体遗传性状发生了重大改变,为农业生产带来了巨大的变革,也对整个经济和社会的发展产生了巨大影响,同时也可能对人类健康以及生态环境带来一定的危害。这已引起科学界和公众的广泛关注,并直接影响到生物技术的向前发展和广

泛应用。研究制定生物技术安全管理方面的法律、法规，建立科学、合理的安全评估体系和防范措施，成为世界各国生物技术发展所面临的重大课题。目前，我国已经制定了农业转基因生物安全管理方面的行政法规和配套规章，建立了安全评价、进出口管理和标识管理等方面的制度和措施。但是，如何落实好这些制度和措施，特别是在总结实践经验的基础上如何进一步完善促进生物技术发展和加强安全管理方面的法律、行政法规，还需要我们下功夫深入研究。

(五)以加入世贸组织为契机,加快农业行政管理体制改革

加入世贸组织给我国农业带来的挑战,从根本上讲都与农业行政管理体制有关。农业对外开放实际上是我国农业进行以市场取向为改革目标的继续和延伸。适应加入世贸组织的新形势,必须加快我国农业行政管理体制的改革,为提高我国农业的综合竞争力创造必要的体制条件。要以加入世贸组织为契机,转变农业行政管理职能,从过去追求单一的农业产量目标,向增加农民收入、保障农产品质量安全和可持续发展等多重目标转变;从计划经济体制下的管理模式和直接行政干预向间接提供“绿箱”公共服务转变,并强化政府在农业领域的统筹协调与宏观调控职能,减少对农业经济事务的行政性审批,做到政企分开。按照精简、统一、效能的原则,理顺农业领域的行政执法体制,合理配置行政执法权,防止多头执法、多层执法,提高农业领域的行政执法效率。坚决执行中央关于收支两条线管理和党政机关与所办经济实体脱钩的规定,从源头上预防和治理腐败。

(六)研究、借鉴农业生产力发展水平较高的世贸组织成员运用法律手段调整和支持农业的成功经验,进一步加强和完善我国农业法制建设

世贸组织成员,特别是农业生产力发展水平较高的成员在运用法律手段调整和支持农业方面有一些比较成功的经验,值得我们参考、借鉴。主要有:一是,将法律作为政府干预农业的重要手段。例如,美国在罗斯福新政时期就制定《农业调整法》,通过立法并在法律的框架内强化政府对农业的干预。在美国不管民主、共和两党谁来执政,法律始终是政府干预农业的重要手段。美国的经验表明,通过严格的立法来干预农业,能够有效地防止政出多门、朝令夕改、个人专断、曲解政策等现象的发生,从而为农业和农村经济发展提供一个较为平稳的环境。二是,制定农业基本法,明确和稳定本国在农业领域的基本方针、政策。例如,日本在60年代制定的农业基本法,确定了提高农业收入、促进农业现代化的基本方针,从而明确了本国振兴农业的主导思想和奋斗目标,对促进本国农业的发展产生了深远的影响。三是,运用法律手段强化对农业的扶持、保护农民的权益。例如,美国、欧盟、日本都通过立法确定了对主要农产品的保护价制度。并在资金信贷保险等方面对农业进行扶持。美国于1996年制定的《美国联邦农业发展和改革法》,就是一个典型的农业支持和保护法案。该法案通过无追索权贷款和农产品销售贷款确立了农产品销售保护价制度;通过制定促进农产品出口计划、潜在市场开发计划以及市场发展计划等贷款或援助形式帮助本国农产品提高国际竞争力。四是,在法律制度设计中,注意通过引导的方式,实现政府对农业和农村发展的宏

观调控。市场经济发达的国家实现政府对农业干预的目标往往不是通过强制的方式进行的，而是通过在法律制度中设计激励引导机制来实现的。这样做，既能有效地实施政府的宏观调控措施，又能维护农民的经营自主权，从而促进整个市场经济的良性循环。五是，强化农业执法，为农业和农村发展奠定坚实的基础。欧美等发达国家在市场经济发展的过程中，逐步形成了一整套规范政府权力、保护农民合法权益、促进公平竞争的执法体系，从而有力地保障了各项法律制度和措施的落实。六是，利用世贸组织规则和争端解决机制，维护本国农民和农业经济组织的合法利益。印度诉美国、欧盟对大米、海产品进行不正当限制的案件就是利用世贸组织规则解决贸易争端的著名案例。

以上是我们在工作中的一点粗浅认识和体会，不妥之处，欢迎领导和同志们批评指正。

（作者为国务院法制办公室副主任）